农业信息协同服务
——理论、方法与系统

甘国辉 徐 勇 等著

商 务 印 书 馆
2012 年·北京

图书在版编目(CIP)数据

农业信息协同服务：理论、方法与系统/甘国辉，徐勇等著.
—北京：商务印书馆，2012
ISBN 978-7-100-08812-1

Ⅰ.①农… Ⅱ.①甘…②徐… Ⅲ.①农业—管理信息系统 Ⅳ.①F302.3

中国版本图书馆 CIP 数据核字(2011)第 264065 号

所有权利保留。
未经许可，不得以任何方式使用。

农业信息协同服务
——理论、方法与系统
甘国辉 徐 勇 等著

商务印书馆出版
(北京王府井大街36号 邮政编码100710)
商务印书馆发行
北京市松源印刷有限公司印刷
ISBN 978-7-100-08812-1

2012年9月第1版 开本 787×960 1/16
2012年9月北京第1次印刷 印张 23

定价：55.00元

内 容 简 介

本书在设计农业信息协同服务总体架构的基础上,论述了农业信息协同服务涉及的农业过程本体、协同服务知识库、农业智能搜索引擎、农业网站协同和用户信息获取等主要理论方法;阐释了与农业信息协同服务密切相关的 SOA、Web Service、XML 以及网站虚拟访问接口等关键技术;介绍了农业资源、奶牛养殖业、苹果种植业、玉米种植业等已开发完成的农业信息协同服务系统。

本书可供从事农业信息分类和农业信息技术研发等相关专业人员、大专院校教师和学生参考。

前　言

一、研究基础

农业信息化的快速发展给农业生产经营者带来了丰富的信息资源。随着互联网技术的日新月异和农业信息资源的海量倍增，农业信息资源因庞杂、分散、异构而呈现出了相对孤立和难于满足生产经营者的信息需求等问题。为有效解决农业信息资源整合和为信息需求者提供便捷、准确的信息服务，"十一五"期间，在国家科技支撑计划和国家高技术研究发展计划(863计划)的资助下，在完成"农村信息协同服务技术研究与集成应用"和"农业知识语义检索关键技术研究"两项研究任务的基础上，把其中的部分研究成果撰写编辑成本书。

(一)农村信息协同服务技术研究与集成应用

"农村信息协同服务技术研究与集成应用"是国家"十一五"科技支撑计划重大项目"现代农业信息关键技术研究与示范"的第五课题(课题编号：2006BAD10A05，执行时间：2006.11～2009.11)。课题主持单位为中国科学院地理科学与资源研究所，参加单位有中国农业科学院农业信息研究所、中国科学院合肥物质研究院智能机械研究所、中国农业大学信息与电气工程学院、广东省农业科学院科技情报研究所、上海海洋大学、北京农业信息技术研究中心和北京工业大学等。

"农村信息协同服务技术研究与集成应用"课题的研究目标是：研究开发在农业领域本体库基础上的农村信息智能搜索服务技术，构造面向农村领域的专业搜索工具；通过研究分布异构农业信息资源的虚拟访问技术，形成虚拟农业信息资源网络；研究农村信息网络资源优化部署、调度和协同工作等关键技术，设计并实现异构网络环境下农业领域信息服务单元之间的服务协同管理软件;研究农业信息协同服务平台及应用集成技术,构建农业专业服务封闭构件,形成面向种植业、养殖业的农业信息协同服务系统平台。课题下设农村知识本体的研究与知识库构建、基于本体的农村信息智能搜索引擎、中文农业网址数据库及智能搜索引擎、分布式异构农村信息资源的虚拟访问技术、农村信息资源调度与协同工作技术、农村信息协同服务平台研究与开发共六个专题。

经过近四年的共同努力,课题在研究各种农业本体及其构建方法的基础上,构建了农村生产技术、市场信息、农资商品信息以及东海鱼类四个本体概念体系和本体知识库。采用基于农业本体库的有监督聚类和语义相似度计算等方法,研发了专业的农业搜索引擎——搜农;并通过基于SVM的聚焦搜索技术,定义信息采集意向并建立多Agents采集器,大量获取与农业领域相关的Web网页建立了网页索引库。在对现有主要农业网站信息资源库的构成特点进行比较分析的基础上,制定了农业信息元数据标准,研发了分布式异构农村信息资源的虚拟访问技术——中间件,为实现分散、异构农业网站信息的协同服务提供了关键技术支撑。针对农业对象在生长发育和生产经营过程中存在着的内、外部密集的信息供需双向互动关系,将农业本体论思想引入农业生产经营过程,提出并阐述了农业过程本体的概念和构建方法,建立了奶牛养殖业、玉米种植业、苹果种植业的过程本体知识库。以农业生产经营过程所具有的显著差异阶段特征为基础,通过划分农业信息需求单元、组建信息协同组和信息协同链,构建了农业信息协同服务业务链模型,解决了农业信息协同服务系统构建中的信息资源优化调度和协同服务机制难题,建立了奶牛养殖业、玉米种植业、苹果种植业的信息协同服务业务链模型和信息协同服务系统。在完成上述系列研发工作的基础上,通过综合集成,搭建了可实现农业信息资源整合和共享的集新理论、新方法、新技术和新机制于一体的农村信息协同服务平台。课题取得的主要研究成果包括获得授权发明专利1项,计算机软件著作权19项,发表学术文章47篇,培养博士后2名、博士2名、硕士28名。

(二) 农业知识语义检索关键技术研究课题执行概况

"农业知识语义检索关键技术研究"属于国家"十一五"高技术研究发展计划（863计划）现代农业技术领域的专题课题（课题编号：2006AA10Z239，执行时间：2006.12～2010.10）。课题主持单位为中国科学院地理科学与资源研究所，参加单位有广东省农业科学院科技情报研究所、中国农业大学信息与电气工程学院、中国农业科学院农业信息研究所、上海海洋大学等。

"农业知识语义检索关键技术研究"课题的研究目标是在广泛的农业网络信息、科技文献信息和空间信息资源基础上构建农业领域本体；通过科学、合理的检索策略和推理机制进行语义检索，并将其进行可视化和人性化表达；同时能实现网络信息的自动获取、分类存储和本体知识库的自学习自维护，以适应各种信息资源的动态变化和知识的组织更新。课题下设六个专题：农业网络信息、科技信息、文献信息和空间信息的融合技术研究，农业领域本体的构建技术研究，农业知识语义检索策略与方法研究，基于主题图的农业知识表达技术研究，农业本体知识库的自学习和自维护技术研究，基于本体语义的主题Robot技术研究。

课题研究建立了普适性的农业领域本体构建方法、设计了农业生产技术主题图和鳜鱼病害诊断系统；开展了基于农业本体的农业网络信息和空间信息的分类与标引技术的研究；提出了农业生产技术、农业市场信息、农资商品信息元数据标准，并应用于国家科技支撑计划相关课题；在农业知识语义检索策略与方法研究方面，研究了基于蚁群算法的农业语义推理算法，以此为基础完成了基于SWRL的鳜鱼疾病诊断部分推理规则的构建，初步设计了基于语义的鳜鱼疾病诊断系统；研究建立了主题图构建方法，成功实现了农业本体中逻辑关系和检索结果的可视化表达；利用后控与前控词表相结合的技术，实现农业本体知识库的自学习和自维护；实现对一词多义、一义多词的同时控制，以消除歧义，提高查准率和查全率；将垂直搜索引擎技术引入农产品电子商务领域，利用农业领域本体的构建技术，通过分布式可扩展Spider节点群从Internet上采集HTML

网页数据,建立以双字节倒排索引技术为基础的数据库文件索引,结合基于协同个性化服务的人机交互界面技术,构建一个提供农产品商务信息检索与智能化预测的搜索引擎平台,实现了农产品商务信息智能采集、咨询、智能化分析与预测等服务功能的系统集成。课题发表学术文章39篇,获得计算机软件著作权5项,培养硕士研究生10名。

二、主要内容

本书在设计农业信息协同服务总体架构并论述农业信息协同服务涉及的农业过程本体、协同服务知识库、农业搜索引擎、农业网站协同和用户信息获取等主要理论方法的基础上,阐释了与农业信息协同服务密切相关的SOA、Web Service、XML以及网站虚拟访问接口等关键技术,介绍了农业资源、奶牛养殖业、苹果种植业、玉米种植业等已研发完成的农业信息协同服务系统。显然,本书所论述的内容并不是上述两个课题的全部研究成果,仅是其中由中国科学院地理科学与资源研究所承担完成的部分。全书分上、中、下三篇,共计十二章。

上篇为理论基础,由前四章组成。第一章"农业信息协同服务架构",在分析目前农业信息共享存在问题和论述开展农业信息协同服务研究必要性的基础上,设计了农业信息协同服务总体架构,概略介绍了构成农业信息协同服务系统的主要内容,提出并定义了农业信息协同服务、农业信息需求单元、信息协同组、信息协同链和信息协同服务业务链等新概念。第二章"农业过程本体与协同服务知识库",在综述农业信息分类体系、本体论及农业本体国内外研究进展的基础上,提出并定义了农业过程本体的概念,设计了基于过程本体的农业信息协同服务知识库架构,论述了农业过程本体和农业信息协同服务知识库的构建方法。第三章"农业搜索引擎",概述了农业搜索引擎发展的历程、分类体系、工作原理及存在的问题,在筛选测度评价指标和建立数据采集方法的基础上,对比分析了谷歌、百度和中国搜农在农业领域的应用效果。第四章"农业网站协同与用户信息获取",分析了农业网站发展的现状、问题及未来发展的策略和趋势；在综述虚拟化技术研究进展的基础上阐述了农业网站虚拟访问的实质；对比介绍了电视、广播、互联网、移动互联网以及语音呼叫系统等用户信息获取通道。

中篇为关键技术，包括第五章和第六章。第五章"农业信息协同服务关键技术"，在分析传统农业信息系统面临的问题基础上提出将 Web Services 和 SOA 技术应用于农业信息协同服务系统的开发和构建过程中，并对实现信息协同服务的 XML、Web Service 关键技术以及 SOA 架构进行了深入研究。介绍了 XML 技术的出现、XML 的特点及优越性、XML 的标准体系和相关技术规范、XML 的发展前景以及在 GIS 中的应用；Web Service 部分分别对 Web Service 的体系结构、工作流程、协议栈以及基于 Web Services 的 WebGIS 进行了研究，还对当前研究热点语义 Web 和语义 Web 服务做了介绍；SOA 部分分别就 SOA 架构的定义、SOA 的价值优势以及主要内容与结构进行了阐述，最后分析了 SOA 的历史发展与技术演进方向。第六章"农业网站协同服务虚拟访问技术"，针对不同农业网站信息资源分散、异构和共享性差等问题，以实现各网站后台信息资源共享为目的，研发了农业网站协同服务虚拟访问技术；虚拟访问技术的实现采用中间件技术，利用 Web Service 技术为每个农业网站建立中间件用于共享其农业信息资源，并建立元数据库用于存储各中间件的元数据，从而实现远程访问。

下篇为系统研发，由后六章构成。第七章"农业信息协同服务平台"，介绍了农业信息协同服务平台的组成、服务功能、后台协同机制及系统实现体系结构。第八章"农业资源信息协同服务系统"，以农业资源类型划分为基础设计了农业资源本体架构，介绍了农业自然资源本体知识库结构模式和本体实例，阐述了农业资源信息协同服务系统的组织及运行流程，并对系统的用户操作进行了简介。第九章"奶牛养殖业信息协同服务系统"，在划分奶牛业生产经营过程阶段和对应的信息需求单元的基础上，构建了基于业务链模型的奶牛业信息协同服务系统架构，介绍了奶牛养殖业过程本体知识库结构模式和部分过程本体实例，阐述了奶牛养殖业信息协同服务系统的组织及运行流程,并对系统的用户操作进行了简介。第十章"苹果种植业信息协同服务系统",划分了苹果种植业生产经营过程阶段和对应的信息需求单元,介绍了苹果种植业过程本体知识库结构模式和主要过程本体实例,阐述了苹果种植业信息协同服务系统的组织及运行流程,并对系统的用户操作进行了简介。第十一章"玉米种植业信息协同服务系统",划分了玉米种植业生产经营过程阶段和对应的信息需求单元,介绍了玉米种植业过程本体知识库结构模式和主要过程本体实例,阐述了玉米种植业信息协同服务系统的组织及运行流程,并对系统的用户操作进行了简介。第十二章"奶牛养殖企业信息协同服务系统设计",在分析奶牛养殖企业管理活动的基础上,设计了奶牛养殖企业信息协同服务系统结构,介绍了系统的运行机制,总结了协同服务技术应用工程方法及其可行性和应用价值。

三、编写分工及致谢

本书各章编写分工和完成者情况为:第一章甘国辉、徐勇,第二章王健、牛方曲、徐勇,第三章刘艳华、徐勇,第四章王志强、高雅、牛方曲,第五章王志强、甘国辉,第六章牛方曲、甘国辉,第七章甘国辉、牛方曲,第八章徐勇、牛方曲、刘艳华,第九章徐勇、牛方曲、高雅,第十章徐勇、牛方曲、刘艳华,第十一章牛方曲、徐勇、高雅,第十二章甘国辉、王健。全书由甘国辉、徐勇完成统稿和定稿工作。本书七位作者简介如下:

甘国辉:男,福建龙海人,博士,中国科学院地理科学与资源研究所研究员,中国科学院研究生院教授,博士生导师。曾担任中国农学会计算机应用分会副理事长、中国地理学会数量地理专业委员会副主任。主要从事农业信息技术、区域发展模拟等领域的研究工作。"九五"期间担任国家科技攻关计划"农业专家决策与信息技术系统研究"重点项目负责人;2001年获得"全国农业科技先进工作者"称号;"十五"期间担任国家科技攻关计划"农业信息技术研究"项目负责人;"十一五"期间担任国家科技支撑计划重大项目"现代农业信息关键技术研究与示范"专家组成员。获得中国科学院科技进步特等奖1项、中国科学院杰出科技成就奖1项,合作出版专著6本,发表学术论文30余篇,取得计算机软件著作权15项。

徐勇:男,陕西榆林人,博士,中国科学院地理科学与资源研究所研究员,博士生导师。中国农学会计算机应用分会理事。主要从事农业与乡村发展、区域可持续发展、土地利用与人地关系机理模拟等领域的研究工作。"十一五"期间担任国家科技支撑计划重大项目"现代农业信息关键技术研究与示范"专家组成员、"农村信息协同服务技术研究与应用"课题组长、"农业知识语义检索关键技术研究"课题组长。合作出版专著10本,发表学术论文120余篇,取得计算机软件著作权11项。获得中国科学院杰出科技成就奖1项、陕西省科学技术二等奖1项、农业部优秀成果二等奖1项。

王志强:男,山东泰安人,博士,中国科学院地理科学与资源研究所助理研究员。主要从事3S技术和区域发展计算机模拟等方面的研究工作,发表学术论文近20篇,取得计算机软件著作权13项。

牛方曲:男,安徽淮南人,博士,中国科学院地理科学与资源研究所助理研究员。主要从事农业信息技术和区域可持续发展模拟等方面的研究工作,发表学术论文10余篇,取得计算机软件著作权8项。

王健:男,河北唐山人,博士,中国农业科学院农业信息研究所副研究员。主要从事农业信息技术、地理信息系统应用等领域的研究工作,发表学术论文20余篇,取得计算机软件著作权5项。

刘艳华:女,河南辉县人,中国科学院地理科学与资源研究所在读博士生。主要从事经济地理与区域发展等方面的研究工作,发表学术论文近10篇。

高雅:女,安徽肥西人,硕士,安徽省土地规划院实习研究员。主要从事农村经济、土地资源管理等方面的研究工作,发表学术论文多篇。

此外,中国农业科学院的梅方权研究员、中国农业大学的朱德海教授和北京农业信息技术研究中心的赵春江研究员在"农村信息协同服务技术研究与集成应用"课题执行期间，多次对课题研究思路、总体架构设计以及研究重点提出了宝贵意见；中国农业科学院农业信息研究所的钱平研究员、苏晓路研究员、周国民研究员，中国科学院合肥物质研究院智能机械研究所的王儒敬研究员，中国农业大学信息与电气工程学院的孙瑞志教授、张晓东教授、赵明副教授、康丽副教授、杨露副教授、王剑秦副教授、张小栓副教授，广东省农业科学院科技情报研究所郑业鲁研究员、骆浩文研究员、洪建军副研究员和上海海洋大学的黄冬梅教授等不仅对两个课题的圆满完成做出了重要贡献，同时对本书关于农业过程本体的构建、网站协同中间件的研发、农业专业搜索引擎的嵌入以及农业信息协同服务系统结构设计等学术思想的形成起到了积极的推进作用。在本书出版之际，对各位专家和学者的支持和帮助以及参与了课题研究开发而未在本文提及的人员表示衷心的感谢！

甘国辉　徐勇

2011年5月1日于北京

目 录

前言

上篇 理论基础

第一章 农业信息协同服务架构 ······ 3
 第一节 农业信息协同服务的目的和意义 ······ 3
 第二节 农业信息协同服务概念及总体架构 ······ 6
 第三节 农业信息协同服务系统架构 ······ 10
 参考文献 ······ 13

第二章 农业过程本体与协同服务知识库 ······ 15
 第一节 农业信息分类体系概述 ······ 15
 第二节 本体论及农业本体研究进展 ······ 34
 第三节 农业过程本体及其构建方法 ······ 48
 第四节 农业信息协同服务知识库 ······ 51
 参考文献 ······ 55

第三章 农业搜索引擎 ······ 59
 第一节 农业搜索引擎发展概述 ······ 59
 第二节 农业搜索引擎应用效果对比 ······ 82
 参考文献 ······ 93

第四章 农业网站协同与用户信息获取 ······ 96
 第一节 农业网站发展现状分析 ······ 96

2 农业信息协同服务——理论、方法与系统

　　第二节　农业网站虚拟访问 ································· 110
　　第三节　用户信息获取通道 ································· 118
　　参考文献 ·· 126

中篇　关键技术

第五章　农业信息协同服务关键技术 ·························· 131
　　第一节　概述 ··· 131
　　第二节　XML ··· 134
　　第三节　Web Services ·· 151
　　第四节　SOA ··· 173
　　参考文献 ·· 187
第六章　农业网站协同服务虚拟访问技术 ····················· 191
　　第一节　农业网站协同服务途径分析 ······················· 191
　　第二节　农业网站虚拟访问中间件 ·························· 194
　　第三节　虚拟访问中间件的构建 ····························· 196
　　参考文献 ·· 208

下篇　系统研发

第七章　农业信息协同服务平台 ································ 211
　　第一节　农业信息协同服务平台简介 ······················· 211
　　第二节　农业信息协同服务机制 ····························· 213
　　第三节　农业信息协同服务系统体系结构 ················· 219
　　参考文献 ·· 221
第八章　农业资源信息协同服务系统 ··························· 223
　　第一节　农业资源分类与农业资源本体 ···················· 223

第二节　农业资源本体知识库构建 …………………………… 230
　　第三节　农业资源信息协同服务系统简介 …………………… 259
　　参考文献 …………………………………………………………… 264
第九章　奶牛养殖业信息协同服务系统 ……………………………… 272
　　第一节　奶牛养殖业信息协同服务业务链模型 ……………… 272
　　第二节　奶牛养殖业过程本体知识库构建 …………………… 275
　　第三节　奶牛养殖业信息协同服务中间件及系统运行流程
　　　　　　………………………………………………………… 285
　　第四节　奶牛养殖业信息协同服务系统简介 ………………… 286
　　参考文献 …………………………………………………………… 294
第十章　苹果种植业信息协同服务系统 ……………………………… 296
　　第一节　苹果种植业信息协同服务业务链模型 ……………… 296
　　第二节　苹果种植业过程本体知识库构建 …………………… 299
　　第三节　苹果种植业信息协同服务系统简介 ………………… 310
　　参考文献 …………………………………………………………… 315
第十一章　玉米种植业信息协同服务系统 …………………………… 317
　　第一节　玉米种植业信息协同服务业务链模型 ……………… 317
　　第二节　玉米种植业过程本体知识库构建 …………………… 320
　　第三节　玉米种植业信息协同服务系统简介 ………………… 330
　　参考文献 …………………………………………………………… 334
第十二章　奶牛养殖企业信息协同服务系统设计 …………………… 336
　　第一节　系统结构设计 ………………………………………… 336
　　第二节　系统运行机制 ………………………………………… 344
　　第三节　协同服务技术应用工程方法 ………………………… 345
　　参考文献 …………………………………………………………… 348

上篇 理论基础

第一章　农业信息协同服务架构

第一节　农业信息协同服务的目的和意义

一、农业信息共享存在的问题

国家在"九五"、"十五"、"十一五"期间对农业、农村信息化工作进行了大量的投入。各涉农单位或企业纷纷开展了农业信息化工作,从而促进了我国的农村、农业信息化的快速发展。农业信息化的快速发展为农业生产积累了丰富的农业信息资源,对促进农业生产起到了积极作用。但随着农业信息资源的海量倍增,呈现庞杂、异构、重复建设、彼此间协同性差等诸多问题,信息化共建共享的优势得不到发挥。农业信息化建设面临着如下问题。

（一）缺乏统一的、科学完善的农业信息分类体系

农业信息涉及的领域繁多、信息庞大,难以建立完整的信息分类体系。由于缺乏统一的信息分类体系作指导,各信息资源的建立为服务于各自的应用需求,彼此之间缺乏联系,由于分类的差异导致各信息资源的语义模型存在巨大的差异,这也为各信息资源的融合带来了困难。因此,农业信息化建设需要建立统一农业信息分类体系,用于指导信息资源的再建设。

（二）缺乏信息共享、数据开放的技术、标准、政策和管理机制

由于缺乏统一的农业信息共享的政策和机制,信息资源建设各自为政,各自收集相关的数据,采用不同的技术构建数据库。由于大量数据库

在建设时,只考虑本单位单项业务需要和建设的方便,而没有考虑到信息的共享,致使数据格式、数据库系统、管理平台往往不一致,缺乏统一的标准,数据难以叠加、共享,不能有效地为其他单位或部门所使用,出现信息孤岛,并出现信息资源重复建设现象。

(三)缺乏有效联系信息提供者与使用者的机构和服务机制

由于缺乏成熟的中介服务体系,致使大量的数据不能顺畅满足信息需求。目前在信息搜索方面使用较为广泛的是搜索引擎。但现有通用搜索引擎索引到的是表层(Surface Web)网页,即Web形式呈现的信息,对后台的信息资源库无法访问,而这部分信息更为丰富。同时,搜索引擎只是将搜索到的相关信息进行罗列,并显示链接,用户需要进一步连接到指定的网页才能查询详细信息,信息资源没有协作,杂乱的语义得不到解决,不能很好地服务于农业信息需求者。因此需要建立用于连接信息提供者与使用者的服务机制。

(四)各信息提供者之间缺乏有效的协同机制

协同机制是为了相互协调共同服务于同一服务对象所遵循的协作规范。现有的分散的农业信息资源为服务于不同的业务而建立,在设计和规划上没有考虑相互配合、协同服务。对于特定的服务对象,要使各分散的信息资源能够相互协调,需要建立相应的协同机制。协同机制使得各信息资源形成一个虚拟的数据库,而不再孤立存在。

(五)缺乏农业信息化公共技术服务平台软件和基础信息资源库

农业信息工程需要购买基础软件、数据库管理系统软件、服务器及组织人力物力进行软件开发,需要大量的人力、资金、技术和经验。目前农业信息化软件多服务于特定的单位、部门,缺乏公共技术服务平台软件和基础信息资源库。只有在"统一研发、集中共享"的原则下,建立各种基础性、公共性的信息化技术服务平台软件和共建共享的基础信息库,才能减少成本,促进"农业信息化"的发展。

因此,针对农业信息化存在的问题,开展农业信息资源共享关键技术的研究、开发、应用,开发基于网络的基础性、公共性大型软件服务平台,对于促进我国农业信息资源的开发利用、推进农业信息化建设具有重要的社会和经济意义。农业信息协同服务研究据此提出。

二、农业信息协同服务的意义

信息化建设的核心问题是信息资源的共享和应用服务。信息及时有效地获取是各行各业发展的必然要求，对农业发展具有重要意义。完善的农业信息资源及其获取方法将促进我国农业信息化的发展，为农业生产提供有力的支撑。

农业的发展需要确保农产品的供给、粮食安全和生态保护等，便捷、完善的信息服务在促进农业生产的同时还为农产品的安全提供保障。这就要求农业生产者掌握足够的农业信息作保障。对于生产链较长的农业行业，保障其产品的安全较为困难，"三聚氰胺"奶粉事件发生的一个重要原因就是生产链长，管理者及各个环节的生产者信息获取不畅。在市场经济的环境中，尤其是在我国加入WTO之后，农产品面临国际市场的激烈竞争。我国农产品生产技术落后、盲目组织生产、产品规范化不足、标准化程度低、市场信息匮缺，在农产品生产、加工和贸易等环节中没有完整的信息服务支持体系。

随着信息技术的飞速发展及其在各领域应用的不断拓展，网络成为人们获取信息的重要渠道。我国农业信息化的发展也积累了大量农业信息资源，开发了许多农业信息产品，但由于上述诸多问题的存在，农业信息资源呈现分散、异构、重复建设现象，难以提供完整的信息检索。为实现分散农业信息资源整合并为信息需求者提供便捷、完善的信息服务，要求建立信息服务管理系统，为用户提供统一入口、一致的知识访问方式，同时提供操作方法一致的检索、收集和处理信息的平台，使用户能够通过单一的平台访问各种知识资源。农业信息协同服务致力于实现物理上分散、孤立的农业信息在逻辑上的一体化，形成"形散而神不散"的虚拟农业信息数据库，通过网络及其他各种传播途径为农业生产经营者提供完善的农业信息服务。农业信息协同服务的实现将为分散生产信息的收集提供支持,充分利用现有已建的农业信息资源,为农业信息需求者提供更为完备的信息服务。

同时,由于网络逐渐成为人们获取信息的主要渠道,各行各业的信息在互联网上都有了大量的积累,这些信息同样存在着多源异构等问题。对于各个行业来说,分散信息的综合利用都将对行业的发展起到巨大的促进作用,也是信息技术飞速发展的必然要求。因此,开展信息协同服务、提供完善的信息服务是各行业发展的必然要求,对农业信息协同服务的研究与初步实现,将为信息协同服务的研究提供有益探索。

第二节 农业信息协同服务概念及总体架构

农业信息化的快速发展给农业生产经营者带来了丰富的信息资源,但随着互联网技术的日新月异和农业信息资源的海量倍增,农业信息资源因庞杂、分散、异构而呈现出了相对孤立和难于满足生产经营者对信息需求的状况。为有效解决农业信息资源整合和为信息需求者提供便捷、准确的信息服务,开展农业信息协同服务已成为农业信息化发展的客观趋势和目前受到广泛关注的热点学术问题。从能检索到的文献看,农业信息方面含有"协同"一词的研究成果多指跨国或异地通过网络在同一平台下开展的协同工作,未检索到含有"农业信息协同服务"一词的成果,表明农业信息协同服务尚属于有待深化研究的新领域。本节试基于农业生产经营过程,就农业信息协同服务的总体架构和相关概念进行必要的探讨解析。

农业生产经营过程中存在着的与外部密集的信息供需双向互动关系是开展农业信息协同服务的理论基础。研发农业信息协同服务技术和集成农业信息协同服务系统,首先必须对农业生产经营过程以及与外部存在的信息供需关系进行深入分析,不同的农业行业或部门在生产经营过程中存在因生物特性不同引起的诸如业务阶段、信息需求类别、信息需求单元等差异。农业信息协同服务涉及的需要明确鉴定含义的基本概念主要包括农业本体、农业过程本体、农业信息协同服务、农业信息需求单元、信息协同组、信息协同链以及农业信息协同服务业务链等。

一、农业信息协同服务的定义

农业信息协同服务是针对互联网农业信息资源庞杂、分散、异构、相对孤立且难以满足用户需求等问题,以科学性强且结构相对稳定的农业信息分类体系为基础,应用专业智能搜索引擎、网站虚拟访问和信息智能分类等技术,通过建立具有强大的信息兼容、处理、组织和输送能力的协同服务系统,进而为用户提供准确、快捷信息服务的集新理论、新方法、新技术和新机制于一体的综合架构。其实质是实现农业信息资源的整合和共享。

二、农业信息协同服务总体架构

根据农业信息协同服务的定义,农业信息协同服务的总体架构可由如图1—1所示的六个部分组成。

1)拥有建立在坚实的农业领域知识基础上的信息分类体系。信息分类体系是农业信息协同服务的核心和基础,应具有科学性强、结构稳定、可动态扩展和能被广泛认同等特征。从发展趋势看,农业本体或农业过程本体能满足上述要求和条件。

2)拥有兼容并蓄、面向对象、组织和协调能力强大的信息协同服务系统。这个系统相当于"神经中枢",既具有接纳、处理、存储来自互联网庞杂、分散、异构信息资源的能力,又具有组织、调度和面向对象服务的能力。

3)拥有专门服务于农业领域的智能搜索引擎。该引擎要求建立在农业本体或农业过程本体等信息分类体系的基础上,具有准确、全面和可再分类等特点。目前已投入应用的农业搜索引擎大多是基于农业叙词表开发的,如果这些搜索引擎能经过农业本体化改造,将可以满足农业信息

8 农业信息协同服务——理论、方法与系统

协同服务的需求。

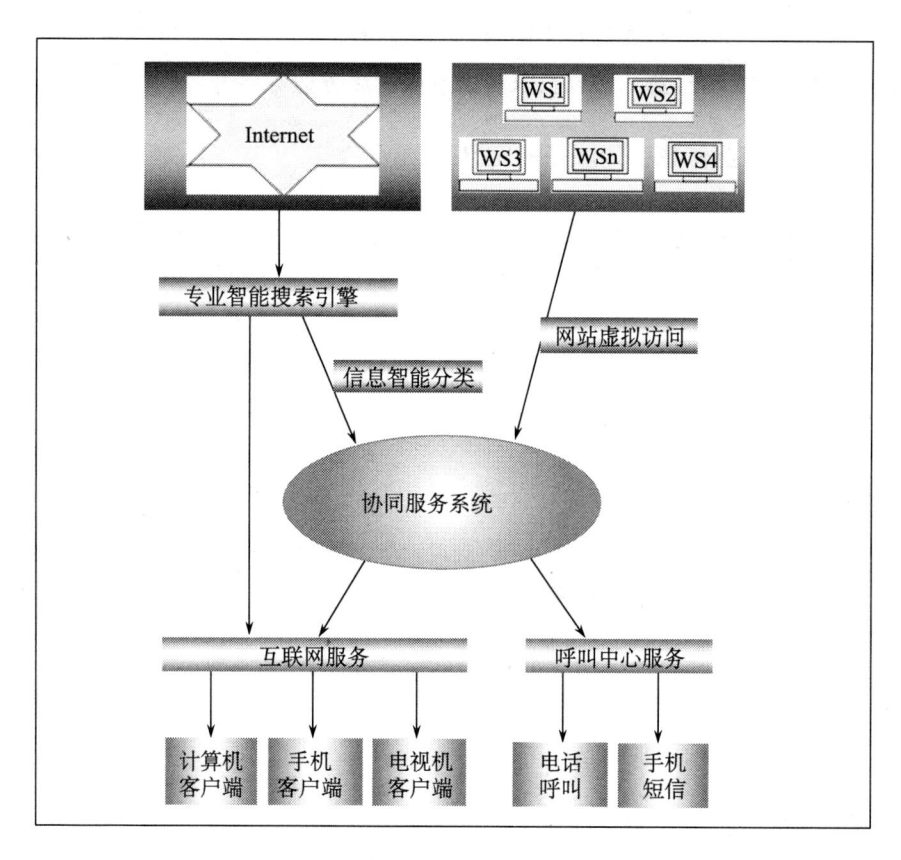

图 1—1 农业信息协同服务总体架构

4) 拥有对授权农业网站虚拟访问的功能。针对分布在互联网的农业网站其数据库或知识库大都是异构和不能被直接访问的特点,通过开发网站虚拟访问接口技术,可以将经授权的网站信息资源纳入到网站协同服务中来。

5) 拥有基于农业本体或农业过程本体建立的信息/知识库,并通过对搜索引擎搜索到的来源于互联网的农业信息进行专业化智能过滤、分类,对这些信息/知识库进行动态扩充。

6) 拥有简单、实用、快捷和形式多样的用户信息获取通道。针对不

同用户获取信息方式不同的特点,构建 PC 机上网、电视机上网、手机上网、手机短信以及呼叫中心等多种形式的信息传输通道。

三、农业信息协同服务相关概念

农业信息协同服务涉及的其他相关概念主要包括农业过程本体(在第二章专门论述)、农业信息需求单元、信息协同组、信息协同链和信息协同服务业务链等(图1—2)。

1) 农业信息需求单元。农业信息需求单元是指农业生产经营过程中需要且可以获得外部信息支持的最小片段。农业信息需求单元的划分以农业生产经营阶段划分为基础,具有连接农业过程狭义本体与广义本体的功能。它与农业生产经营阶段的显著区别在于它没有时段性特征。农业信息需求单元划分是构建农业信息协同服务系统的基础性和关键性工作。

2) 信息协同组。信息协同组是指同时服务于同一信息需求单元的一条或多条信息的集合。

3) 信息协同链。相邻信息需求单元的信息协同组连接在一起就构成信息协同链。

4) 信息协同服务业务链。信息协同服务业务链是指按农业行业生产经营的固有属性将信息协同链组合在一起形成的具有内在逻辑关系的信息服务流程。

农业过程本体				业务链
狭义本体		广义本体		业务链
生产经营阶段	信息需求单元	信息协同组	
成长阶段	犊牛期	犊牛出生	接生用具、分娩、断脐、消毒、急救、体检等	信息协同链
^	^	哺乳犊牛	喂奶、哺乳、饲养、疾病防治等	^
^	^	断奶犊牛	饲料、饲草、疾病防治等	^
^	育成牛期	育成牛	饲料、饲草、场/舍监测管理、体检、疾病防治等	信息协同链
^	青年牛期	青年牛	饲料、饲草、场/舍监测管理、体检、疾病防治等	信息协同链

图1—2 农业信息协同服务相关概念间的关系

第三节　农业信息协同服务系统架构

农业信息协同服务系统致力于构建公共服务软件,实现物理上分散、孤立的农业信息在逻辑上的一体化,形成"形散而神不散"的虚拟农业信息数据库,通过网络辅以其他各种传播途径为农业生产经营者提供完善的农业信息服务。如图1—3所示,农业信息协同服务系统以互联网上分散的农业信息资源为后台"数据库",为用户提供一站式信息服务。

根据图1—3,农业信息协同服务系统架构主要分为三大部分:

1) 最上层是互联网上分散的各种农业信息资源,是农业信息协同服务系统的后台虚拟数据库。为实现各信息资源的共享,需为各农业网站开发出远程访问接口。

2) 中间层,是农业信息协同服务系统。本层是农业信息协同服务的枢纽,在建立统一语义模块的基础上,实现分散信息的融合,为农业信息需求用户提供信息服务。

3) 图中的第三层,即最下面的一层是最终的农业信息需求用户。用户通过Internet对协同服务系统进行远程访问,实现对农业信息的查询。根据协同服务系统的实现方式的不同,客户端需要不同的工具。例如,农业信息协同服务系统采用B/S结构实现,用户只需要利用通用的客户端浏览器即可实现远程访问。

根据农业信息协同服务的目的,构建农业信息协同服务系统需要完成下述任务。

1. 分散的农业信息的语义融合

由于没有统一的农业信息分类标准,各单位、部门或不同的人员采取的分类标准不同,造成各信息资源之间数据模型、文件格式及语义等诸多方面存在着巨大的差异,这为信息资源之间的协同服务的实现增加了困难,同时也是构建农业信息协同服务系统要解决的问题。要实现信息资源的融合,必须在建立统一的信息分类体系的基础上实现语义模型的转换。

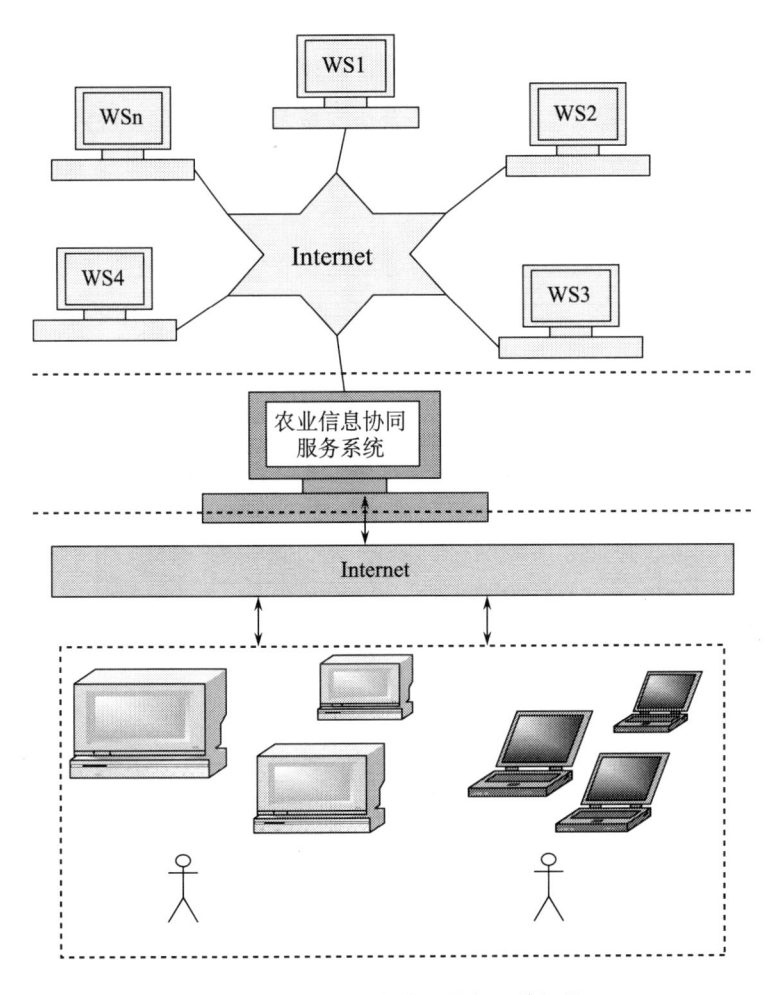

图 1—3　农业信息协同服务系统架构

2. 多源农业信息的跨平台访问

农业信息资源的建立各自为政,没有统一的管理机制,服务于各自的需求,造成各信息资源的软件、硬件平台存在巨大差异。而农业信息协同服务系统研究致力于充分利用互联网农业信息资源建立完善的农业信息

12 农业信息协同服务——理论、方法与系统

知识库,知识库是建立在各分散农业信息资源之上,但并非各个库的物理拷贝,同时也并非是各个农业信息资源普通的共享,而是要实现对分散信息资源的语义整合,即在新的科学的分类体系下实现各分散异构农业信息资源在逻辑上的一体化,使之成为"形散而神不散"的整体。因此,需要研究建立用于农业信息共享的跨平台访问技术,实现信息资源跨越网络、硬件设备和软件平台的共享。

3. 农业信息协同机制

农业信息协同服务系统要实现分散的农业信息资源融合并协同服务于用户,需要确立各信息资源之间的协同机制。协同机制即各信息资源相互协作的规则。系统针对用户的信息请求,分析业务需要,依据协同机制对各信息服务进行编排组合,以形成完善的信息服务序列。

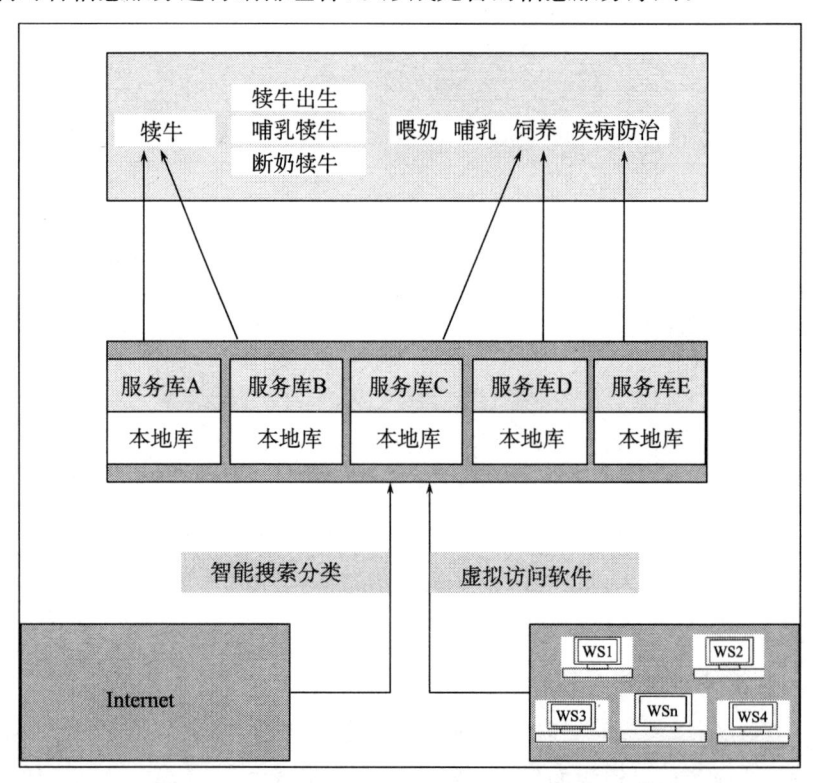

图1—4 农业信息协同服务系统架构实例示意

4. 农业信息协同服务软件系统的架构

农业信息协同服务研究最终为用户提供的是应用系统。该系统为信息使用者与信息提供者之间建立了桥梁。软件系统的架构须基于网络、面向分散的农业信息并考虑到未来的软件升级与扩展,注重各模块的重用性。

参 考 文 献

[1] Guarino, N. 1995. Formal Ontology: Conceptual Analysis and Knowledge Representation. *International Journal of Human-Computer Studies*, Vol. 43, No. 2/3, pp. 625-640.

[2] Qian, P., Su, X. 2004. An Intelligent Retrieval System for Chinese Agricultural Scientific Literature. The 5th International Workshop on AOS, April 27-29, Beijing, China.

[3] Qian, P. 2002. Web-based Agricultural ScienTech Information Services Fundamental Platform. Asian Agricultural Information Technology & Management, Proceedings of the Third Asian Conference for Information Technology in Agriculture, October 26-28, Beijing, China, pp. 322-326.

[4] Uschold, M., M. King, S. Moralee et al. 1996. The Enterprise Ontology. *The Knowledge Engineering Review*, Vol. 13, No. 1, pp. 31-89.

[5] 常春:"联合国粮农与农业组织 AOS 项目",《农业图书情报学刊》,2003 年第 2 期,第 14~15、24 页。

[6] 斐成发:"我国信息化建设的现状及思考",《情报学报》,2000 年第 2 期,第 130~136 页。

[7] 贺纯佩、李思经:"农业叙词表在中国的发展和农业本体论展望",《农业图书情报学刊》,2003 年第 4 期,第 16~19 页。

[8] 倪金卫、施正香、王朝元等:"信息技术在奶牛业中的应用:精确饲养奶牛",《农业工程学报》,2001 年第 7 期,第 12~16 页。

[9] 牛方曲、甘国辉、徐勇等:"基于 Web Service 构建农业信息协同服务系统",《农业网络信息》,2009 年第 9 期,第 28~32、41 页。

[10] 彭隽、朱德海:"农业信息系统在不同平台上性能的比较",《农业工程学报》,2006 年第 9 期,第 254~256 页。

[11] 钱平、郑业鲁:《农业本体论研究与应用》,北京:中国农业科学技术出版社,2006 年。

[12] 钱平:"我国农业信息网站建设的现状与分析",《中国农业科学》,2001 年增

刊,第 78~81 页。
[13] 王家启:《现代奶牛养殖科学》,北京:中国农业出版社,2006 年。
[14] 王健、甘国辉:"多维农业信息分类体系",《农业工程学报》,2004 年第 4 期,第 152~156 页。
[15] 徐勇、甘国辉、牛方曲:"农业信息协同服务总体架构解析",《农业网络信息》,2009 年第 9 期,第 10~12 页。

(本章执笔人:甘国辉、徐勇)

第二章 农业过程本体与协同服务知识库

第一节 农业信息分类体系概述

一、农业信息知识组织与分类现状

信息分类可大体分为基于内涵的分类、基于外部特征的分类和混合分类三种类型。信息的内涵是信息所蕴涵的知识,基于内涵的分类即是从知识分类的角度对信息进行分类,其重点是分类所依据的知识体系。我国农业信息分类中普遍采用的文献分类方法可归属此类。

随着农业信息化程度的不断提高,农业信息组织的重要性日益增强,作为其重要基础的信息分类也得到了更大程度的重视。目前我国已经出现了多种农业信息知识组织方法,其中沿袭自情报科学领域的文献分类法是应用较多的一种,实践中一般采用图书/情报领域的中图法。从数字环境下信息组织的特点分析,这种组织方式没有充分考虑农业系统多因素、复杂开放的特点以及农业知识的多维特性,在实际应用过程中暴露出分类僵化、使用复杂、不支持知识进化、对复杂的知识处理容易导致二义性等不足。

已有的调查表明,目前正在应用的三类主要的农业信息分类方法分别来自不同部门或组织,其应用目标和具体功能也各不相同(表2—1)。

表2—1 主要农业信息分类方法

分类实施机构	分类问题域	分类方法	特点
农业部信息中心[①]	农业领域分类	面状分类法:分为四大类(地理区域、属性、主要内容、涉及行业)	面向农业信息网站;无编码体系
标杆网络技术有限公司[②]	农业行业分类		面向全行业的网络信息;有编码体系
联合国粮农组织(FAO)[③]	农业综合分类		面向世界的农业领域;无编码体系

注:①中国农业信息网 http://www.agri.gov.cn/,中华人民共和国农业部。
②北京标杆网络技术有限公司,农业全行业分类(标准类信息产品),2003。
③联合国粮农组织 http://www.fao.org。

上述分类均可归于内涵分类法,从知识角度来看是传统的知识组织方法在农业上的运用,从内容组织发展阶段来看基本属于枚举分类法或主题分类法。这些分类方法虽各有特色和优势,但在数字环境下农业信息知识组织方面也表现出一些局限。

1) 农业信息的知识组织有待于专业化和标准化。现有分类体系大都是中图法分类的一个子集。这种专门服务于文献的方法在农业领域信息分类实践中遇到较多的困难,突出的是知识覆盖程度和知识表现粒度不充分。

2) 对相关专业分类的支持需要进一步加强。现有分类基本是对农业信息分类进行的全新设计,没有考虑对领域内已有的各种分类标准的支持。这不仅是已有分类标准资源的浪费,同时造成各个标准不能相互通用,在标准层造成数据共享和互操作的困难。

3) 对信息的自动化处理需要进一步增强。现有分类更多考虑的是便于人工检索的需要,对信息操作和加工的自动化特点考虑较少,没有充分利用计算机对复杂结构处理的优势。

4) 对多学科交叉信息的处理能力偏弱。分类方法多采用线性分类和面分类方法,但整体上两种分类方法在多维知识处理方面的能力都比较弱,需要一种适用于多维知识的分类方法。

从已有分类方法的种种局限可知,数字环境下的农业信息组织与分类方法应在完整覆盖农业知识的基础上符合下列原则或约定:

1) 科学原则,与农业系统的客观存在相符合,充分考虑农业领域知识的特点;

2) 自说明并与现有主要分类标准兼容;

3) 在人的理解和计算机编码与信息自动化处理中寻找最佳平衡点;

4) 具备良好的可扩展性。

二、农业系统的知识组织框架

考虑到群体知识组织和个体知识组织的特点,动态的多维知识组织框架是农业信息组织与分类的良好基础。多维知识组织框架强调通过多个维度建立知识模型,其关键是确定农业知识的核心事实(农业系统的核心子系统)和各个维度(农业系统的相关子系统)的内涵。

农业是人类利用各种资源改造自然和获取产品的生产部门,农业生产是其核心,也是将人力资源、社会资源、经济资源、自然资源、生物资源等组织在一起的主干。相应地,在多维农业信息知识组织结构中,农业生产系统是其核心事实,社会经济、环境、资源、科学技术等方面作为农业信息的维度,图2—1显示了这一多维结构的顶层结构。

(一) 农业知识的核心事实

农业生产是农业系统的主线,是人类为组织和实施农业生产所进行的各种活动的总和,可从属于产前、产中、产后多个阶段或生产、销售、储存等多个环节。在农业生产系统中,农业行业和产品贯穿农业生产的始终,同时也是农业系统和相关系统发生联系的主要媒介,加之行业/产品是可有效进行的唯一性标识,所以农业行业和产品可作为多维结构的核心事实。

农业知识组织框架的核心事实包括所有的农业行业、农产品和农

18　农业信息协同服务——理论、方法与系统

活动涉及的其他行业及商品。核心事实中的行业和产品具有全局（知识组织总框架内）唯一的编码标识，并通过该编码与各个信息维度关联，其成果表现为"农业行业/产品分类表"（Agricultural Industry/Product Code，AIPC）。见附录：农业行业/产品分类表。

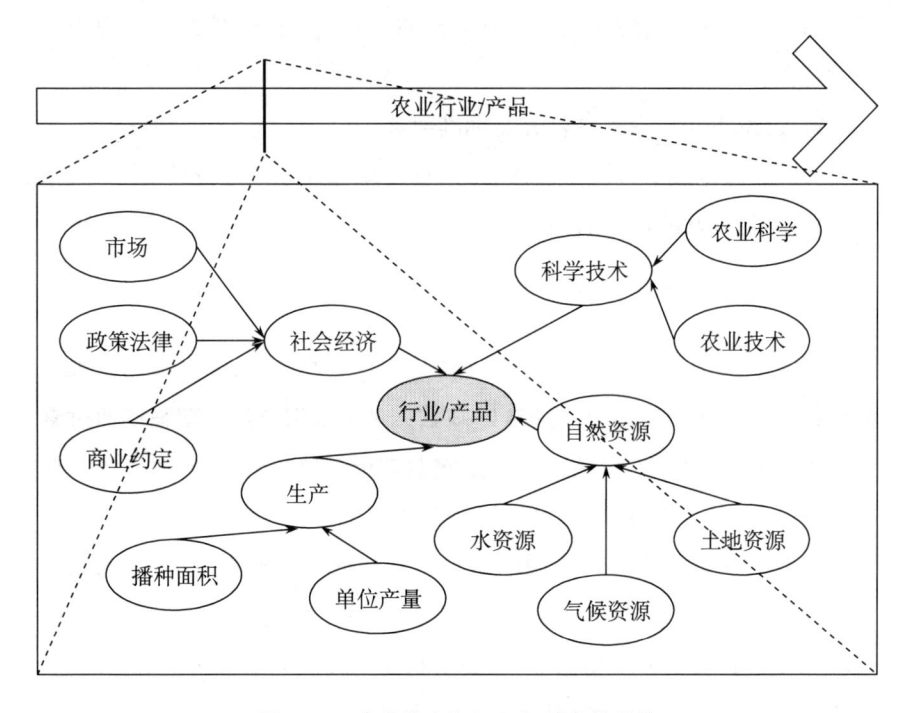

图 2—1　农业信息知识组织的多维结构

　　AIPC 的语义构成比较复杂，在设计语义结构时需要考虑三个不同方面的影响：①现有的产品、行业编码标准的影响；②行业、产品之间的关系；③产品的一物多名现象。

　　我国的《国民经济行业分类和代码》（GB/T4754-2002）、《全国工农业产品（商品、物资）分类与代码》（GB7635-87）、联合国制定的《国际标准经济活动行业分类》（International Standards Industrial Classification of All Economic Activities）以及联合国统计委员会制定的《主要产品分类》（CPC）等均与 AIPC 有关。

行业与产品之间的关系是复杂的。在总体上,产品是行业的具体表现,行业是产品的集中反映。但是在具体的对应关系上,二者之间是多对多的关系。某个行业生产不止一种产品,某个产品也可能来自多个行业。如果考虑到行业产出产品的主次关系,行业之间的产业链以及由此形成的商品之间的供应链关系,行业与产品之间的关系将更加复杂。

产品的一物多名现象是普遍存在的,在我国农业行业尤其明显。主要原因是农业行业地域分散,产业化程度低,从业人员的整体素质低,由此造成的俗语、俚语现象比较严重。完全排除二者将极大地制约农业生产者信息检索的途径和能力,将二者均列入检索点又将造成检索精确性和效率的降低。在实践中需要采用相应的策略实现二者的平衡。

研究确定的原则是以国家现行的行业和产品分类为基础,以产业链和产品链作为连接行业和产品的桥梁,以包括俚语、俗语和术语对应关系的产品叙词表作为辅助构建 AIPC。现有的《国民经济行业分类和代码》(GB/T4754-2002)以及《全国工农业产品(商品、物资)分类与代码》(GB7635-87)是我国强制实行的标准,并且在统计、工业、商业等领域得到广泛应用,其内容和结构具有科学性和权威性,应作为农业行业/产品分类编码的基础,以确保 AIPC 与现行的标准之间的兼容。由于《国民经济行业分类代码》和《全国工农业产品(商品、物资)分类与代码》之间不是行业延拓至产品的关系,在 AIPC 中开发了产业链关系和产业—产品关系以连接二者成为一个有机整体。产业—产品关系是借助产业节点和产品节点之间的连接表明产业与产品的关系,例如产品作为产业的输出或输入等。产品—行业之间的关系以行业为主,描述的是产品对于行业的关系,主要包括:①产品是该行业的主产出;②产品是该行业的副产品;③产品是该行业的原材料;④产品与该行业有关。四种关系均是直接的关系,关系之间不传递,其中第四种关系主要记录除上述三种关系外的其他直接关系。产业链和产业—产品关系不仅仅适用于维度内,同时可与其他维度(包括工业行业/产品)发生关联。图 2—2 显示了包括产业链和产品—行业关系的数据结构。

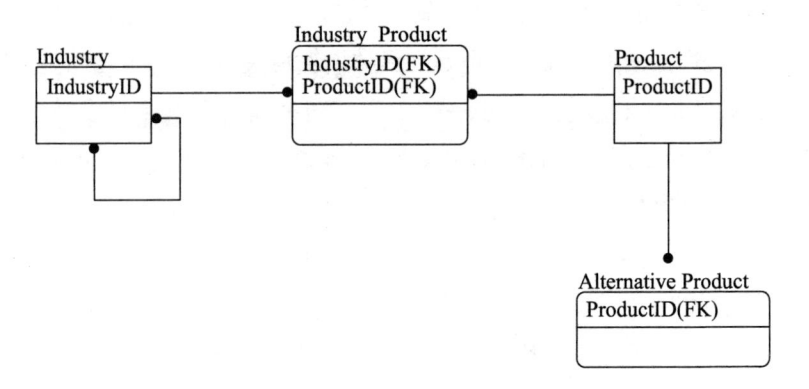

20 农业信息协同服务——理论、方法与系统

图 2—2 农业核心事实语义结构

针对产品的一物多名现象,一种高效但昂贵的方法是美国国会图书馆的 Mesh 标题词,即当几个词同时对应一个概念时,仅选定其中一个,并要求用户只能按照该词检索相应的概念。这种情况需要对用户进行关于检索词汇集的训练。考虑到农业信息的目标人群的主体是农民,他们缺乏对正规术语的掌握,某些人只了解一些相关的俗语。所以本系统增加了备选名词,通过相同的产品编码与正式术语共同纳入 AIPC 以实现多入口检索。

(二)农业信息知识组织模型的维度

农业信息维度(以下简称"维度")决定着农业知识组织框架的知识表达能力和访问性能。维度的数量同结构的复杂性、表达能力、性能、实施成本正相关,并需要综合考虑农业信息的语义内涵、农业信息的需求、投入等多种因素。

维度容纳农业信息知识内涵的各种属性,其语义构成的完整性是首要准则。根据我国目前农业的发展阶段,参考我国用户对农业信息的需求和美国、日本、德国等国家农业信息的主要内容,结合对农业信息消费链、农业信息的功能以及粒度的分析,我国农业信息维度设置见表 2—2。

表 2—2　农业信息维度设置

维度	子维度	语义结构
农业生产	生产规模	
	长势	
	生产效率	
	产量	
	灾害	农业灾害列表
农业市场	供求	
	价格	
农业自然资源	土地资源	农业土地资源分类表
	水资源	
	生物资源	农业生物资源分类表
	气候资源	农业气候资源分类表
农业科学技术	理论探讨	
	科研项目	
	科技成果	
	科技商品	
	科技常识	
农业社会经济资源	经济分析	
	社会分析	
	农业规则	农业规则分类表

（1）农业生产维度

农业生产信息是通过对农业生产过程进行监测获得的信息，主要满足用户对农业生产整体状况进行评价、预测和控制的需要。根据目前农业的情况，农业生产信息知识内涵应包括农业生产状况因素（例如生产规模、单位产量等）和与农业生产过程相关的各种自然因素及其影响（例如各种灾害等）两个主要方面，并通过生产规模、长势、生产效率、产量、灾害

22　农业信息协同服务——理论、方法与系统

等因素予以表达。

生产规模因素反映种植业的种植面积、畜牧业的存栏头数、水产的渔作面积等内容；长势因素是通过对农业生产各环节的状况进行评价得到的关于农业生产状况方面的内容；生产效率因素包括单位面积产量、饲养效率以及渔作效率等方面的内容；产量因素包括收获量、出栏头数等内容；灾害包括火灾、旱灾、雪灾、鼠灾、虫灾等，灾害因素是反映灾害以及灾害对农业生产影响的内容。

（2）农业市场维度

随着社会经济结构的变化，市场成为各项涉农活动的枢纽，农业市场信息维度的设置可有效地反映这一变化。同时，考虑到市场信息与广义的社会经济信息之间的差异，将除市场信息外的其他经济内容统一归入农业社会经济维度。农业市场信息维度涵盖与农业有关的市场各要素的情况，包括对农产品、农业生产资料、农业加工产品（实物、工业原料等）的价格、供求的反映，同时也包括根据这些信息对市场的现状和展望的相关研究。在构成层次上，市场部分对应微观的经济运行，而社会经济则对应宏观的经济运行。

市场包括供求、价格、交易商品和规则等要素，市场信息内涵据此可具体分解为供应、需求、价格、交易商品以及交易规则等方面，如图2—3。

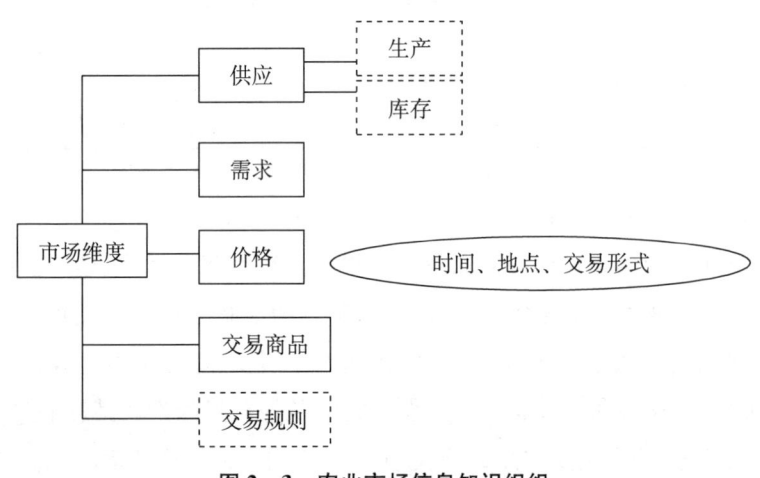

图2—3　农业市场信息知识组织

供应因素反映某个或某类农业相关产品(包括农产品、生产资料以及农机等)的生产量、库存量、流通量以及相关的分析性信息,其中生产因素涉及当前生产季的生产状况,生产规模、长势以及有关因素对生产的影响、最终的产量等内容,归属农业生产维度。库存因素提供当前特定农产品的库存状况,目前暂不单列。需求因素反映某个或某类农业相关商品的需求,包括统计数据和分析等。价格因素包括价格数据和价格分析两个部分。交易商品、交易地点、交易时间和交易形式是确定和反映价格信息的四个要素。交易形式包括零售、批发和期货;交易地点指明具体的市场(集贸市场、地区市场或国际市场)并由此可暗示交易的级别,与交易形式是相互补充的性质。价格要素是价格的必选属性。交易商品是市场信息与核心事实(产品/行业维度)关联的纽带,其内容是核心事实的农产品名称和编号。交易规则是市场交易的规定,从集贸市场的市场规则到国际市场的商业协定等。考虑到交易规则和商业协定之间的关系以及人们对二者的认识,该部分并入政策、法律、法规、商业规则部分。

(3) 农业自然资源维度

农业自然资源是自然界中可以被用于农业生产的物质和能量来源,一般包括各种气象要素和水、土地、土壤、生物等自然物。气候资源是太阳辐射、热量、降水等气候因子的数量及其特定组合;水资源是各种农业用水的总和;此处的土地资源泛指能够供养生物的地球地表,包括陆地和水(海)面;土壤资源反映地球陆地表面与动植物生长有关的特性等;生物资源包括可作为农业生产经营对象的野生动物、植物和微生物的种类以及群落类型,也包括人工培养的植物、动物和农业微生物。一切在内容上涉及上述资源的农业知识皆属于农业自然资源信息。根据调查,我国农业信息的主要受众关注的自然资源知识主要涉及农业自然资源的结构和变化情况等方面。由于农业自然资源构成复杂,因素众多,不能采取简单的属性涵盖全部,为完整反映农业自然资源信息的内涵,应对农业自然资源及其各个子类深入研究,确定其组成或元素的规范术语以及各个术语之间的关系,并建立农业自然资源术语表(Terminology of Agricultural

Natural Resource，TANR)以容纳维度因素。图 2—4 是 TANR 的一个参考结构。

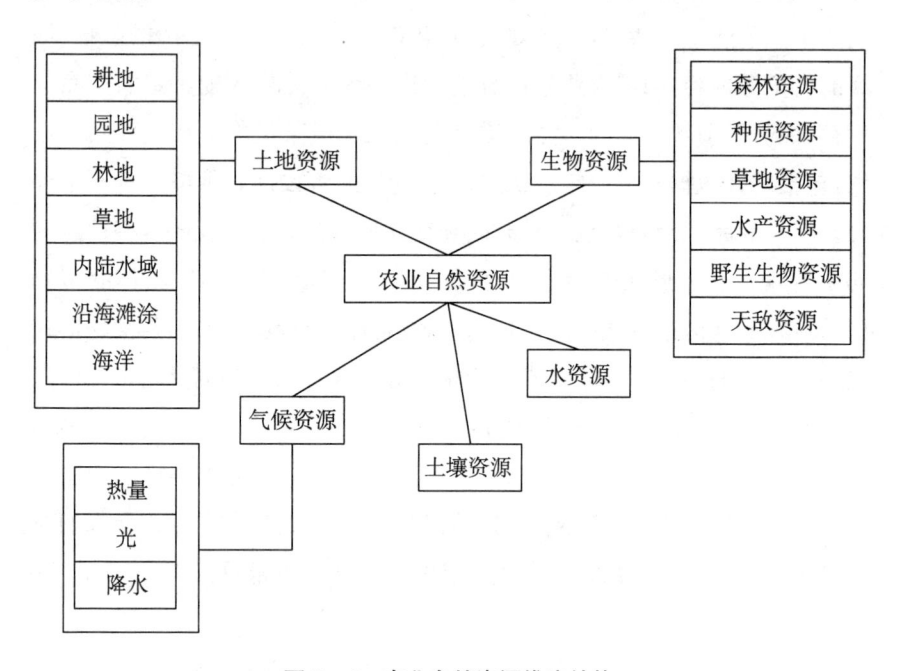

图 2—4　农业自然资源维度结构

（4）农业科学技术维度

农业科技是在农业系统运行中利用的各种知识技术的总和,是人类总知识的子集。农业信息的科学技术维度涵盖农业生产和管理中涉及的各种科技成果和科技知识。

考虑到农业科学技术在目的和受众方面的特点,现有的科学技术信息分类不能直接应用为农业科技维度的组织结构。设置农业信息科技维度的目的不同于科学技术信息的组织目的。前者以农业为主线,侧重说明农业生产需要或涉及的科技,后者根据科学技术内在的性质分类,重点说明信息中的科技知识在科技知识总框架中的位置。同时,农业科技的受众明显不同于科学技术信息的受众:前者的知识结构应该是以农业为主,了解科技信息主要是为农业服务,他们不会、也不大可能具备完备的科学技术的总体知识；后者的受众则相反。

农业科技信息维度和科学技术信息空间又存在着必然的联系。农业科技同时也是科技信息的组成部分，科技信息研究对象或研究内容涉及农业系统的部分构成了农业科技信息。二者之间存在的相互联系可帮助用户方便地从农业信息空间跳转到科学技术信息空间。

对用户的实际调查表明，农业用户对科技方面的需求主要集中在对科技成果和科技知识的获取，检索的主要入口是农业生产环节、活动或农产品。因此科技信息维度的分类主线确定为科技成果的类型，以帮助用户搜索农业科技有关的信息，包括科技成果、科研项目、专利等。

根据我国的情况，农业科技成果从研究到应用一般经过五个阶段，每个阶段对应不同的形态。这五个阶段包括：①理论探讨阶段，对应的主要是科技论文；②科技研究立项、在研项目阶段，一般对应国家或组织的科研项目；③科技成果阶段（尚未实现成果的商品化），一般对应完成验收但尚未进行商业化的科研项目；④科技商品（商业化的科技成果，包括专利、版权等）阶段，对应已经完成商业化或投入使用的科技项目；⑤科学普及（不需要付出成本即可获得的技术，包括普及性的科学技术、失效专利等）阶段。

农业科技维度据此设立了五个因素：理论探讨、科研立项、科技成果、科技商品以及科技普及，分别对应五个阶段。这些属性可通过农业科技状态标准叙词表（Thesaurus of Science & Technology Product Description，TSTPD）组织。

(5) 农业社会经济资源维度

农业社会经济知识内容丰富，涉及农业经济的宏观分析和评价、经济走势分析和预测、农村、农民问题等方面，可具体分为农业经济分析评价、农业社会分析以及农业规则三个主要部分。农业经济分析评价部分涵盖农业经济运行的宏观分析与评价以及其他与宏观农业经济有关的内容；农业社会因素是与社会有关的农业内容；农业规则是获得认可的农业系统运行规则，包括国内外关于农业的政策、法规、行业规定、行业标准以及

26 农业信息协同服务——理论、方法与系统

与农业有关的商业协定(例如 WTO)等。图 2—5 显示了农业社会经济资源维度的具体构成。

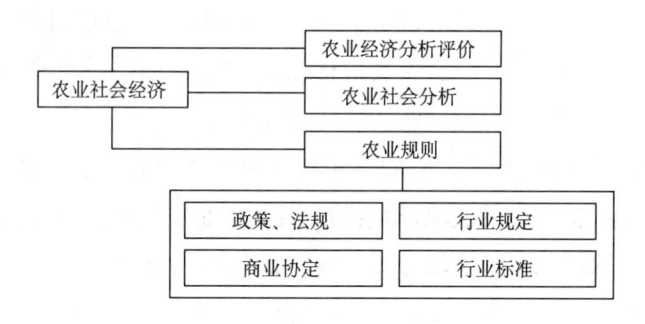

图 2—5 农业社会经济维度构成

调查表明,我国农业社会经济信息需求的主要内容包括国家有关农业方面的政策、法规等,随着市场经济的进一步发展以及对外开放程度的加强,国外的农业政策和规定,包括行业规定、检验检疫规定、行业标准、贸易协定等也成为重要的内容。国外的农业社会经济信息大致相同。

(三) 多维农业信息组织结构实现

(1) 数据结构

多维组织框架不能通过二维数据结构得到完整无损的表达,必须借助多维数据结构(多维立方体)作为其组织框架。农业知识组织立方体(Agriculture Knowledge Cube)由多个维度构成,每一维表示某一个特定农业系统或方面内的一类知识,所有维度组成农业信息的知识空间。农业系统中的每一个子系统均映射到一个或多个维度,每一维可形象地理解为一棵以维度为根级(all 级)的分类树。根据分类情况的复杂程度,根级分类树包括若干子树,子树由语义完整、相互独立的域构成,域是叶级分类。树、子树和域构成了该维度下的二维分类结构。对于构成复杂的维度,可将其进一步映射为子维度,在子维度下进行维度划分,形成嵌套模型。

多维框架中的六个维度交叉所构成的丰富语义可较好地反映农业信

息知识内涵。图2—6以三个子系统为例显示其映射构成的三维分类立方体的结构。图2—7表示立方体模型中分类信息组织的层次结构,同时显示了立方体分类结构如何对应和容纳已有的分类系统。已有分类体系主要是指与农业相关的分行业的分类体系,例如农产品的分类、农业自然资源的分类标准等。

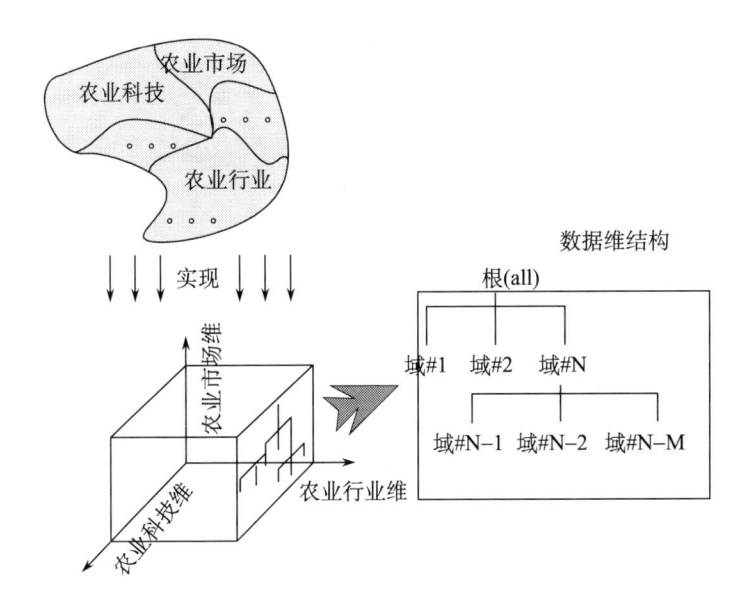

图2—6 三维分类立方体模型

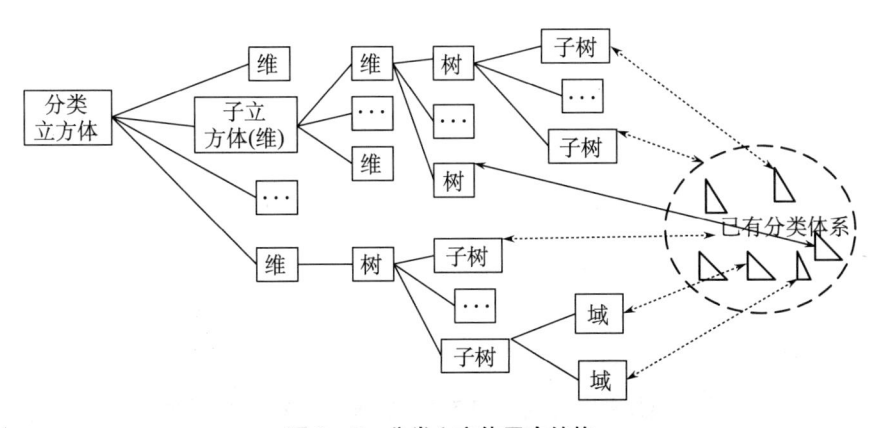

图2—7 分类立方体层次结构

28 农业信息协同服务——理论、方法与系统

任意选择包括核心事实在内的三个维度构成的分类立方体模型见图2—8，该图表明了各个类别单元(Classification Cell)如何表达分类信息。每一个交叉点为一个类别单元，每一农业信息类别对应立方体中的一个单元，单元的值为该类别的唯一标识值。例如浅色单元表示黄玉米的价格信息，其唯一标识值为11 458；深色条带表示所有农业行业/产品的生产规模，对应一个标识值的集合。

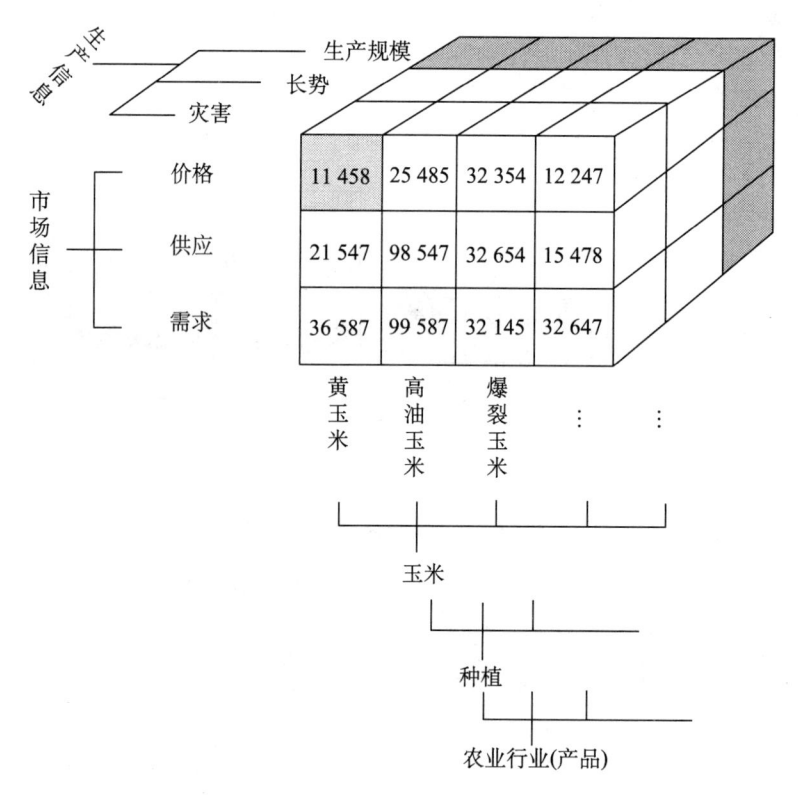

图2—8 分类立方体(以三维为例)

(2) 多维结构的表示及编码

单元的值通过属性链表示，如图2—9所示。每一个子分类体和维度下的子树结构组成了该维度值的一段，形成维度内的嵌套结构。根据信

息的具体情况,各个维度的数值可以是 null、all 或某个具体数值。null 值表示信息在该维度没有反映或不必反映;all 表示信息覆盖该维度,即对应该维度的 all 级(根级)分类;其他具体数值则表示信息对应于该维度下特定域值。图 2—8 中的浅色单元的表示:黄玉米. 价格. null. null. null. null;深色条带的表示:农业行业(all). null. 生产规模. null. null. null。在对所有维度制定统一的编码标准的前提下,确定各个维度本身的编码分类数值,可实现分类信息的编码表示。

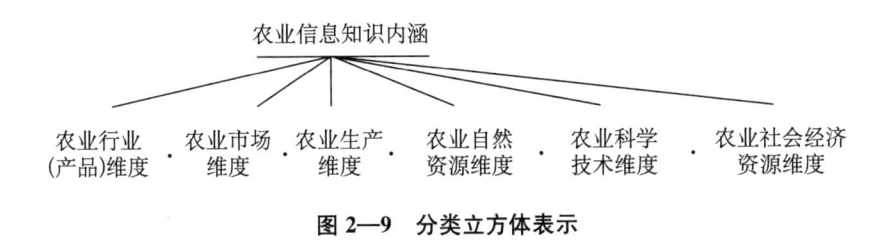

```
                    农业信息知识内涵
        ┌──────┬──────┬──────┼──────┬──────┐
     农业行业  农业市场  农业生产  农业自然  农业科学  农业社会经济
     (产品)维度  维度    维度   资源维度  技术维度   资源维度
```

图 2—9　分类立方体表示

(3) 维度、树和子树的确定原则

模型构筑的关键问题是农业维度的粒度确定。合理的维度集合应该以比较少的数目完整地覆盖农业信息知识内涵的各个方面,过多的维度会增加知识模型的复杂程度,使其难以理解和使用。确定维度应遵循如下规则:①维度的内涵要完整,可完整表示农业信息的某一方面;②同级维度在语义上不可相互从属;③维度之间的交叉应该具有现实意义;④维度的粒度应适当,尽可能使其下的树或子树对应一个独立的分类体系,大部分情况下这种独立的分类体系表现为各个相关行业已经存在的分类标准;⑤维度的数量应该尽可能少。

另一个关键问题是子系统中语义树的确定。该问题与维度的确定相互关联,应该综合考虑。合理确定树和子树使其包容已有的分类体系是核心原则,同时还应该考虑以下规则:①树和子树中的各个域不能存在语义交叉;②子树中全部域的内涵集合应完整覆盖其父级的内涵。

三、小结

群体知识的多维性和个体知识的灵活性始终是基于内涵的信息分类必须解决的矛盾，也是信息自动分类和标注需要考虑的重要因素。研究中提出的多维农业信息知识组织框架以系统、整体的观点考察农业系统及农业知识，注重农业核心事实与各个相关维度之间的交叉，并通过不同维度中的语义树、子树以及域之间的交叉来表达农业信息的复杂知识内涵，较好地解决了知识多维特性和个体知识灵活组织之间的矛盾。"十五"国家科技攻关计划项目课题"农业信息网络平台研究与开发"和"十一五"国家科技支撑计划重点项目课题"农业信息协同服务关键技术研究与示范"中的实践表明，该知识组织框架有效地实现了农业信息的灵活分类与组织，是一种适合网络环境（特别是语义网）的信息自动分类方法。

附录：农业行业/产品分类表

农业行业/产品分类表的内容包括农业行业、农产品以及其他涉农商品。在总体上，该表是社会行业/商品分类表的一个农业领域应用。

1. 目的

为提高我国农业知识组织水平，建立统一的、科学的农业知识组织结构和以此为基础实现基于知识内涵的农业信息组织、知识管理和知识挖掘，编制了农业行业/产品分类编码。

2. 分类原则

1) 本编码标准的分类对象是农业行业、农产品和其他涉农行业和商品。

2) 本编码标准兼容《国民经济行业分类和代码》(GB/T4754-2002)和《全国工农业产品（商品、物资）分类与代码》(GB7635-87)。

3) 以科学分类为主,按照行业/产品的基本属性分类,适当照顾部门管理的需要。

4) 分类首先满足当前农业知识组织的需要,并适当考虑知识挖掘等的需要。

5) 分类同时考虑到在工业和商业领域的需要。

6) 分类首先考虑到 Web 和自动化服务,人工检索作为辅助方式。

3. 编码方法及标准

农业行业/产品编码结构如图 A 所示。该编码结构由三个部分组成。第一部分是行业类码段,与《国民经济行业分类和代码》(以下简称"行业代码表")(GB/T4754-2002)结构相同。第二部分是产品类码段。因为《全国工农业产品(商品、物资)分类与代码》(以下简称"商品代码表")(GB7635-87)与《国民经济行业分类和代码》(GB/T4754-2002)在门类和大类层次存在对应关系,所以 AIPC 的产品大类实际是商品代码表的基本类的下位类。这种采标方式既保证了兼容性,同时也扩展了目前的标准,使之更加详细和具体,更加适合农业专业的情况。第三部分是产品的同名标识码段,记录产品的同名、俗语、俚语等。一般认为行业不存在同名、俗语、俚语等现象,所以该码段只包括产品部分。

门类码段采用一位英文字母,同名码段采用英文字母和阿拉伯数字混编,其他码段一律采用阿拉伯数字。编码中所有英文字母不分大小写。所有类号采用 14 位满秩,缺失部位采用 0 补齐。

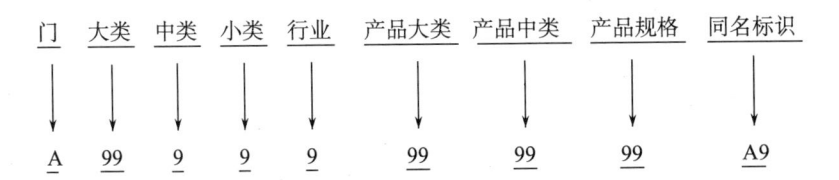

门	大类	中类	小类	行业	产品大类	产品中类	产品规格	同名标识
↓	↓	↓	↓	↓	↓	↓	↓	↓
A	99	9	9	9	99	99	99	A9

图 A　农业行业/产品编码结构

表 A　AIPC 编码表(部分)

类号	类名	注释
A000000000000000	农、林、牧、渔业	
A010000000000000	农业	
A011000000000000	谷物及其他作物的种植	
A011100000000000	稻及其栽培	
A011101000000000	籼稻	
A011102000000000	粳稻	
A011103000000000	糯稻	
A011104000000000	早稻	
A011105000000000	中稻	
A011106000000000	晚稻	
A011107000000000	单季稻	
A011108000000000	双季稻	
A011109000000000	三季稻	
A011110000000000	深水稻	
A011111000000000	旱稻	
A011112000000000	杂交稻	
A011113000000000	野生稻	
A011114000000000	其他稻	
A011200000000000	麦及其栽培	
A011201000000000	小麦	
A011201010000000	冬小麦	
A011201020000000	春小麦	
A011201030000000	白皮小麦	
A011201040000000	红皮小麦	
A011201050000000	硬质小麦	
A011201060000000	软质小麦	
A011201070000000	其他小麦	
A011202000000000	大麦	
A011102010000000	啤酒大麦	
A011102020000000	饲料大麦	
A011102030000000	青稞	

续表

类号	类名	注释
A011102040000000	其他大麦	
A011203000000000	小黑麦	
A011204000000000	黑麦	
A011205000000000	燕麦	
A011206000000000	其他麦	
A011300000000000	玉米及其栽培	
A011300000000001	苞米	东北方言
A011300000000002	苞谷	东北方言
A011301000000000	黄玉米	
A011302000000000	白玉米	
A011303000000000	混合玉米	
A011304000000000	常规玉米	
A011305000000000	特用玉米	
A011305010000000	甜玉米	
A011305020000000	糯玉米	
A011305030000000	爆裂玉米	
A011305040000000	高赖氨酸玉米	
A011305050000000	高油玉米	
A011305060000000	高直链淀粉玉米	
A011305070000000	高淀粉专用玉米	
A011400000000000	高粱及其栽培	
A011401000000000	硬质高粱	
A011402000000000	软质高粱	
A011500000000000	粟及其栽培	
A011501000000000	粳粟	
A011502000000000	糯粟	
A011600000000000	黍、稷及其栽培	
A011700000000000	荞麦及其栽培	
A011701000000000	大粒荞麦	
A011702000000000	小粒荞麦	
A011800000000000	其他禾谷类作物及其栽培	

第二节 本体论及农业本体研究进展

从20世纪中期本体概念被引入人工智能领域后,在综合运用哲学、认知科学、知识科学、信息科学等多学科知识的基础上,其研究与应用迅速发展,目前已呈现出一定的学科化趋势。本体发展可大致分为两个阶段或时期,目前基本上处于第二阶段中期。本体发展第一阶段的特征是基础理论与技术的初步形成,主要表现是本体概念、本体结构与本体工程等基础性理论观点和技术的提出;本体发展第二阶段的特征是其应用在广度和深度上的迅速拓展,期间出现了Cyc、Semantic Web（OWL）、Pangu、OntoWeb等大型研发项目以及Semantic Web等相对成熟的应用模式。目前,本体已经成为包括人工智能、信息处理、网络计算等多个领域共同关注的主题,其理论技术研究和应用均呈现比较明显的加速发展与深化趋势。

一、本体理论研究综述

学术界讨论的本体在内涵上可大致分为两个不同但彼此关联的阵营:哲学观点的本体和知识科学观点的本体。一般认为后者来源于前者,或者说后者是前者思想在知识和信息处理等领域中的具体体现。较之哲学本体概念的众说纷纭,知识科学领域中本体的共识较多且理论研究进展相对迅速,目前已产生了本体概念、分类、结构与形式化表达、本体代数等内容,其学科化程度渐趋提高,并成为推动本体发展的重要力量。

（一）知识本体概念研究

哲学本体理论是知识本体的思想来源和最终依托。哲学领域中的本体源远流长,其萌芽可追溯到苏格拉底提出的"始基"问题,随后在柏拉图和亚里士多德关于"存在"的理论探索中得到进一步发展,并最终在中世纪经院哲学的发展中趋于成熟。在已经形成的众多学说中,本质论与本体承诺论是影响最大的两个流派,也是直接影响知识本体的两大思想来源。

本质论者认为本体论是关于存在及其本质和规律的学说,强调其重点在于回答世界在本质上存在什么样的事物或实体,或对客观世界任何领域内的真实存在做出客观描述。本质论者认为本体是真实存在并且可以为人类认知和把握的,只不过在本体究竟是什么以及如何把握等方面缺乏共识性的认识。本质论在一定时期曾是本体研究的主流观点,但在其发展中表现出了越来越多的形而上学特性而受到实证主义者的抨击。后者认为本质论者永远无法回答世界乃至某个实体的本质,也无法通过逻辑分析确定其关于本质陈述的真假。极端的实证主义者甚至认为任何关于本体、实体的陈述或理论系统均是毫无意义的形而上学,应该将其逐出科学的哲学探索。在这一背景下,分析哲学家奎因提出了将本体论问题分为本体论事实问题和本体论承诺问题的观点。前者针对实际上存在的事物,后者则致力于说明某个具体理论认为存在什么事物。这一观点将传统本质论归结为本体论事实问题,并赋予本体论承诺问题充分的可研究性和可验证性,从而可使其成为哲学本体论的主体。奎因同时认为本体承诺实质上是一种约定,即特定理论中被断言存在的事物实质上是被共同约定的存在,至于该事物是否真实以及这一约定是否与客观存在相符则是不可验证与不可回答的。

本体承诺论着力探索"我们能够认识什么"、"我们具备何种认识能力"等知识的根据问题,这一点引起了包括麦卡锡(McCarthy)在内的众多人工智能领域专家的注意。麦卡锡从推理特别是协调不同知识表示类型推理的需要出发,认为应该建立一个"可能世界"以列举所有涉及的事物。索瓦(Sowa)也认为应该建立一个尽可能包括所有事物及其关系的"可能世界"以支持更有效的知识表达、共享与推理,并据此提出了逻辑、本体与计算的知识表达三要素,其中本体即用于定义应用领域的事物类别。

上述发生在知识科学领域的先驱性的本体理论探讨奠定了知识本体

的研究基础。目前普遍认可的本体概念来自于格鲁伯(Gruber)等人。他们提出的本体概念体现了本体承诺论思想,并加强了对本体蕴涵逻辑的关注——本体被定义为概念化的明确说明或关于形式化词汇的意图含义的逻辑理论。在这一定义的基础上,后续研究进一步突出了知识本体所具有的概念化、明确、形式化和共享等特性。在本体的各种不同定义中,对本体概念最易于理解的解释来自于格鲁伯(Gruber,1994,shared reusable knowledge bases)的邮件通信中的一段描述:"Ontologies are agreements about shared conceptualizations. Shared conceptualizations include conceptual frameworks for modeling domain knowledge; content-specific protocols for particular domain theories. In the knowledge-sharing context, ontologies are specified in the form of definitions of representational vocabulary. A very simple case would be a type hierarchy, specifying classes and their subsumption relations. Relational database schema also server as ontologies by specifying the relations that can exist in some shared database and the integrity constraints that must hold for them."

(二)本体的数学形式以及本体结构

知识科学中最本质的问题是知识的数学本质,本体研究也面临着同样的挑战。在研究和实践中,大多数学者将概念化的最佳数学形式作为应对挑战的着力点或突破口。

(1)本体的数学形式

本体数学形式的核心是概念化的数学表达。杰尼瑟里斯(Genesereth)等将概念化定义为一个结构(D,R),其中 D 是领域,R 是领域 D 上的关系集合。此后瓜里诺(Guarino)的研究认为单纯的(D,R)结构只描述了世界的一个特定状态,因此更适合表示目标对象的状态而非真正意义上的概念化。瓜里诺提出了领域空间的概念,以此强调 R 的内涵而非外延关系,并据此重新定义了概念。瓜里诺认为领域空间是领域与该领域最大可能状态的集合,可定义为(D,W)。领域 D 的概念化可定义为一个有序元组(D,W,R),其中 R 是领域空间上的一个概念关系集合,由此概念化成为领域空间(D,W)上的概念关系集合。

本体承诺需要借助语言得以实现。设定一种逻辑语言 L,其词汇表为 V,则(S,L)可定义为 L 的一个模型。S=(D,R)为一个可能世界结构,I:V→D∪R 是一个将 D 的元素赋予 V 的常量符号、将 R 的元素赋予 V 的谓词符号的解释函数。该模型定义了 L 的一个特定的外延解释。类似地,可通过结构(C,ζ)定义 L 的一个内涵解释,其中 C=(D,W,R)为 D 的一个概念化,ζ:V→D∪R 是一个将 D 的元素赋予 V 的常量符号、将 R 的元素赋予 V 的谓词符号的解释函数。这样内涵解释可定义为 L 的一个本体承诺。如此,若 K=(C,ζ)被定义为 L 的一个本体承诺,则可说 L 通过 K 承诺于 C,其中 C 是 K 的基础概念化。

由上述分析可知,给定一种语言 L 及其本体承诺 K,L 的一个本体是根据其模型的集合能够尽量好地近似表示按照 K 的 L 内涵模型集合的思路所设计的一个公理集合。

(2) 本体的组成与结构

本体的组成和结构与其数学形式密切相关。目前学术界提出的本体结构包括三元组、四元组、五元组、六元组等多种结构。在众多的观点之中,包括概念、关系、函数、公理、实例的五元组结构得到了较多的共识与工具支持,其主要元素为:①本体中的概念是认识论观点的概念,定义为事物本质的反映,用以对一类事物进行概括地表征。本体中的概念一般(但并不是绝对)构成一个分类的层次结构。②本体中的关系是概念关系。典型的二元关联包括概念之间的子类关系、同义反义关系、部分整体关系、类—实例关系、属性关系等。概念关系是不同表示方法重要的区别。③函数是一类特殊的关系,其中的第 n 个元素相对于前面 n-1 个元素是唯一的,一般可用 $F:C_1 \times C_2 \times C_3 \cdots C_{n-1} \to C_n$ 表示。④公理用于表示永真的断言。⑤实例是归属于某个特定概念的元素,一般也称为对象。

需要指出的是,尽管上述的五元组结构将实例列入本体,但是从本体的本质分析,这一点是有争议的。冯志勇等认为经典本体是不包括实例的,认为实例应该列入知识库而非本体,本体应该围绕概念而非概念的实例展开。

(三) 知识本体分类

本体的分类与本体层次和形式化程度等特征有关,常见的分类维度包括本体抽象程度、本体目标或主题以及本体的形式化程度等。

本体抽象程度是其所描述知识共识程度的度量,可以通过共识人群的规模粗略反映。一般而言,高抽象程度本体描述的知识拥有较大的群体规模,例如通用本体或常识本体可覆盖绝大多数人群,领域本体则仅仅为特定领域内的专家等少数人所掌握和使用。本体按照抽象程度一般分为顶级本体(以及通用本体和常识本体)、领域本体与应用本体三个层次,并且三者存在继承关系。顶级本体描述非常通用的概念,如空间、事件、事物、对象、行为等,完全独立于特定的问题或领域,具有最大的共享范围和用户群体,Pangu、Cyc 等本体可归属此类;领域本体研究特定领域(或其中一部分)中的概念,医学、生物学、农业等学科本体以及任务本体等可归属此类;应用本体针对特定类型的应用或问题,典型的如 TOVE 企业本体与虚拟企业本体。

本体的主题也是本体分类的重要标准,一般据此将本体分为知识表示本体、语言学本体以及其他类型本体。Wrodnet 与 GUM(General Upper Model)是两个典型的语言学本体,Ontolingua 与 KIF 是典型的知识表示本体。本体的目的与主题密切相关,并可据此将本体分为针对通信的本体、针对互操作的本体以及针对软件工程特别是需求工程的本体。一般而言,涉及计算和推理的本体往往要求更高程度的形式化,网络环境下则往往要求本体在推理效率和完备性方面实现良好的平衡。SHOE(Simple HTML Ontology Extension)以及 W3C 提出的本体语言栈是针对网络信息处理的典型实现。

在上述分类体系中,根据本体抽象程度进行的分类具有重要意义,因其有效地反映了不同类型本体之间的层次关系,指出了在具体应用中本体构建的适当起点与知识重用和共享的全局结构。实践中本体构建采用较多的模式一般以特定的通用本体和领域本体为起点或扩展基础,并综合运用各类相关本体作为补充。

(四)知识本体的形式化表达

本体表达是应用的前提,其核心是本体表示语言。目前已经存在40余种本体表示语言,并可根据其工作环境大致分为网络环境与非网络环境的本体语言。OIL(Ontology Interchange Language)、DAML(DARPA Agent Markup Language)与OWL(Web Ontology Language)是网络环境下本体表示语言的典型,Ontolingua等是非网络环境下本体表示语言的典型。一般认为网络环境下的本体语言强调表达能力与推理性能(重点是推理效率和推理的确定性)的综合平衡,而非网络环境下的本体表示语言一般强调更好的表达能力或更强的推理能力。

伴随网络计算的迅速发展,以OWL为代表的网络环境下的本体表示语言得到了长足的发展,并形成了OWL lite、OWL DL与OWL full为主体的本体形式化表达体系,更好地实现表达能力与推理性能的平衡,是目前大规模智能化信息处理的重要技术。

二、本体技术与应用

本体技术泛指本体从形成到应用过程中所涉及的各种技术。由于对上述技术的工程化期望,本体技术框架多称为本体工程,其主要内容是本体的建设与实施以及部分本体应用。本文采用宽泛的本体工程概念,其内涵包括本体构建、实施与应用的全部技术。

(一)本体工程

本体工程的重点是本体构建、本体合并与分割等内容,这些技术在整体上距离工程化尚存在一定的距离,其中本体构建与管理的技术和工具是目前的"瓶颈",主要表现为构建标准、方法与手段的不足。

本体构建准则的可操作性与量化程度还不足,相关方法的工程性与质量保证手段(包括工具)不足,还缺乏普遍认可的本体开发和质量检验方法。目前得到普遍接受的本体构建准则主要来自格鲁伯(Gruber)的五个原则,包括明确性、客观性、一致性、可扩展性以及最小编码偏差和最小本体承诺。除此,还有一些最佳实践性的建议原则,包括尽量使用标准术语、同层次概念之间保持最小的语义距离、采用多重继承机制增强表达能力等。一般认为上述原则或准则是典型本体项目的总结与提炼,包括爱丁堡大学乌萨丘德(Uschold)等建立 Enterprise Ontology 的经验、多伦多大学格鲁宁格(Gruninger)等建立 TOVE(企业虚拟本体)的实践总结等,系统性的总结、标准化、扩展应用和相关工具的支持并不充分。相对而言,马德里理工大学戈麦斯(Gomez)等开发的 Methontology 更接近软件工程化开发方法,其核心是本体生命周期概念及相关的开发过程管理和相关的工具。

SENSUS 方法与斯坦福大学医学院的七步法的贡献在于给出了如何借助已有的本体构建新本体的方法。前者重点在于如何扩展现有本体形成新的领域本体,后者则突出强调了对已有本体的评估以实现有效的知识复用,同时避免不同本体之间的矛盾和不一致。相对而言,斯坦福大学的七步法更关注不同知识源之间的共享与互操作,同时也符合人们知识提取的一般性规律。如果辅之以适当的管理工具,该方法将是有效和易于使用的。

在对前人工作进行总结以及开展农业本体构建实践的基础上,一般认为除格鲁伯的五项原则外,在本体构建中还应该重视以下七个建议或原则。

1)应该主要依据系统性而非经验性知识,后者需要将其映射或锚定到前者以实现二者的互补。系统性知识的主要来源包括行业标准以及其他相对正式的学术出版物中的术语、叙词等,某些情况下以网络为代表的强时效性媒体也可以作为补充。有选择的专家意见既是概念来源也是检验本体质量的重要依据。

2)范围的界定是关键环节,范畴边界应严格遵循并得到控制。

3)本体的一致性与完整性检验应贯穿全程,并且其有效性(可以解决预设的问题)是本体完整性检查的必要条件。

4) IEEE 的软件工程方法是本体开发管理与质量控制的重要和有益的手段,规范的流程与文档是有效的工具。

5) 应重视本体构建中知识复用的一致性和规范性,重点是与通用本体以及其他类型现存本体之间在知识层次和粒度等方面的一致性。这方面的典型工作是联合国粮食及农业组织(FAO)组织实施的 AOS(Agricultural Ontology Service) 子项目中的水产业本体(Fish Ontology Service, FOS)遵循的模式范例。该范例强调待建本体的主要内容需尽量利用与集成已有的相关本体,主要通过复用和整合形成完备的本体集成体系。类似的做法还包括李景基于 OpenCyc 通用常识本体构建花卉学本体的研究。

6) 应合理确定目标领域的范围和本体的规模。领域越大则相应的本体规模越大,本体的复杂性越高,本体维护与进化的难度越大。因此较适宜的方法是将目标领域适当分解为多个正交的子领域,将大本体分解为多个子本体分别进行,并通过子本体的融合与集成完成任务。如果划分良好且存在适当的本体融合工具,则该方法不仅在管理上缩短时间,同时也可以更好地保证本体质量。

7) 从实践经验分析,采用迭代的形式开发领域本体是更好的方法,因其符合人们认知的一般规律,同时也与本体的进化规律相符。

(二) 本体应用

在哲学之外,对本体最早的关注和应用来自于知识科学领域。随着本体研究的不断深入和技术的不断成熟,这一关注范围逐渐从人工智能、知识工程等知识科学领域逐渐扩展到信息组织和搜索等信息科学领域,并进一步扩展到网络计算和应用系统构建等信息技术领域。目前本体已经成为知识与信息科学领域研究与技术开发人员以及企业管理人员共同关心的一个话题。本体的应用范围和深度得到了很大的扩展。

异构知识库之间的知识共享与重用问题使人工智能和知识工程学者意识到针对同一个领域形成共同理解(即本体承诺)的重要价值与意义。本体为不同的知识库提供了共同的概念化规范,并借助标准化术语等形式支持不同知识库之间知识的转换或共享。OntoWeb、Pangu、Cyc等大型本体相关项目均从不同角度探索了本体在知识共享和复用等方面的应用价值。

随着智能化信息处理思想的发展以及对本体价值认识的不断深入，信息处理开始成为本体重要的应用领域。语义Web是该领域最为重要的行动，它不仅为相关研究提供了集成平台，同时也成为推进相关研究与应用发展的重要力量，以及检验并体现本体在组织、管理和维护海量信息、为用户提供有效服务等方面价值的重要载体。以W3C为首，包括德国卡尔斯鲁厄大学应用情报学和规范描述方法研究所、美国斯坦福大学知识系统试验室等高水平学术团队均积极参与Semantic Web的研究和实践。大规模网络信息的智能处理正成为发展最迅速的本体应用领域。

作为本体传统应用领域的人和计算资源（包括Agent、Web Service等）之间的交流或通信（包括人—人、人—机和机—机）正被网络计算赋予全新的内容，并逐渐成为本体发挥作用的战略性领域。不同主体通信的核心是对彼此的消息达成一致性的"理解"，即传统意义上的基于语义的信息处理。多代理系统（MAS）的研究表明，这一理解的关键是不同主体就通信主题及其相关知识达成一致，可简单表现为某个词汇所蕴涵语义的一致性理解，也可表现为对通信主题相关的各种知识及其推理的共同承诺。特别在后一种场景中，本体是目前唯一得到共识的手段。通过比较通信主体各自的本体承诺，采用本体协作、融合或合并等方式构建一个反映通信主题的共识性的通信本体，可以构建特定通信的"可能世界"或"世界模型"，以此支持通信双方对消息的一致性理解。图2—10比较清晰地描述了计算资源（包括Agent、Web Service等）之间通信与协作的过程、结构和机制，这一机制也可以部分地解释Semantic Web的语言栈层级结构。该图所表达的一个显著的事实即是本体发挥的知识源头作用，即本体是消息语言的内涵来源，只有在本体层次达成一致才可能实现通信内容的一致性理解。本体对通信的重要价值近年来得到了普遍的重视，众多研究人员均将其列为本体应用的基础性、同时也是最为重要的应用方向。在实践中,特别是在 MAS 和面向服务计算技术研究中(包括服务协同计算),通过本体增强计算组件的自我描述能力进而支持智能发现和自动协作与自适应计算是目前的关注点。可以预见,本体将作为通信或交流的核心内容之一发挥关键性的作用。

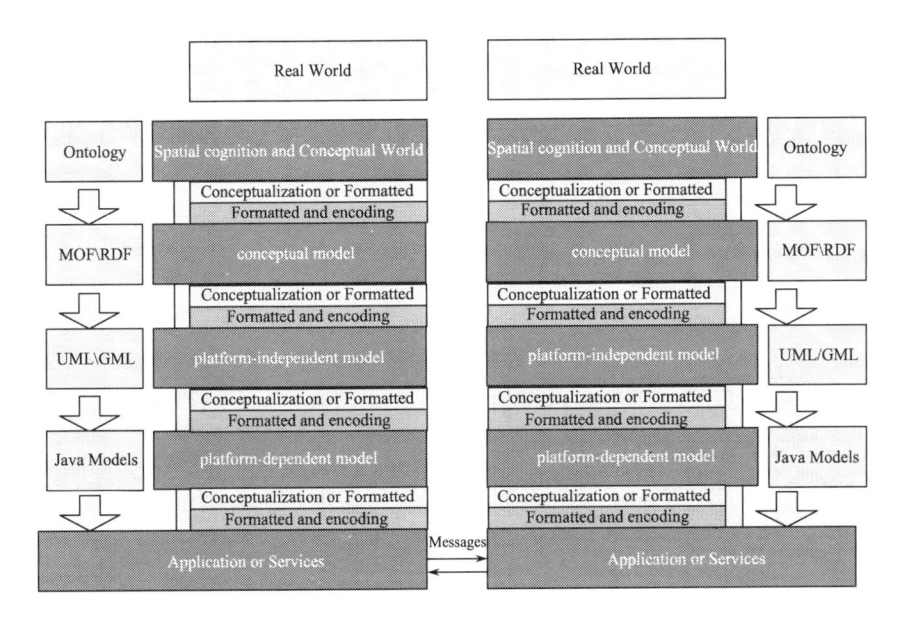

图 2—10 计算资源通信与协作结构

(三)语义 Web:网络本体应用范式

普遍认为语义网(Semantic Web)是目前信息处理和信息服务领域中最接近成熟的本体应用模式。从本体应用角度,语义网通过其体系结构(尤其是语言栈)(图 2—11)清晰地提供了网络环境下基于本体进行智能化信息处理的技术路线和框架模式。这一模式也是目前网络环境中本体应用的主要架构参考。

语义网的体系结构包括七个主要层次,其主体是从下到上的 XML 语言、RDF 语言、RDFs 与 OWL 语言的语言栈。XML 语言提供信息编码的语法,借此实现网络信息的标准编码;RDF+RDFs 提供描述或标注资源的语义模型;OWL 是一个能明确且形式化定义术语含义及其间关系的语言，可粗略地认为是对 RDFs 的语义增强或扩展。网络信息逐次通过 RDFs/OWL、RDF、XML 等进行编码串行化后从发送端发往接收端，后者采用反向顺序的形式顺次解码并实现对信息的共同理解，即栈的工作方式。

目前语义网的研究主要集中在资源的语义元数据描述、语义本体描述、可执行推理的 Agent 构建与运行以及开发和管理工具等方面，并在面向服务的网络计算、多代理系统、智能信息搜索服务等方面取得了较大的进展。

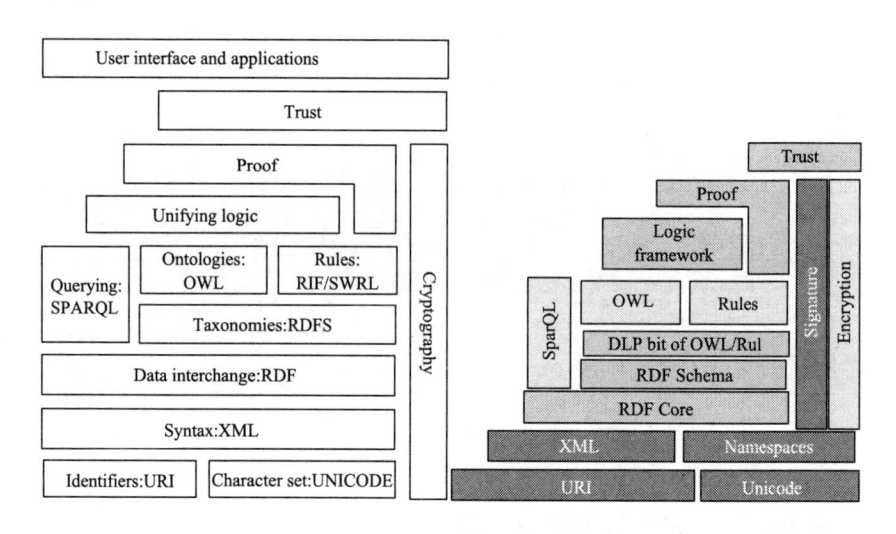

图 2—11　Semantic Web 架构与语言栈

三、本体研究与应用面临的挑战和发展趋势

（一）本体研究面临的挑战与发展趋势

在快速发展的同时，本体研究与应用也面临一些理论、方法和技术等方面的诸多挑战，比较关键性的挑战包括以下几方面。

1）作为本体理论研究的核心和基础，本体的数学本质依然是目前理论研究必须回答但尚未解决的问题。已有研究虽然对本体概念达成了初步共识,但作为其核心的"概念化"的研究还没有取得明显的进展。围绕"概念化"的各种研究基本上采用了概念特征表观点,而认知科学特别是概念原型说的研究表明,特征表观点并不适合自然概念等非人造概念,因此认知科学领域普遍认为目前的概念化模型还难以有效描述诸如集合概念和非独立概念刺激维量等事物。"概念化"研究的不足制约了本体进化、本体分割与合并、本体转换、多本体集成和融合等主题的研究。如果考虑到本体应用对本体代数操作(包括分割、合并、转换、集成与融合)的强烈需求,从概念的数学本质开始对本体的数学本质展开更加深入的研究(重点是本体的数学模型和代数操作理论与方法)将成为目前以及未来一段时间内本体理论研究密切关注的内容。

2) 本体工程发展迅速,但本体构建的方法与相关工具还难以满足需要。对近期开展的主要本体应用相关项目的考察可以发现,缺乏充分的本体(以及基于本体的知识库)依然是目前应用的瓶颈,主要原因之一是本体开发的工程化方法与技术体系(包括工具)还未能达到成熟高效的程度。目前已有的绝大部分本体构建方法在整体上还未能摆脱知识工程与软件工程的巢窠,特别是没有实现二者的有机结合。

3) 本体的复用以及多本体协作还面临严峻的挑战。在实践中,本体层次的知识复用还缺乏系统化与框架化的模式,具体表现之一是缺乏一个涵盖顶层本体、常识本体、领域本体和任务本体的复用方法与技术体系,其结果是大部分已开发的本体规模小、开放程度差、很少或基本上不复用高一级本体。这一问题在涉及多本体协作的情况下尤为突出。目前IEEE在顶层本体标准化方面进行的相关工作是应对这一挑战的重要一步,可以预计未来在本体的体系化、框架化复用方面将取得重要的进展。

4) 本体的应用还有待深化与拓展。尽管目前本体应用迅速发展,但从整体上看还存在应用规模偏小和程度偏浅等情况,应用效果也亟待提高。比较明显的是诸如 Cyc、OntoWeb、Semantic Web 等大型的本体应用项目还没有产生显著的应用效果,大部分项目缺乏对其技术的详细报道与应用效果的量化比较与评估。更为关键的问题是,在人—计算资源的交流、知识共享与复用、大规模信息处理、网络计算等本体应用领域中，至今还没有发现最能体现本体价值的"银弹"式应用。无论从本体自身发展的需要，还是从一项技术成熟的过程而言，拓展和深化本体应用都是目前面临的最大挑战。

上述挑战一方面反映了本体迅速发展的现状，另一方面也反映出本体发展的趋势。综合而言，本体研究目前已进入了一个关键阶段，需要同时借助理论研究推动和应用需求牵引的双重作用，尽快实现其研究和技术体系的发展与成熟。

（二）农业领域本体研究趋势

农业领域是本体研究与应用的重点领域之一，目前已从初级的概念引入阶段步入了应用价值发现阶段，不断拓展本体的应用模式、范围和深度是目前农业领域本体研究的重点。

联合国粮食及农业组织（FAO）主导实施的 AOS（Agricultural Ontology Service）项目是目前农业领域最大也最具代表性的研究与实践项目。AOS 被定义为一个包含术语、概念定义以及属于规范说明的语义体系，农业以及相关领域的本体是其主体。AOS 力图分阶段逐渐提供农业领域的所有概念（与术语），目前进展最快的子领域包括林学、渔业、工厂生物学、可持续发展农业、农业经济学和营养学、农产品安全等。FAO 期望 AOS 为其他相关领域本体的开发和维护提供标准化的知识元素和工具，从而支持不同学科构建其领域本体（进而是知识库），并以此实现知识的共享和复用，形成本体—知识库—应用—反馈的良性循环，最终实现知识与信息资源的良好组织和充分利用，为公众提供更具价值的信息服务。从目前情况看，AOS 是目前也很可能是未来一段时间内最大的农业领域本体与本体服务。

较之其他领域本体应用项目，AOS 具备的一系列特点使其受到农业和相关领域本体研究者的关注，其中最为突出的三个特点分别是：①从农业术语到农业本体的平滑过渡；②致力于提供更具价值和针对性的农业信息服务；③以年度学术研讨机制推进领域本体研究与应用。除此之外，

AOS 也是目前我国参与程度较深的国际化本体项目之一。

AOS 的起点是 FAO、美国国家农业图书馆等单位所掌握的多语种农业叙词表 AGROVOC、国际农业和生物中心叙词表与 AgNIC。尽管 AOS 认为上述词源或标准已经不足以满足网络环境下有效信息服务的要求，但它们仍然是概念和概念关系提取的最重要的原始资料。在方法论方面，虽然基于已有术语和领域词汇构建领域本体是常规思路，但 AOS 采用的方法工程化程度更强且效率更高，因其更强调概念的提取而非单纯的知识工程或需求工程方法，并由此实现了从传统术语、叙词到本体的高效平滑过渡。

AOS 希望借助更好的资源标引与检索服务（强调个性化的信息服务）增加农业领域内不同个体的相互作用，其应用落脚于信息检索与服务，扩展应用包括领域知识共享、复用与组织。相对于国内外开展的应用本体进行信息处理的研究而言，AOS 项目所涉及的农业领域更加完整，被处理的信息资源总量更大，因而可以预期其效果将更加明显。

定期召开学术会议以协同多方力量持续推进也是 AOS 的特色之一。2000~2010 年，AOS 逐年举办国际学术会议，其中两届在中国举行，吸引了包括中国农业科学院等相关学术团体的积极参与。对历年的学术会议报告和论文的分析表明，AOS 研讨主题已经突破了单纯的 AOS 本体构建和运行，逐渐深入到本体理论与方法，并致力于探索本体在更广泛的涉农领域的应用。AOS 年会已经发展成为农业领域本体研究与应用的综合性学术论坛。

AOS 的研究代表了目前农业领域本体研究的主流和趋势，即主要基于已有的术语（规范、标准等）资源、重点针对检索质量的提高以及提供领域农业知识和信息资源的管理。除此之外，农业领域本体研究还有一些新的进展，例如国家"十一五"科技支撑项目中提出的基于生物生长发育模型的过程本体构建方法等。在深度方面，农业领域本体应用逐渐从一般性的信息组织与服务扩展到对农业活动和相关决策的支持，并且更多地关注到了农业系统复杂性对本体构建和使用的影响；在广度方面，其应用从一般性的管理信息服务逐渐向农业生产等核心领域延伸,并在智能农业信息服务、开放的农业决策支持系统、农业系统模拟等方面发挥了越来越重要的作用。

四、小结

知识本体的理论、方法与技术正在成为知识科学领域、信息处理和网络计算等领域共同关注的主题,并在这种关注下得到迅速的发展。目前本体的基础理论、方法与技术日益成型,并在知识共享与复用、智能信息处理、网络计算等方面发挥着越来越重要的作用。可以预见的是,在克服快速发展过程中暴露出的本体数学本质、本体工程和本体核心价值发现等挑战后,在理论发展和应用需求的双重推动下,本体(特别是农业领域中本体)的研究与应用将迎来一个新的迅速发展的阶段。

第三节 农业过程本体及其构建方法

一、农业过程本体的概念

从联合国粮农组织(FAO)已执行近九年的 AOS 计划的进展情况看,构建完整的能全面覆盖农业领域知识的农业本体尚需较长的时间,但针对具体对象生产经营过程构建农业过程本体则可在较短的时间内完成。也就是说,以农业过程本体为基础是目前开展农业信息协同服务工作的不二选择。农业过程本体隶属于农业本体,是基于农业生产经营过程特点构建的一种本体。构建农业过程本体的主要目的在于为实现农业全程信息化和农业信息协同服务提供信息/知识分类基础。农业过程本体是农业生产经营过程本体的简称,是指描述农业生产经营对象在生长发育过程中所体现的固有属性和与之有密切关系的外部要素属性的概念体系。该定义强调了农业过程本体的三个显著特征。

(1) 具体对象

农业生产经营对象可以是玉米、小麦、苹果等种植业,也可以是奶牛、生猪、蛋鸡等养殖业,即具有强烈的农业行业特色。

(2) 生产经营阶段

无论是种植业还是养殖业,其生产经营过程差异性显著且具有能被明显识别的阶段性特征。如通常所说的"产前、产中、产后"、"苗期、穗期、花粒期"等都属于对农业生产经营阶段的划分。显然,农业生产经营对象生长发育的固有属性是进行农业生产经营阶段划分的关键依据。

(3) 固有属性与外部要素属性

按照生物体生长发育固有属性与外部要素属性,可将农业过程本体分为狭义本体和广义本体。狭义本体指表述农业生产经营对象在生长发育过程中所体现的固有属性的概念体系;广义本体指表述与农业生产经营对象生长发育固有属性有密切关系之外部要素属性的概念体系。图2—12展示了狭义本体与广义本体之间的关系。如果用 APO 代表农业过程本体,用 ANO 代表狭义本体,用 ABO 代表广义本体,则集合[ANO]与集合[ABO]互补,即存在:[APO]=[ANO]∪[ABO]。

APO－农业过程本体
ANO－狭义本体
ABO－广义本体

[APO] = [ANO] ∪ [ABO]

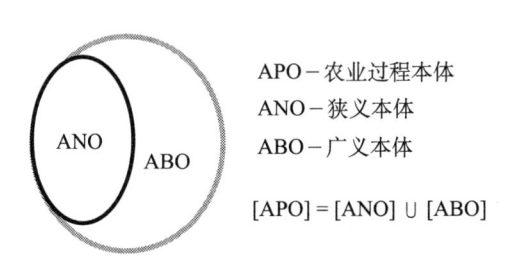

图2—12 农业过程狭义本体与广义本体的关系

二、农业过程本体构建方法

20世纪90年代初,美国斯坦福大学知识系统实验室(Knowledge Systems Laboratory,KSL)的格鲁伯(Gruber)首次将本体论思想引入到知识工程领域,之后,涉及本体研究的成果文献开始大量涌现。从已发表的成果文献看,目前较为成熟的方法主要有骨架法、Grüninger & Fox法、Bernaras法、Methontology法、IDEF5法、七步法等。这些本体构建方法尽管因客体或服务对象不同存在着差异,但总体上仍体现出了以下共性特点:一是以具体对象或任务为目标,确定本体的专业领域和范畴,为领域知识的获取和本体框架的搭建提供范围和思路;二是以专业领域已有的分类体系、重要术语、基本概念等为基础,搭建本体框架,划分等级体系;三是定义概念或术语的含义和属性,揭示概念间以及概念属性间的关系;四是开展本体应用示范,对已建的基础(或原型)本体进行动态扩展和完善。

联合国粮农组织(FAO)在执行AOS计划中充分吸纳了上述方法的精髓。在FAO"多种语言农业术语汇编叙词表"(AGROVOC)的基础上,通过多语言的兼容以及各国叙词表与它的映射,实现多语言农业科技信息的无障碍交换,进而实现全球范围从农业叙词表走向农业本体的目标。采取了累积或分阶段推进的方法构建本体,即先构建一个基础本体,然后再进一步扩充和完善。AOS建立的基础本体是一个包含核心词汇、定义以及核心关系的农业主题词表,目前已建立基础本体的领域子集包括林学、渔业、食物安全、食物营养与农业等。借鉴AOS计划构建农业本体的方法论经验,基于生产经营过程构建农业过程本体大致可遵循如下的方法步骤。

(1) 确定构建过程本体的农业对象

按农业行业或具体任务对象构建本体,既易于专业知识的获取,也利于对过程本体功能的描述和概念间关系的确定。

(2) 划分农业生产经营过程阶段和农业信息需求单元

农业信息需求单元是指农业生产经营过程中需要且可以获得外部信息支持的最小片段。农业信息需求单元的划分以农业生产经营阶段划分为基础,通过连接农业过程狭义本体与广义本体进行信息单元定位和组织。它与农业生产经营阶段的显著区别在于其没有时段性特征。农业信息需求单元划分是构建农业过程本体的基础性和关键性工作。

(3) 列出重要的术语

列出农业对象专业领域涉及的所有术语清单,并尽可能详细地对它们进行含义界定。对含义不清或语义有交叉的术语应从清单中去除,作另类处理。

(4) 定义类(Class)和类的等级体系

类的定义和等级体系划分应以农业生产经营过程阶段和信息需求单元为基础,这也是农业过程本体与其他农业本体最大的不同所在。建议采取"自上而下"和"自下而上"的混合方法。"自上而下"法是按生产经营过程阶段由大到小、阶段个数由少到多逐次将阶段细化;"自下而上"法是从信息需求单元开始,逐次向上归并。之后对两种方法的结果进行对比和归一化处理。

(5) 创建本体实例

本体实例是构成类的基本元素。一般而言,本体实例应隶属于等级最低的类,但对于农业过程本体也存在既是类又是实例的情况。创建本体实例的过程为:先确定一个类,然后创建该类的本体实例,最后给本体实例添加类的属性值。

第四节　农业信息协同服务知识库

一、农业知识库现状评述

农业知识库在国外起步较早,20 世纪 60 年代美国就开始了数据库方面的建设;70 年代中期,欧洲各国和日本相继建立和发展了本国的数据库;80 年代后期,数据库联机检索系统开始在经济发达国家兴起,这时出现了光盘数据库。随后,随着计算机技术及互联网技术的快速发展,网络在线的农业知识库得到不断发展。目前国际上最著名的有关农业知识的数据库系统有 CABI、AGRICOLA、AGRIS 等,为农业生产、科研、教育提供了有力的工具。

国内农业数据库的建设从 20 世纪 80 年代开始,各农业研究机构及农林院校开始筹建有关的农业知识库。该阶段主要是农业文献数据库的建设,如《中国农业科技文献数据库》。随着计算机技术、尤其是网络技术的发展,目前不同的单位和个人为了服务于特定的目标,建立了各种各样的农业知识库。通过对各分散的农业知识库进行分析可知,目前我国分散的农业知识库的建设存在以下不足。

(1) 缺乏统一的信息分类

根据对以上各农业网站信息的调查,各网站的信息资源缺少统一的分类体系。各建站单位根据所拥有的信息和各自的理解自行组织、建立数据库,导致语义存在巨大差异。

(2) 存储模式混乱

数据的存储格式多种多样,有的采用文件存储,有的采用不同的数据库存储。同时由于没有统一的信息分类标准,导致数据模型存在着巨大的差异。而且数据库的建设和维护有待改进,很多数据库中存在大量的数据表,但使用的只是其中的少部分,更新速度较慢。

(3) 网站管理平台不同

网站所使用的服务器有 Apache Tomcat、IIS 等,平台建设采用的技术有 JSP、ASP、PHP 等,而操作系统多使用 Windows。

(4) 存在重复建设现象

同样的信息资源在不同的网站存在重复存储现象。该现象表明,资源的建设利用率低下,没有实现信息共享利用。

(5) 建设单位相互孤立

各建设单位在信息建设方面各自为政,缺乏联系与分工合作;也反映出信息资源的建设缺乏宏观的指导和规划。

(6) 信息资源更新较慢

大量的农业信息较为陈旧,缺乏时效性。这也致使服务质量下降,如价格信息需要更新,才能反映当前市场的信息。

鉴于以上分析,网络日益普及的今天,为了充分利用互联网上分散异构的农业信息,在建立科学的农业信息分类体系的基础上建立基础农业知识库结构,并不断丰富其内容,将促进农业生产、为农业信息化建设提供有力支撑。

二、农业信息协同服务知识库架构

农业信息协同服务知识库是一个综合利用互联网分散信息的虚拟数据库。根据前文关于农业信息协同服务的定义及其实现的讨论,本文进一步给出了农业信息协同服务应用系统的体系结构,如图2—13所示。由结构图系统共分以下几部分:农业本体知识库、信息服务元数据库、中间件等。其中虚线框内是后台数据部分,协同服务应用系统是应用程序部分,包括界面。

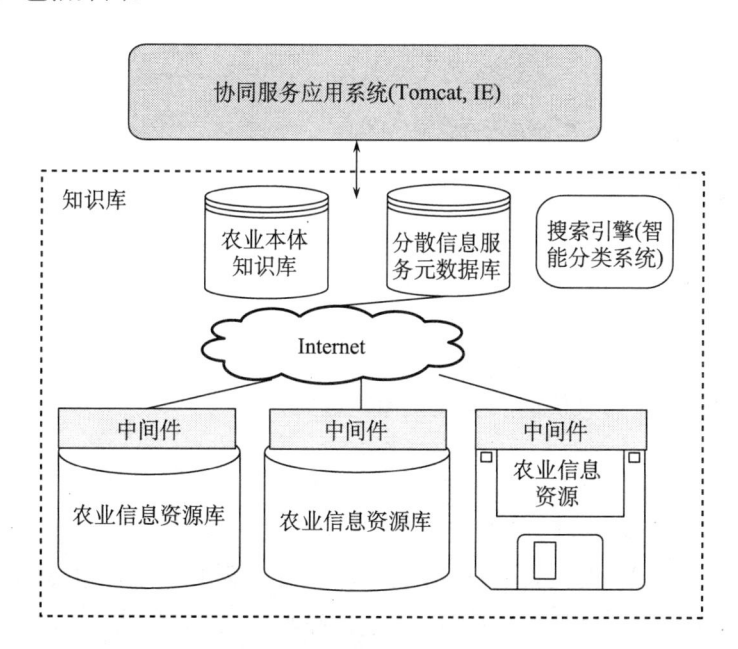

图2—13 农业信息协同服务系统实现体系结构

(1) 农业本体知识库

知识库需要科学的农业信息分类体系,用于指导各分散信息资源的语义的融合。本文在农业信息协同服务的实现中采用农业过程本体实现农业信息分类,并基于农业过程本体建立知识库,用于存储本研究组所获取的农业知识。即图中的"农业本体知识库"是基于农业过程本体建立的物理数据库。

(2) 中间件与农业信息资源库

各分散农业信息资源的中间件将依据农业过程本体建立数据视图,屏蔽其内部逻辑,提供相应的分类信息。通过中间件充分利用了分散孤立的农业信息资源。

(3) 具有智能分类功能的搜索引擎

搜索引擎可以充分利用 Web 信息资源提供丰富的农业信息。但各 Web 信息资源分类较为庞杂,没有统一的分类标准,因此如果要参与协同服务,需要有智能分类体系对信息进行分类。利用 Web 信息资源可以进一步丰富知识库。

(4) 分散信息服务元数据库

各分散农业信息资源的中间件以服务(Web Services)的形式共享其数据。而分散信息服务的元数据库存储了所有服务的元数据。应用系统将根据该元数据库进行服务的远程调用。该元数据库详细记录了各服务的相关信息(如地址、所能提供的信息分类等)。

三、农业信息协同服务知识库构建方法

农业信息协同服务知识库的构建需要通过以下步骤予以实现。

(1) 依据农业过程本体确立数据结构

农业知识库的建立首先需要确定库模型,即数据模型,而数据模型的建立需要依据特定的数据模型。农业过程本体为农业信息协同服务提供了有力的分类方法。在对农业过程本体属性进行重组的基础上确定农业知识库的数据结构。农业过程本体的建立依据生产经营阶段和信息需求

单元划分,而农业知识库的构建需要方便于信息的存储与检索。如对于奶牛养殖业,在知识库的构建中,我们对农业过程本体属性进行了重组,按其性质的不同分成:生长发育本体库、饲养管理库、饲料配方库、疾病诊断防治库以及生产销售库。

(2) 依据农业过程本体建立中间件

各分散的农业知识库的数据模型和文件格式存在着巨大的差别,要将其融合于同一分类体系下需要使用中间件技术。中间件将屏蔽各资源的内部逻辑结构,按照农业过程本体的分类提供其具备的信息资源。

(3) 基于农业过程本体的智能分类系统

智能分类系统用于对互联网上杂乱的农业信息资源进行自动分类。该系统将根据农业过程本体对信息进行分类,并需要对不同的信息来源进行权重赋值,从而决定不同来源的信息的重要性程度。分类后的信息,如果能够存入数据库当中,将为农业信息化积累丰厚的信息资源。该模块也将是进一步研究的重点和难点。

(4) 建立农业信息服务元数据库

农业信息服务元数据库用于描述各分散的信息服务(中间件),元数据包括服务调用的地址、所具备的信息类别、调用接口说明等,为远程农业信息资源的调用提供详细说明。

参 考 文 献

[1] Amo, W. C. 2000. *SQL Server™ OLAP Developer's Guide*. Publishing House of Electronics Industry, pp. 11-15.

[2] Arpírez, J., Gómez-Pérez, A., Lozano, A. et al. 1998. (ONTO)2Agent: an Ontology-based WWW broker to Select Ontologies Workshop on Application of Ontologies and Problems Solving Methods. ECAI'98. Brighton, ECAI'98. http://delicias.dia.fi.upm.es/REFERENCE_ONTOLOGY/.

[3] Bataman, J., Magnini, B., Fabris G. 1995. The General Upper Model Base: Organizations And Use. In Mars, N. J. I. (ed.), Toward Very Large Knowledge Bases. IOS Press, Amsterdam, pp. 60-72.

[4] Bechhofer, S., I. Horrocks, C. Goble et al. 2001. OILEd: A Reasonable Ontol-

ogy Editor for the Semantic Web. Proceedings of KI2001, Joint German/Austrian conference on Artificial Intelligence, September 19-21, Vienna. Springer-Verlag LNAI, Vol. 2174, pp. 396-408.
[5] Borst, W. N. 1997. Construction of Engineering Ontologies for Knowledge Sharing and Reuse. PhD thesis, University of Twenty. Ensched.
[6] Christiane, F. (ed.) 1998. *Wordnet: An Electronic Lexical Database*. Cambridge Press.
[7] Fernández-López, M., A. Gómez-Pérez 2002. *The Knowledge Engineering Review*. Cambridge University Press, Vol. 17, pp. 129-156.
[8] Genesereth, M. R., R. E. Fikes, R. MacGregor et al. 1992. Knowledge Interchange Format, Version 3.0 reference manual. ftp://171.64.71.195/pub/knowledge-sharing/papers/kif.ps.
[9] Gruber, T. R. 1992. Ontolingua: A Mechanism to Support Portable Ontologies. Stanford University, Tech Rep: KSL-91-66.
[10] Gruber, T. 1993. Ontolingua: A Translation Approach to Portable Ontology Specification. *Knowledge Acquisition*, Vol. 5, No. 2, pp. 199-200.
[11] Grüninger, M., M. S. Fox 1995. Methodology for the Design and Evaluation of Ontologies. In Proceeding: International Joint Conference on Artificial Intelligence (IJCAI95), Workshop on Basic Ontological Issues in Knowledge Sharing.
[12] Guarino, N. 1995. Formal Ontology: Conceptual Analysis and Knowledge Representation. *International Journal of Human-Computer Studies*, Vol. 43, No. 2/3, pp. 625-640.
[13] Guarino, N. 1998. Formal Ontology and Information Systems. In Guarino, N. (ed.), *Formal Ontology in Information Systems*, Proceedings of FOIS'98, Trento, Italy, 6-8 June. Amsterdam, IOS Press, pp. 3-15.
[14] Lu, R., S. Zhang 2000. Pangu—An Agent-Oriented Knowledge Base, IFIP.
[15] Michel, R., Genesereth, N., J. Nilsson 1987. *Logic Foundations of Artificial Intelligence*. San Mateo: Morgan Kaufmann Publishers.
[16] National Library of Medicine 2004. Medical Subject Headings. http://www.nlm.nih.gov/mesh/MBrowser.html. Accessed 2004-4-10.
[17] Noy, N. F., D. L. McGuinness 2010. Ontology Development 101: A Guide to Creating Your First Ontology. Users Mannual from http://protege.stanford.edu/publications/ontology_development/ontology101.html. Lase Accessing: 2010-6-10.
[18] Qian, P., Su, X. 2004. An Intelligent Retrieval System for Chinese Agricul-

tural Scientific Literature. The 5th International Workshop on AOS, April 27-29, Beijing, China.
[19] Qian, P. 2002. Web-based Agricultural ScienTech Information Services Fundamental Platform. Asian Agricultural Information Technology & Management, Proceedings of the Third Asian Conference for Information Technology in Agriculture, October 26-28, Beijing, China, pp. 322-326.
[20] Uschold, M., Gruninger, M. 1996. Ontologies: Principles, Methods and Applications. *Knowledge Engineering Review*, Vol. 11, No. 2.
[21] Uschold, M., M. King, S. Moralee et al. 1996. The Enterprise Ontology. *The Knowledge Engineering Review*, Vol. 13, No. 1, pp. 31-89.
[22] (美)W. V. O. 蒯因著,陈启伟、江天骥、张家龙等译:《从逻辑的观点看》,北京:中国人民大学出版社,2007年。
[23] 常春:"联合国粮食与农业组织 AOS 项目",《农业图书情报学刊》,2003年第2期,第14~15、24页。
[24] 斐成发:"我国信息化建设的现状及思考",《情报学报》,2000年第2期,第130~136页。
[25] 冯志勇、李文杰、李晓红:《本体论工程及其应用》,北京:清华大学出版社,2007年。
[26] 贺纯佩、李思经:"农业本体论农业知识组织系统的建立",《农业图书情报学刊》,2004年第10期,第41~44页。
[27] 贺纯佩、李思经:"农业叙词表在中国的发展和农业本体论展望",《农业图书情报学刊》,2003年第4期,第16~19页。
[28] 黄茂军:《地理本体的关键问题和应用研究》,安徽:中国科学技术大学出版社,2006年。
[29] 黄文秀:《农业自然资源》,北京:科学出版社,1998年,第18页。
[30] 李景:《本体理论在文献检索系统中的应用研究》,北京:北京图书馆出版社,2005年。
[31] 陆汝铃:《世纪之交的知识工程与知识科学》,北京:清华大学出版社,2001年。
[32] 罗家佳、宋文:"OntoWeb:基于本体的知识管理和电子商务信息交换",《现代图书情报技术》,2006年第2期,第27~29页。
[33] 彭隽、朱德海:"农业信息系统在不同平台上性能的比较",《农业工程学报》,2006年第9期,第254~256页。
[34] 钱平、郑业鲁:《农业本体论研究与应用》,北京:中国农业科学技术出版社,2006年。
[35] 钱平:"我国农业信息网站建设的现状与分析",《中国农业科学》,2001年增刊,第78~81页。

[36] 史忠植:《认知科学》,安徽:中国科学技术大学出版社,2008年。
[37] 苏晓路、钱平、赵庆龄等:"农业科技信息导航知识库及其智能检索系统的构建",《情报学报》,2004年第6期,第677～682页。
[38] 王健、甘国辉:"'十五'国家科技攻关计划项目课题'农业信息网络平台的研究与开发'项目分析报告",2002年。
[39] 王健、甘国辉:"多维农业信息分类体系",《农业工程学报》,2004年第4期,第152～156页。
[40] 夏基松:《现代西方哲学(第二版)》,上海:上海人民出版社,2009年。
[41] 鲜国建、孟宪学、常春:"基于农业本体的智能检索原型系统设计与实现",《中国农学通报》,2008年第6期,第470～474页。
[42] 徐建军、梁邦勇、李涓子等:"基于本体的智能Web服务",《计算机科学》,2002年第12期,第92～94页。
[43] 杨邦杰等:"农情信息分析系统研究报告",国家"十五"攻关课题:农业信息资源开发与共享技术研究,2000年。
[44] 张君善:"由'拒斥形而上学'到'本体论承诺'——兼论奎因对逻辑实证主义基本信条的批判",《辽宁行政学院学报》,2008年第10期,第62～63页。
[45] 郑文先:"略论本体论的当代意义",《武汉大学学报(哲学社会科学版)》,1998年第1期,第3～8页。
[46] "中国将全面清理农业标准,形成一个标准体系",中国供销合作网,2003年6月26日,http://www.chinacoop.com,Accessed 2004-4-10。

(本章执笔人:王健、牛方曲、徐勇)

第三章 农业搜索引擎

第一节 农业搜索引擎发展概述

互联网的出现改变了人们的生活,而搜索引擎的出现改变了互联网。自互联网出现以来,人类经济社会生活的各个方面都发生了巨大变化。网络不仅成为人们互相交流的平台,也是人们获取知识和信息的重要途径。然而,随着互联网的发展,面对激增的网上信息,网络用户想从海量数据中获取想要的信息变得越来越难。起源于20世纪90年代的搜索引擎,通过对海量信息进行分类、筛选和排序等一系列"幕后操作",按用户的需求向用户推送信息,不仅可以帮助用户在大量的信息中查找所需的资料,也满足了用户专业查询的需要。据中国互联网协会、DCCI互联网数据中心联合发布的《INTERNET GUIDE 2007 中国互联网调查报告》数据显示,搜索引擎已成为应用中的第一大互联网。

搜索引擎(Search Engine)是指在Web环境中能够根据用户提交的搜索请求,通过一定的策略在互联网中搜集、发现信息,对信息进行理解、提取、组织和处理,并返回相应的查询结果的技术和系统,是在互联网上可以查询网站或网页信息的工具。它包括信息抓取、信息处理和用户查询三部分。搜索引擎技术涉及信息检索、人工智能、计算机网络、分布式处理、数据库、数据挖掘、数字图书馆、自然语言处理等多领域的理论和技术,是互联网的第二大核心技术,具有综合性和挑战性。同时,搜索引擎因为拥有大量的用户而具有很大的经济价值。农业搜索引擎是在搜索引擎发展日益专业化的基础上发展起来的,是垂直搜索引擎在农业领域的应用。其发展和完善离不开专业搜索引擎的发展。

一、搜索引擎发展概述

（一）搜索引擎的发展

互联网发展早期，信息量较少，互联网用户多为专业人士，查找信息相对容易。伴随互联网爆炸性的发展，普通网络用户想找到所需的资料简直如同大海捞针，这时为满足大众信息检索需求的搜索引擎便应运而生了。

1990年由蒙特利尔（Montreal）的麦吉尔大学（McGill University）的学生发明的 Archie（Archie FAQ）被公认为是搜索引擎发展的鼻祖。但它并不是真正的搜索引擎，它是一个通过文件名自动索引互联网上匿名FTP网站文件的程序，用户必须输入精确的文件名搜索，然后Archie会告诉用户哪一个FTP地址可以下载该文件。因为Archie的广受欢迎，受其启发，相似的搜索程序不断涌现。

1994年4月，斯坦福（Stanford）大学的两名博士生菲洛（David Filo）和美籍华人杨致远（Gerry Yang）共同创办了超级目录索引雅虎（Yahoo）。随着访问量和收录链接数的增长，雅虎目录开始支持简单的数据库搜索。雅虎的出现与广泛应用开启了搜索引擎的时代，标志着第一代搜索引擎的到来。第一代搜索引擎以关键词搜索为最大特点，网页建构人可以将自己网站加入搜索引擎的资料库中，自行命名自己的网站，并用数行文字描述自己的网站；而在使用者键入搜索条件后，搜索引擎会找出和搜索条件一样或相近的网站名字或描述。其最大的缺点，就是无法针对网页内容进行搜索。另外，这类搜索引擎在索引网页、更新索引、检索速度、实现技术上都还不够成熟。

1998年后出现了搜索引擎空前繁荣的时期，以谷歌（Google）为代表的第二代搜索引擎应运而生。第二代搜索引擎采用了关键词加网站链接分析技术。相对于第一代搜索引擎由网页建构人自行键入资料，第二代搜索引擎不需要键入任何资料；取而代之的，是由搜索引擎使用一个

Robot程式，让它在网络上截取资料，并自动将取得的结果存入资料库中。第二代搜索引擎系统大多采用分布式方案（多个微型计算机协同工作）来提高数据规模、响应速度和用户数量，因此无论从收录的网页数量、网页更新速度、用户访问数量、搜索时间方面都有了飞跃性的提升。由于搜索返回数据量过大，检索结果相关度评价成为研究的焦点。

伴随着互联网的广泛使用与第二代搜索引擎索引信息的急剧膨胀，快速、准确地满足用户多样化的需求变得越来越重要，第三代搜索引擎的诞生呼之欲出。对于第三代搜索引擎的定义与特点，目前还没有比较统一、权威的说法。当然也还没有大家公认的具有代表性或领导性的第三代搜索引擎网站的诞生（尽管如搜狗等一些网站宣称过它们是第三代搜索引擎）。但第三代搜索引擎力争为用户提供更精准、更个性化的搜索服务已经成为大家的共识。面对海量的网络数据库，如何准确地找到用户所需的一条或几条信息，短时间内满足用户的目标搜索需求成为第三代搜索引擎的关键技术切入点。"智能化"、"交互式"、"个性化"、"社区化"、"专业化"、"多媒体搜索"、"门户化"等等一系列搜索引擎未来发展方向的词汇开始出现，各相应的技术也在不断地尝试和应用之中。业内针对这些特征的研发较量早就拉开了序幕，谷歌、雅虎等著名的搜索引擎网站以及一些新的、针对这些功能的搜索引擎都在加快研发满足用户个性化、精准化需求的功能，并在其现行的搜索网站上进行尝试和推广，如综合搜索引擎开始具体地划分搜索类别、部分网站的智能化搜索、交互式搜索功能的增加以及一些专业网站的建立等。这些尝试取得了比较好的效果，但是大多都停留在表面的功能定制上，离用户对第三代搜索引擎的预期还有很大差距。

有关专家认为从第一代搜索引擎到第二代搜索引擎是一个质变的过程，即由人工转向计算机，而第二代到第三代搜索引擎的转变应该是一个量变，是检索技术的提升。

（二）搜索引擎的分类

搜索引擎依其所用技术原理、工作方式的不同可以分为目录式搜索引擎、全文(Full Text)检索搜索引擎和元搜索引擎三大类。

目录式搜索引擎是第一代搜索引擎的产物和发展，是指以人工方式或半自动方式搜集信息，由编辑员查看信息之后，人工形成信息摘要，并将信息置于事先确定的分类框架中。信息大多面向网站，提供目录浏览服务和直接检索服务。该类搜索引擎因为加入了人的智能，所以信息准确、导航质量高，缺点是需要人工介入、维护量大、信息量少、信息更新不及时。典型代表是：雅虎、Look Smart、Open Directory 等。国内的搜狐(http://www.sohu.com/)、新浪(http://www.sina.com/)、网易(http://www.163.com/)等也都具有这一类功能。

全文检索搜索引擎是第二代搜索引擎的产物，即通过 Robot 程序从互联网上搜集信息而建立索引数据库，检索与用户查询条件匹配的相关记录，然后按一定的排列顺序将结果返回给用户。服务方式是面向网页的全文检索服务。该类搜索引擎的优点是信息量大、更新及时、无需人工干预；缺点是返回信息过多，有很多无关信息，用户必须从结果中进行筛选。全文搜索引擎是名副其实的搜索引擎。这类搜索引擎的国外代表是：谷歌、Fast/AllTheWeb、AltaVista、Inktomi、Teoma、WiseNut 等；国内代表为：百度(Baidu)、天网、OpenFind 等。需要说明的是，为了将目录搜索引擎和全文搜索引擎的优势很好地结合起来，弥补二者的不足，提高用户日益增加的对查全率、查准率和个性化查询的需求，目前的大多数搜索引擎都是这两类搜索引擎的结合，而非绝对地采用一种检索方式，只是不同类别搜索引擎的侧重点有所不同。

元搜索引擎又被称为搜索引擎之上的搜索引擎。这类搜索引擎没有自己的数据库，而是将用户的查询请求同时向多个搜索引擎递交，将返回的结果进行去重、排序等处理后，作为自己的结果返回给用户。服务方式为面向网页的全文检索。这类搜索引擎的优点是返回结果的信息量更大、更全，缺点是不能够充分利用所使用搜索引擎的功能，用户需要做更多的筛选。著名的元搜索引擎有 InfoSpace、Dogpile、Vivisimo 等，中文元搜索引擎中具代表性的有搜星搜索引擎。

按照搜索引擎数据库索引范围、服务对象的不同,搜索引擎又可分为水平搜索引擎与垂直搜索引擎。也有学者称为综合搜索引擎与专业搜索引擎。

水平搜索引擎(综合搜索引擎)。目前比较知名的、传统意义上的搜索引擎,如谷歌、百度、搜狐、雅虎等都属于这类搜索引擎。它是相对于垂直搜索引擎而定义的,它的检索资源包罗万象,用户可以通过在检索栏中输入检索词来检索几乎任何类型、任何主题的资源。但是水平搜索引擎收录的资源范围广,也造成了其搜索深度不够、相关度较低,尤其是无法满足快速发展的专业人士对相关专业领域信息准确、快速的需要。

垂直搜索引擎(专业搜索引擎)。垂直搜索引擎是在综合搜索引擎无法较好地满足特定用户特殊需求的基础上发展起来的,被公认是搜索引擎发展的新趋势,也在某种程度上反映了第三代搜索引擎的特征。概括地说,垂直搜索引擎是指专为查询某一个学科或主题的信息而产生的查询工具。具体就是对网页库中的某类专门的信息进行一次整合,定向分字段抽取出需要的数据,进行处理后再以某种特定形式返回给用户,它是搜索引擎的细分和延伸。垂直搜索引擎和普通的网页搜索引擎的最大区别是对网页信息进行了结构化信息抽取。如果说网页搜索是以网页为最小单位,而垂直搜索是以结构化数据为最小单位。将这些数据存储到数据库,进行进一步的加工处理,如去重、分类、分词、索引,最终以结构化数据的搜索方式,以结构化或非结构化的返回方式满足用户的信息需求。由于它搜集的是某一领域与专业的信息,且通常是经过专业人士的有效抽取、排序,更注重信息的深度,因此,在某种情况下,比水平搜索引擎更有效。

从二者的对比来看,垂直搜索引擎的优势在于:在采集方式上,采取被动和主动相结合的方式,通过主动方式,有效采集网页中标引的元数据,整合上下游网页资源库,提供更加准确的搜索服务;在采集内容上,高度目标化、专业化,针对性强,对特定范围的网络信息的覆盖率相对较高;在采集深度上采用深度优先的策略,保证了采集内容的专业、深度水平;

对动态网页的采集优先级较高,由于行业内的一些有商业价值的信息采用动态发布的方式,如供求信息等;结构化的信息抽取使得搜索的结果更结构化,用户更容易断定是否是自己需要的结果;排列方式可以由用户设定,用户可以自主选择按照相关度、时间等多种方式进行排序;由于将相同专业的人聚集在一起,便于实现搜索引擎的社区化,加强专业人员的交流,促进向专业化方向发展。其弱势在于:大部分深度信息的获取需要用户使用专业的、结构化的搜索语言进行搜索;垂直搜索引擎的信息覆盖面相对有限;知名度低,发展不完善,用户人群比水平搜索引擎明显小得多,并且目前来说,垂直搜索引擎的用户没有从水平搜索引擎中独立出来,仅仅是其中的一小部分。

从发展的趋势上讲,垂直搜索引擎代表了未来的发展方向,可以更好地做到懂得用户的需求,避免无用信息给用户带来心理上的负担,在个性化服务上也能做得更好。但目前需要进一步优化自己的服务,吸引更多的用户使用,并逐渐让他们成为自己产品的固定用户。

(三)搜索引擎工作原理

搜索引擎主要由四部分组成:抓取器、索引器、检索器和用户接口。

(1)抓取器

抓取器的功能是在互联网中漫游,发现和搜集信息。它常常是一个计算机程序,日夜不停地运行。它要尽可能多、尽可能快地搜集各种类型的新信息,同时因为互联网上的信息更新很快,所以还要定期更新已经搜集过的旧信息,以避免死链接和无效链接。抓取器搜集的信息类型多种多样,包括 HTML、XML、Newsgroup 文章、FTP 文件、字处理文档、多媒体信息。抓取器的实现常常用分布式、并行计算技术,以提高信息发现和更新的速度。商业搜索引擎的信息发现可以达到每天几百万网页。

(2)索引器

索引器的功能是理解抓取器所抓取的信息,从中抽取出索引项,用于表示以及生成文档库的索引表。索引项有客观索引项和内容索引项两种:客观索引项与文档的语意内容无关,包括作者名、URL、更新时间、编码、长度、链接流行度(link popularity)等；内容索引项是用来反映文档内容的，如关键词及其权重、短语、单字等。内容索引项可以分为单索引项和多索引项(或称短语索引项)两种。单索引项对于英文来讲是英语单词，比较容易提取，因为单词之间有天然的分隔符(空格)对于中文等连续书写的语言，必须进行词语的切分。在搜索引擎中，一般要给单索引项赋予一个权值，以表示该索引项对文档的区分度，同时用来计算查询结果的相关度。使用的方法一般有统计法、信息论法和概率法。而多索引项的提取方法有统计法、概率法和语言学法。

索引表一般使用某种形式的倒排表(inversion list)，即由索引项查找相应的文档。索引表也可能要记录索引项在文档中出现的位置，以便检索器计算索引项之间的相邻或接近关系(proximity)。

索引器可以使用集中式索引算法或分布式索引算法。当数据量很大时，必须实现即时索引(instant indexing)，否则不能够跟上信息量急剧增加的速度。索引算法对索引器的性能(如大规模峰值查询时的响应速度)有很大的影响，在很大程度上决定了一个搜索引擎的有效性。

(3) 检索器

检索器的功能是根据用户的查询在索引库中快速检出文档，进行文档与查询的相关度评价，对将要输出的结果进行排序，并实现某种用户相关性反馈机制。

(4) 用户接口

用户接口的作用是输入用户查询、显示查询结果、提供用户相关性反馈机制，其主要目的是方便用户使用搜索引擎，高效率、多方式地从搜索引擎中得到有效、及时的信息。用户接口的设计和实现使用人机交互的理论和方法，以充分适应人类的思维习惯。

从搜索引擎的工作流程来看，可以分为三步：

第一步：从互联网上抓取网页。利用能够从互联网上自动收集网页的 Spider 系统程序，自动访问互联网，并沿着任何网页中的所有 URL 爬到其他网页，重复这过程，并把爬过的所有网页收集存放到 URL 库中。

第二步：建立索引数据库。由分析索引系统程序对收集回来的网页进行分析，提取相关网页信息（包括网页所在 URL、编码类型、页面内容包含的关键词、关键词位置、生成时间、大小、与其他网页的链接关系等），根据一定的相关度算法进行大量复杂计算，得到每一个网页针对页面内容中及超链接中每一个关键词的相关度（或重要性），然后用这些相关信息建立网页索引数据库。

第三步：在索引数据库中搜索排序。当用户输入关键词搜索后，由搜索系统程序从网页索引数据库中找到符合该关键词的所有相关网页。因为所有相关网页针对该关键词的相关度已算好，所以只需按照现成的相关度数值排序，相关度越高，排名越靠前。最后，由页面生成系统将搜索结果的链接地址和页面内容摘要等内容组织起来返回给用户。

（四）目前搜索引擎存在的问题

随着搜索引擎的不断发展和完善，互联网用户对搜索引擎的依赖程度日趋提高。据统计，越来越多的互联网使用人员都将搜索引擎作为网络的主页，然后通过搜索引擎来寻找自己的目标信息。甚至有人将搜索引擎称为互联网信息的霸主。但同时也应该注意到，正是由于搜索引擎在互联网时代的重要地位，人们对它的功能和性能的要求也越来越多，而搜索引擎的发展速度与人们的需求之间还有一定差距，因此，搜索引擎的发展也呈现出一定的问题，主要表现在以下几方面。

（1）检全率偏低

尽管目前的搜索引擎已经能从基本上满足用户的大部分需求，但随着网页数量的不断膨胀以及专业信息的不断扩张，美国 NEC 研究所的两位博士的研究表明，甚至最大的搜索引擎的数据库规模和覆盖面还达不到互联网上全部网页的 1/5。造成这一现象的主要原因有两个方面。第一，由于搜索引擎技术发展层面的问题，许多非 Web 的信息资源被遗漏，尤其是多媒体文件。目前一些主要的搜索引擎已经在不断地发展相关技术。第二，搜索引擎之间缺乏有效的协作和联合。为了在竞争中取得胜利，各搜索引擎都建立了自己的一套分类体系、标引方法、索引方法、数据库结构和检索界面,且最大程度地防止相关技术泄漏。因此,从整体上,缺乏统一的规范性控制,各搜索引擎之间数据资源的兼容性和互操作性差,缺乏资源共享的基础。同时又由于各搜索引擎之间分工合作少,造成各搜索引擎的数据资源交叉重复现象严重。这一方面要求在制度层面上对搜索引擎的相关方面作制度性的规范,以形成各搜索引擎合作和协调的基础;另一方面,应该加快大型、集成、综合性的元搜索引擎和垂直搜索引擎的研究和发展。

(2) 提供的搜索信息相对滞后

搜索引擎自动巡视软件在搜集因特网信息时,通常要将网页内容全部或部分下载到本地,然后才能进行索引处理,下载的页面中有许多无用或暂时的信息,影响索引速度,也浪费系统通信资源。搜索引擎一般都有庞大的索引数据库,其更新速度总是落后于时刻在更新的互联网信息的更新速度。并且索引库越大,其更新周期越长,索引失效问题越突出。许多搜索引擎必须通过人工方式对信息进行二次处理,这也是造成信息滞后的一个重要原因。

(3) 检准率不高

尽管检全率也是考评搜索引擎的一大指标,然而,对于大多数用户来说,检准率更具有意义。然而,许多有实力的大型搜索引擎(如谷歌和百度等)仍在盲目追求数据库规模,提供的信息服务都很大众化,缺乏深度,检准率不高。另外,由于目前各种搜索引擎是按既定的相关度对检索结果进行排序的,而各种搜索引擎对相关度参数的选择、计量和算法又各异,这就难免不与用户的检索目标相冲突,再加上多数搜索引擎不提供概念检索(即主题检索),对自然语言理解力差,不能根据用户的问题产生合乎逻辑的答案,也是造成检准率不高的原因之一。

(4) 网络信息质量控制欠缺

搜索引擎是通过由少数精英制定的规则对互联网信息进行搜索。信息的重要性由计算机程序判断,或者由信息提供者的出价来决定。这导致搜索的结果不能保证质量。页面制作者想出了许多方法进行作弊,蒙骗计算机程序,出现了大量垃圾页面或重复性的信息,用户仍然不得不在搜索到的结果中花费大量时间查找需要的资料。实践证明少数精英制定的规则根本无法承受众多作弊者的冲击。

(5) 缺乏检索专业信息的能力

传统的搜索引擎多属于横向的水平型搜索,其价值在于大量的信息导航,对于信息需求相对集中、分类更加详细的用户缺乏导向。一方面,通常用的搜索引擎不是以专业来划分检索范围的;另一方面,其标引和检索语言不是专业的。市场需求多元化决定了搜索引擎的服务模式必将出现细分,针对不同行业提供更加精确的行业服务模式。正在崛起的垂直搜索引擎是搜索引擎行业细分化的必然趋势,但是,其目前的发展水平远远不及传统的综合搜索引擎。

(五) 前景和展望

(1) 智能化

搜索引擎的智能化体现在两方面:一是对搜索请求的理解;二是对网页内容的分析。即利用智能代理技术对用户的查询计划、意图和兴趣方向进行推理,自动进行信息搜集过滤,自动地将用户感兴趣的、对用户有用的信息提交给用户。这其中也包含了对服务多元化、个性化、结果精确化、交叉语言检索等方面的功能。

(2) 精准化

首先,构建基于内容的搜索引擎。试图理解用户的请求,同时根据文档的内容选出符合用户要求的文档。即通过各种方法获得用户没有在查询语句中表达出来的真正用途,实现自然语言的智能查询功能。当前比较成熟的解决方案是依靠语义网络、汉语分词、句法分析处理同义词等中文信息处理技术最大程度地了解用户需求。其次,将用户提问转化为系统已知的问题,然后对已知问题进行解答,以求降低对自然语言理解技术的依赖性。再次,用正文分类技术将结果分类,使用可视化技术显示分类结构,让用户对返回分类结果进行选择,进行二次查询,从而可以只浏览自己感兴趣的类别。最后,对目前互联网上站点和内容进行聚类,减少无用、重复信息的站点数量。

（3）专业化

搜索引擎的专业化可以提高搜索引擎的检准率，提高相关检索的效率，提高搜索信息的深度和准度，从而准确、高效地满足特定用户或专业用户的特殊信息需求。随着网络信息细分化趋势的蔓延，搜索引擎的形态特征必将在时代潮流的冲刷下由"着重整合型"发展成为"着重细分型"，从而进一步完善其功能。

（4）多媒体检索

网络资源丰富多彩，具有很多类型的信息，用户需要的信息也不完全是网页的形式。从用户的角度来看，必然要求搜索引擎能够覆盖更多的网络资源。现在有很多搜索引擎已经提供了网页、新闻、图片、音乐等资源搜索，当然范围还可以更广，再如可以搜索新闻组、软件、FTP、Flash、论文等。

（5）桌面化

这类引擎实际上是一个软件，下载安装后放在电脑桌面上，用户不用频繁打开浏览器，而是直接通过它就能完全实现搜索过程，更甚者它可以同时搜索本地、局域网和互联网上的信息。它完全越过传统的搜索模式，越过浏览器，真正实现让搜索无处不在。搜索引擎脱离浏览器是一个发展趋势，谷歌、雅虎等都有计划地推出属于自己的桌面型搜索软件，而微软同样打算把搜索设计到桌面上。国内有中国搜索推出的"网络猪"软件可用。

二、垂直搜索引擎发展概述

垂直搜索引擎目前已经引起了世界各国计算机科学界和信息产业界的高度关注。由于垂直搜索引擎专注于服务行业用户，拥有广泛、精深的行业资源，所以具有很好的经济价值和广泛发展前景。特定行业的用户也更加青睐垂直搜索引擎，是垂直搜索引擎的长期、稳定的用户群体。

（一）垂直搜索引擎的关键技术

垂直搜索引擎有其自身的特性，因此其技术要求特点上与一般互联网搜索引擎有很多不同之处，而垂直搜索引擎的关键技术主要有主题过滤和信息抽取两大技术。

（1）主题过滤技术

垂直搜索引擎与通用搜索引擎最根本的区别就是专业化和个性化。想要通过爬虫下载的网页都是与某主题相关，就需要相关的主题过滤技术。随着互联网的迅速普及，网上的信息增长速度非常快，信息也变得更加复杂，这些因素为主题过滤技术提出更高更新的要求。而主题过滤目前主要通过 URL 分析和内容分析来进行，将相关度低于某个阈值的网页过滤掉。而相关度的计算则分为两类：基于内容的主题相关度计算和基于 URL 的主题相关度计算。

基于内容的过滤是信息过滤中最基本的一种方法。它主要采用了自然语言处理、人工智能、概率统计和机器学习等技术进行过滤。专业的网络爬虫将网页下载到本地后，需要使用基于内容的主题相关度方法计算该网页的主题相关度值，主题相关度低于某一阈值的网页被丢弃。主题相关度的计算方法主要有布尔模型和空间向量模型。

布尔模型是主题过滤中最容易实现的技术。在布尔模型中，一个文档通过一个关键词集合来表示。同时，某个主题也以关键词集合的形式来表示，在判断文档与某主题的相关度的过程中，相当于是计算两个关键词集合的交集。对基于布尔模型的主题判别模型来说，交集中含有的元素越多，则认为与主题的相关度越高。布尔模型的主要缺陷在于每个关键词的权重都是一样的，它不支持设定关键词的相对重要性，但是其优点也较为明显，它易于实现，计算代价较小。

向量空间模型是由索尔顿(Salton)等人在 1968 年提出，该模型的主题关键词和文档关键词均通过向量来表示。文档向量是一个 n 元组，其中，每一个坐标代表了相应关键词的权重。权重越大，对应的关键词对于该文档就越重要。主题关键词向量和文档向量类似，主题关键词向量中的权重表示对应关键词相对于该主题而言的重要性。向量空间模型可以很好地运用到主题过滤中,向量空间模型使关键词中的权重赋值成为可能,从而弥补了布尔逻辑模型将所有关键词视为相同权重的缺陷。

而基于 URL 的主题相关度分析,主要有三种预测 URL 主题相关度的算法:基于父网页的主题相关度预测方法、基于链入网页的主题相关度预测算法和 TPR 算法。基于父网页的主题相关度预测利用了锚文本和父网页的主题相关度等信息进行预测;基于链入网页的主题相关度预测算法则综合考虑了链接进入网页的数量和质量;TPR 算法则是在 Page Rank 算法的基础上加以改造,从而有效地防止"主题漂流"现象。

(2) 信息抽取技术

当过滤掉一些与主题无关的网页时,留下的仍然是海量的网页数据,但是用户需要的仅仅是信息,而不是繁杂的网页。所以,垂直搜索引擎中引入了针对网页内容的抽取技术,即通常所说的信息抽取。把数据抽取出来并存储在数据库中,然后用数据库作为搜索系统的信息源,是垂直搜索引擎的主要展现方式。

目前,网页中的数据分为结构化数据和非结构化数据。而网页中的非结构化数据可以按照一定的需求抽取成结构化数据。垂直搜索引擎和通用搜索引擎最大的区别是垂直搜索引擎对网页信息结构化抽取后再进行深度的处理,提供专业的搜索服务。所以 Web 结构化信息抽取的技术水平是决定垂直搜索引擎质量的重要技术指标。

信息抽取技术也有多种分类方式,根据各种工具采用的原理可分为四类:基于自然语言处理方式的信息抽取、包装器处理归纳方式的信息抽取、基于 Ontology 方式的信息抽取和基于 HTML 结构的信息抽取。信息抽取是垂直搜索引擎的重要环节,抽取方式直接影响到垂直搜索引擎数据源的质量。

(二) 垂直搜索的盈利模式

(1) 广告和竞价排名收费

通过向个人提供免费搜索服务积聚人气和流量,从而间接向广告主提供媒体购买服务。这类搜索服务面向的最终用户无直接付费需求,通过巨大访问流量衍生商业价值,具有媒体属性。

(2) 返佣或与商家分成

返佣就是指通过搜索引擎获得客户收益的网站,将部分该笔生意的收益返还给搜索引擎的方法。返佣的比例往往带有竞价的性质。同等条件下,在用户搜索的结果中,返佣比例高的就会被排在前面。同样搜索引擎也可以对其收录的商家的产品交易与商家进行分成。由于垂直搜索引擎能搜索更为精确的信息,因此将比水平搜索引擎更有优势。

(3) 直接面向企业用户收取会员费的聚焦和封闭型盈利模式

垂直搜索引擎通过专业人士对相关行业的市场行情、产业信息等的收集、分析、处理,为对应行业提供发展分析、趋势预测或预警系统,从而形成具体的商业模式和清晰的价值链,通过客户企业的应用或者服务直接产生盈利。

(三) 垂直搜索引擎的发展方向

与国外垂直搜索引擎相比,国内垂直搜索引擎起步较晚。赛迪 IT 罗盘是中文领域首个真正意义上的垂直搜索引擎。它是由赛迪网推出的国内第一个中文 IT 垂直搜索引擎,涵盖了 IT 领域的绝大多数网络信息资源,但它是经过人工加工和精选的网页检索功能,而且网站目录也全部经过人工分类、整理和星级评定。目前,比较有名的垂直搜索引擎代表有:① 以酷讯(www.kuxun.cn)为代表的生活搜索;② 以去哪儿(www.qunar.com)为代表的旅游搜索;③ 以应届生(www.yingjiesheng.com)为代表的招聘搜索;④ 以优酷(www.youku.com)为代表的视频搜索等等。事实证明,这些垂直搜索引擎的应用效果得到越来越多用户的认可,知名度日益提高,在搜寻相关专业信息时,用户也越来越倾向于在这些垂直搜索引擎上查询。

除了和水平搜索引擎一样需要在技术上和制度上对搜索引擎的搜索性能进行改进外,垂直搜索引擎的发展日益呈现出以下一些趋势和方向。

(1) 面向主题的垂直搜索引擎

随着现实中专业的不断细化与发展,专业领域的信息的发展也逐渐显露出与水平搜索引擎相似的缺陷,因此,为了加强搜索引擎的专业深度,垂直搜索引擎在发展过程中开始出现面向特定主题的搜索引擎。其突出特点是"分类细致明确、数据全面深入、更新及时"。面向主题的垂直搜索引擎通过由强大专业人士的团队对元数据信息进行深度加工,比如对该主题领域的元数据模型进行专业的分析、关联整合,从而为用户提供网页搜索引擎无法做到的专业性、功能性、关联性,能很好地满足用户对专业性、准确性、功能性、个性化的需求。

(2) 元垂直搜索引擎

元搜索引擎可以提高检索的查全率,而垂直搜索引擎可以提高搜索的查准率。随着不同专业领域垂直搜索引擎的增加,通过发展元垂直搜索引擎可以大大地提高检索的性能。同元搜索引擎相类似,元垂直搜索引擎根据用户提交的检索请求发送到多个独立的垂直搜索引擎上去搜索,并将检索结果集中统一处理和深度加工,以统一的格式提供给用户。因此,具有"元数据模型再组织、再整合、深度数据挖掘、互动性"的特点。

(3) 向搜索交易平台发展

垂直搜索引擎的专业性决定了其可以针对其对应行业的消费领域形成搜索的交易平台,比如餐饮搜索、购物搜索、旅游搜索等。这种搜索交易平台通过开展电子商务功能,可以让行业内商家和顾客直接沟通、咨询,不再需要转到第三方平台再进行交易,满足了当代人们对电子贸易便捷、高效的需求趋势,具有较大经济价值。

垂直搜索引擎是搜索引擎发展的方向和趋势,其产生和发展必然对人们网络生活的方方面面也将产生更为深刻的影响。但是,必须认识到垂直搜索引擎的发展与水平搜索引擎的发展还存在着很大的差距。要想实现垂直搜索领域的重大突破,必须加速技术层面的研发速度,以及从制度层面为相关方面的配合提供支撑。

三、农业搜索引擎的发展

农业是国民经济的基础,也是我国的主要产业,农业的发展状况关系着整个国民经济的正常运行和发展。而农业信息化是新时期促进农业现代化、高效化的有效手段。及时有效的信息获取可以帮助用户快速获得生产技术信息,了解相对完整的市场信息,从而帮助农业生产者实现稳定、高效的农业生产,提高个体的竞争力;同时也便于各相关方面全面系统地掌握农村信息资源,做出科学、有效的决策。

随着网络的迅猛发展,我国农村信息化的进程也呈现不断加快的态势,表现之一就是国内农业网站数量突飞猛进地增长。据统计,1998年我国的农业信息网站不足200个,发展至今,农业领域的各种网站数量已达2万多个,涉及农、林、牧、渔、水利、气象、农垦、乡镇企业及其他农业部门等农业的方方面面。面对网络上如此海量的农业信息资源,要及时、准确地搜索到用户所需的农业信息,农业搜索引擎的研究、开发和完善势在必行。

农业搜索引擎是为查询农业信息而建立的查询工具,是垂直搜索引擎在农业领域的应用,是新时期农业信息化快速发展的必然组成部分。农业搜索引擎因为专注于收录农业网站和农业信息、并能由专业人士为用户提供一定的市场分析和预测,因此,在农业领域方面,比水平搜索引擎更准确、有效。

(一)国外的研究与发展

国外的农业信息化建设开始于20世纪50~60年代,于80~90年代得到快速发展。随着农业网站的不断增加,农业搜索引擎也开始发展,并且有了一定的规模。下面主要介绍几个比较重要的农业搜索引擎。

Web-Agri Search(http://www.web-agri.fr)由法国的 Hyltel Multimedia 公司于1998年创建。它强调自己是第一个真正的农业垂直搜索引擎,而不是导航目录,有英、法两个版本(本文没找到英文版本)。但是,其主页对农业信息进行了分类目录导航,是目录搜索引擎与全文搜索引擎的结合。它开设的网站主要提供农业搜索引擎、农业期刊导航和农业站点导航。其目前的检索页面规模已经达到86万多个,采集方式采取机器采集与人工采集相结合的方式。英文检索界面比较简洁,法文检索界面还可以进行限定,它有三个选项:只检索法文网页、只检索网站、检索所有资源。根据每个页面包含检索词的数量、关键词出现的位置和关键词彼此接近的程度来进行相关度的高低排序。

Agrisurf Search(http://www.agrisurf.com)自称是世界上最大的农业搜索引擎,于1997年开始运行,截至2003年8月,共收录了20 355家农业站点,且规模还在日益扩大。该搜索引擎将分类索引分为34个大类,每个大类中还分为若干个子类,每个类别后面标有站点个数,并按字母顺序排列,极大地提高了用户搜索的准确性。该引擎的检索形式灵活,支持逻辑关系检索。Agrisurf网站的信息收集采用手工收集的方法,除了网站工作人员收集外,Agrisurf还鼓励用户提交信息,在网站人员证实没有重复、错误后加入数据库。另外,该网站还有一套Robot程序来定期探测所收录网站的一些基本情况,从而保证了该引擎检索到收录站点的准确性。该网站的查询结果首先是按照相关度排序,然后按照网页的完成或更新时间排列,从而提高了用户检索信息的效率。查询结果的显示包括:站点的图标、网页标题、网站编辑人员对网页的描述、链接地址。该搜索引擎显示搜索结果数目,但只显示64条结果(如果数量多于64条),且每一站点后面都跟着类似页面、链接页面的标签,相当于进行了网页分类,便于用户查找相似内容的网页。如果检索页面数量过多,会建议用户缩小检索范围。此外,为了方便浏览,用户还可以直接关闭无用网页,只留下有用的网页,以便比较和后续参考。这充分反映了该网站在智能化和个性化方面发展的进步。

1999年4月在美国普林斯顿建立的Agriscape Search(http://www.agriscape.com)主要提供农业及相关产业的导航服务,其目标是发展成为农业信息、农业贸易和农业技术的信息中心。截至目前,收录网页达到378 293个。Agriscape将所收录的内容划分为观光农业、公司、教育科研、图片、有机农业、园艺、期刊、图书馆、政府、组织、拍卖、导航目录12个大类,各大类中再进行细分,并提供职业、会议、市场、新闻、天气等方面的服务。除此之外,该网站还推出网站论坛,并按照不同的门类进行了划分,便于农业用户的交流。Agriscape的信息完全是由手工采集、分类、描述的,而且允许用户上传资源,由网站人员审核后归类发布。Agriscape只提供一种检索界面,检索词间的默认逻辑关系为AND,并且不支持其他逻辑运算符如OR、NOT等,但支持双引号限定查询,并支持多种语言查询。查询结果的排列,是根据该网站(或书籍、会议)被收录的时间进行排列的。收录的时间越早,排列的次序越靠前。显示内容包括:结果数量、标题、描述、类目。由于其分类包括拍卖、分类广告等,所以搜索结果并不完全是农业相关信息。

美国农业网络信息中心AGNIC(http://www.agnic.org)是由包括美国国家农业图书馆在内的来自五个国家的60多个专业合作单位和机构在形成"精英中心"(centers of excellence)的基础上形成的自愿合作联盟。该中心的农业搜索引擎以其内容的专业性和权威性而著称,致力于为用户提供快捷、可靠的高质量农业信息和资源,内容涵盖60多个农业领域的主题。其每个成员都负责农业科学中某一领域的信息工作,各成员单位间互相提供信息服务。服务方式主要是通过互联网相互提供电子形式的农业信息和检索服务。由于该引擎的资源是由不同领域的专业成员单位增加和维护,同时收集的内容尽量避免私人的、商业主导的、收费的、对公共和个人具有敏感性的信息,因而保证了其内容的权威性和完整性。该引擎提供简单检索、高级检索和分类目录检索三种检索方式,但后两种检索方式要在简单检索的基础上进行。检索结果显示的内容包括:结果的数量、标题、提供者单位(provider)、资料来源(source)、网页描述(description)、主题词(subjects)和关键字(keywords)。而结果的排序方式也可以由用户选择,分别为:相关度排序和标题的字母顺序排序。另外,该站点还提供农业新闻和重大事件的服务。

国外的农业搜索引擎发展较早,且已具有一定的规模,对我国农业搜索引擎的发展具有一定的借鉴价值。

(二) 国内的研究与发展

我国的农业搜索引擎发展较晚,研究和应用到目前只有五年左右的时间,但是近年来发展迅速,并紧跟水平搜索引擎发展趋势,在智能化、个性化、专业化方面不断进步。

2007 年,由厦门康浩科技有限公司和厦门大学信息科学与技术学院合作开发的农搜(www.agrisou.com)上线,声称是我国首个"农民搜索引擎"。该引擎是针对农业网站信息实现精确搜索而建,并声称是当时全球数据量最大的中文农业搜索引擎,未来将为农民提供低廉甚至免费的农业咨询和服务。但目前已经无法链接。

由中国农业科学院农业信息研究所多媒体技术研究室研发的农业专业搜索引擎——SDD 农搜(www.sdd.net.cn)是实现了"全文检索+语义检索"的智能检索引擎。为构建农业领域专业化的搜索引擎,该引擎首先建立了我国农业网站名录,初步收录了农、林、牧、渔、水利、气象、农垦、乡镇企业及其他涉及农业部门的信息网站 7 000 余个。同时,按照中华人民共和国行政区划和专业类型对所有网站进行分类。该引擎还开发了一个基于多线程的互联网网页自动抓取工具软件,周而复始地查询每个网站的最新状态,并收集回最新的网页。为了对中文网页进行切分,该引擎还构建了中文农业专业词典。目前已整理了共计 53 万农业专业词汇,词汇来源包括北京大学语言研究所的通用词库、中国农业信息研究所研制的农业叙词表、动物生理学词典、农业大词典、兽医大辞典、中国茶文化大辞典等。最后,在 Windows 平台上实现了中文农业搜索引擎。农搜的主要功能除了全文检索外,还有语义检索的智能检索功能,即相似网页的检索功能。用户通过关键词的全文检索查到一系列网页后,农搜可以根据用户指定的任何一个网页,利用语义检索引擎查到这个页面的最相似页面。

农搜的网页全文搜索目前分为四个大类:农业网页、农业网址、产品供求和企业招聘。除此之外,农搜还发展了目录搜索的功能,将农业信息分为:要闻、种植、养殖、市场、农资、招商、人才、生活和专题九个门类,各大类下面又分为不同的小类。另外,农搜加大对重要农业信息网站的推介力度,列出了包括:农业网站排名、农业特色网站推荐、网站访问排行、农业精品网店等目录,方便农业用户针对需要选择最合适的网站进行农业信息查询,同时对重点农业网站的发展也起到了宣传的作用。在搜索结果中,包含了搜索用时、标题、部分网页内容介绍、网址及更新日期等内容。另外,作为语义搜索的结果,在页面左边会显示相关搜索、相关网站、关键词推广几个类目。其中,相关搜索条目下有与搜索词汇相关的类目划分,比如输入"苹果",相关搜索下面会出现:苹果品种、苹果栽培技术、苹果病虫害防治、苹果市场几个类别,点击这些类别,就会出现这个类别下的许多网页搜索结果,从而达到了从最大程度上满足用户对查准率的要求。

中国搜农(www.sounong.net)是由中国科学院合肥智能所研发出的专业农业搜索引擎。该引擎采用了前沿的人工智能技术,对农业市场信息进行"深加工",旨在为广大农户提供更专业、更易懂、更个性化和智能化的垂直搜索服务。它是我国第一个面向农业企业、农民大户、农业专业技术协会以及广大农业科技人员提供农业通用搜索与农产品供求、农业实用技术、政策新闻等专题的搜索服务的网站。自投入运行以来,该引擎收录的农业网页数在千万级水平,收录的农业优秀网站在 3 000 个以上。根据 2007 年 8 月 8 日的统计,软机器人采集的数据清洗后平均每天数量为:农产品价格数据,10 000 条记录/天;农产品供求信息,3 500 条/天;种植、养殖实用技术,600 篇/天;市场分析文本,500 篇/天。每天搜农访问 IP 在 1 000~2 000,用户遍及安徽、山东、广东、北京、上海等地。中国搜农采用了基于网页主体内容的索引,并通过学习推荐机制实时记录用户访问、完成数据预处理并生成推荐集合。从复杂自适应系统角度,建立了全新的复杂自适应搜索模型,基本实现了 Web 信息处理工作的自动化。中国搜农在支持计算机 Web 搜索的同时,还支持手机、电视(IPTV、信息机)等多种网络接入设备搜索服务。同时该搜索引擎采用数据挖掘、语义计算等人工智能前沿技术,建立了针对农业企业、农民协会、农民专业合作社等不同需求的"个性化信息精准推送平台",实现农村信息服务的智能化与傻瓜化。

中国搜农主要提供供求搜索、价格搜索、价格分析、市场动态、农业技术、农业视频、农业新闻、通用搜索八大类的搜索。其中通用搜索主要是通过对各大搜索引擎的搜索结果进行汇总再排序,可以进行通常意义上的搜索,从种类上讲,应该归于元搜索引擎。除此之外,该网站还将可视化搜索、农情监测、国外信息、涉农网站和目录搜索作为该网站的特色个性目录搜索,在各个类别下面都进行了分类,方便将较好的相关信息或网站推送给用户,节约用户模糊搜索的时间。该网站在价格、供求趋势、供应和需求方面的可视化搜索是该网站的一大特色,是其他搜索引擎所不具备的功能。另外农业视频搜索也是该引擎的一大突破和新特色,号称是国内首个农业视频搜索功能。在结果显示方面,根据不同的搜索类别有所不同,在供求搜索里可以包括像内容摘要、联系人、联系方式、电子邮箱、供求地点、发布日期、网页链接和采集日期这样详细的内容,同时还有快照功能帮助处于网站维护或网络原因无法打开链接时的用户查找信息。另外,针对农业信息与其他信息相比时空特性更加明显的特点,本网站还可以让用户选择时间范围和地点,并提供相关度和时间两种排序方式,真正实现对农业用户的针对性和个性化服务。

华农在线(www.chinanong.com)成立于2007年,2009年上线运行,是专门针对地方技术员和农业二传手等涉农人员及时获得农业行业的各类信息与资讯而建立的农业专业搜索引擎。该引擎目前可以提供来自全国超过6 000个网站和论坛的农业行业相关信息,并且以每天10万条信息的速度更新,从而确保得到及时的推送。华农在线利用拥有自主知识产权的HNC自然语言语义分析技术实现信息处理在农业行业的垂直搜索应用。通过采用语义搜索技术,让计算机模拟人脑来思考问题。通过对农业词语的其他称谓的记录、标识积累了庞大的农业数据库,在此类数据资源的支撑下,轻松实现同义词语搜索的精准性。同时,深入挖掘并提供了农业词语上下位关系的输出,对输入请求的下位概念进行分类标签提示,以便更精准地定位用户的搜索意图,从而实现搜索引擎的智能化。此外,华农依托国内权威农业院校、科研院所,建立了农业专家服务系统,及时提供最先进、权威的顶尖科技内容,传授实际操作经验,提供点对点的特别的服务。其主页可以对全部农业信息、粮油信息或者蔬菜信息的技术/资讯、供求信息、价格/行情三个方面进行全文搜索。同时,也提供粮食和蔬菜两个大类的目录搜索功能。在搜索结果显示方面,除了搜索结果数量及搜索用时外,结果的标题、内容的一部分、链接、发布日期都有标注,在页面的右方还可以让用户对搜索结果的时间进行筛选。同时,根据搜索关键词给出了相关搜索的众多类别,提高查准的效率。

由中国农业科学院农业信息研究所网络中心承办的中国农业科技信息网"农业网站搜索引擎系统"(http://www.cast.net.cn/ssyq/engine.asp)是我国国内服务功能较强、信息内容丰富的专业农业网站搜索引擎,拥有一个规模较大、分类规范的涉农网站数据库,目前主要收集的是国内农业网站的资料,并提供网址链接。截止到 2003 年 3 月底,该系统收集了国内外 6 429 条涉农网站,其中国内农业网站 6 389 条。与以上几个农业搜索引擎不同的是,该系统更像一个目录搜索引擎。主页并没有提供全文搜索的搜索框,而是结合网站分类的实际情况,参照中图分类法,将农业网站划分为科学技术、农业生产资料、政策法规与管理、农村与农业经济、资源与环境、教育、种植业、养殖业、林业、水产渔业、农业工程与设备、农产品加工和其他 13 个大类和 127 个子类。在高级检索方面,提供关键词检索,同时可以选择国别、网站区域、网站性质、搜索类别等进行选择。

与此类似,很多传统的农业信息网站也开始相继推出自己的农业专业搜索引擎。主要方式有两种:第一种,是以新农网为代表的农业信息网站。这类农业信息网站将其推出的农业搜索引擎(http://www.xinnong.com/tv/)独立出来,而不是在其网站主页上显示,从而形成简洁的搜索引擎界面。但新农网的搜索引擎并不是自己建立数据库系统,而是依托谷歌建立农业信息的数据库。第二种,以中华神农网为代表的农业信息网站,创立了自己的农业搜索引擎——神农搜索(http://www.sunnow.com.cn/),即在以提供目录搜索为主的基础上也提供全文搜索。但搜索引擎并没有独立出来,而是直接在主页上显示。同时,还有一些传统农业信息网站也在加快研发自己的搜索引擎,但还没有开始运行,如中国农村经济信息网(http://www.nongcun.com.cn/)开发的搜索引擎,目前系统正在试运行阶段。

(三) 存在的问题

农业搜索引擎通过有效的信息采集策略专门采集农业信息资源,大大缩减了索引的更新周期,提高了农业领域的信息覆盖水平,在查全率和查准率方面远高于综合搜索引擎,提高了查询效率。同时,农业搜索引擎将搜索技术和农业信息化很好地结合起来,以先进的技术、低廉的价格和全新的产品模式将互联网上的政策、市场、科技信息传达给广大农民,架起了农业信息交流的新平台,极大地提高了农业现代化的发展速度。但是,一方面,由于国内的农业信息网站大都存在农业资源规模小、缺乏专业特色、信息的时效性差等问题;另一方面,农业搜索引擎本身的研发技术和经验跟不上国际的先进水平,导致我国的农业垂直搜索引擎的建设存在着一些共同的问题。主要表现在:

1) 在索引网页数量、信息抽取、主题过滤算法、网页排名算法等方面还需要进一步改进和完善。首先,目前的农业专业搜索引擎索引的网页数量与国外相比还有很大差距,国外的农业垂直搜索引擎索引的农业网页数量大多已经达到几十万级水平,而国内大多还在万级左右,且检索的页面不全面、不平衡。其次,在信息抽取和主体过滤方面技术还不尽完善,相关的信息抽取不完全,无关网页或者重复网页很多。与几个有名的水平搜索引擎相比,农业搜索引擎对关键字的检索功能还有很大差距,另外检索的内容的有效性差,容易造成死链和过期结果。通过几个搜索引擎的结果测试表明,尽管农业搜索引擎显示结果很多,但是独立的网页并不多,大多是同一网页上的不同条信息,而且这些不同信息还是连续显示,这给用户的搜索带来很大的麻烦。再次,虽然各农业搜索引擎都具有相关度排名,但是,搜索结果的实际相关度水平和质量参差不齐,相关度排名的计算算法还有待进一步改进。

2) 具有独立创新性的研发特别少。目前大多数的农业搜索引擎都是借鉴相似的网站技术和分类方法,虽然各有侧重,但终归大同小异,真正实现技术创新,发展特色服务的还比较少。要想有所突破,进一步满足农村信息化建设的需要,就要独辟蹊径,与互联网企业合作,探索出一条能够真正服务于"三农"的农村信息化道路。

3) 同垂直搜索引擎一样,相对于综合搜索引擎来讲,农业搜索引擎虽然有很多的优势,但用户还没有养成使用习惯,另外,这些网站的知名度还不足以让用户了解。因此,农业搜索引擎要拥有特定的用户群,除了提高检索质量外,还需适当的宣传。同时,由于我国农村地区的信息硬件(电信覆盖、网络支撑、计算机普及等)配置还相对滞后,而农业搜索引擎的很大一部分服务对象也是农户,因此,其利用也面临一些尴尬,还有很多农民享受不到农业搜索引擎提供的便捷。因此,还应加强农业搜索引擎的其他服务,使越来越多的农业用户可以受益。

第二节 农业搜索引擎应用效果对比

目前,除了百度、谷歌等综合搜索引擎外,满足不同专业需求的专业搜索引擎也应运而生,如医学搜索引擎、学术搜索引擎、网站搜索引擎等。在我国,随着近年国家对"三农"问题的关注以及农村网络用户的增加,搜索引擎在农业领域的应用也越来越广,诸如中国搜农、农搜等专业农业搜索引擎也相继投入实际应用。

综合搜索引擎经过 20 多年的发展已经达到了很高的水平,其搜索结果基本上可以满足用户需求,且这些搜索引擎的性能仍在根据用户的需要在进行不断地优化。由于处于发展的前期阶段,在我国已投入使用的农业搜索引擎尚存在不完善的地方,至今还没有形成像谷歌或百度在综合搜索引擎中具有领先地位的主导农业搜索引擎。有学者认为综合搜索引擎已经可以满足农业领域搜索的需要,没有必要发展专业的农业搜索引擎;而一些涉农学者认为农业搜索引擎是专门针对农业领域而开发,并由有丰富农业知识的专业人员进行优化,故通过农业搜索引擎查询到的信息会更直接、更快捷、更专业。基于此,本节试图对不同搜索引擎在农业领域的应用效果进行对比,以显示发展专业农业搜索引擎的必要性,并针对综合搜索引擎的优势为农业专业搜索引擎的发展提出改进建议,期望我国的农业搜索引擎能更好地为我国的"三农"服务。

一、指标、方法及设备

(一)测评指标

搜索引擎的测评与比较方法是随着搜索引擎的发展而兴起的。1973年美国学者兰开斯特(Lancaster)和法延(Fayen)曾列出六项衡量信息检索系统的评价指标,即覆盖范围(coverage)、查全率(recall ratio)、查准率(precision ratio)、响应时间(response time)、用户负担(user effort)和检索结果输出格式(format output)。由于这些指标是30年前提出的,并且针对的是传统联机检索系统,因此在应用过程中也受到了一些学者的质疑,大多数质疑是针对各个指标的片面性与不确定性。随后很多学者也对这些指标进行过修正,然而却始终逃不出这些基本评测指标的范畴。在参考以前学者关于搜索引擎测评和比较的指标的基础上,本研究设定的测评指标由两类构成,即特征评价类和定量测度类。特征评价类包括数据库规模和范围、收录信息的类型和质量、数据库更新速度、检索功能、检索结果内容、检索结果排序和界面美观情况等。定量测度类包括搜索用时、信息量、查全率、查准率、死链率和重复率等。

(二)数据采集方法

研究中选取的搜索引擎分别是谷歌、百度和中国搜农。根据测评指标的分类属性,引擎特征评价类的信息分别来源于各搜索引擎网站,定量测度类指标的数据采集采取了如下的方法:①通过反复测试,选定农业领域的测评关键词。本文选定的关键词为"苹果价格"、"玉米供求"和"奶牛养殖技术"。②在对每个关键词进行搜索时,尽可能缩短三个引擎的搜索时差,以减少因搜索时间的不同导致的时间因素误差。③针对每个关键词,同时开展三个引擎搜索结果的数据记录和整理。一般而言,搜索用时和信息量可以从搜索结果中直接获取,而其他指标数据则需通过后面的步骤才能得到。④考虑到用户查阅搜索信息,通常只看前几条或前几页,故研究中对搜索结果只取前 100 条信息,并按每 10 条信息为一个步长,分别对搜索引擎的查全率、查准率、死链率和重复率等指标进行数据采集和计算。

(三) 数据采集设备

数据采集设备为联想 PC 台式电脑,CPU 为 Intel™ Core™ 2 Quad CPU Q6600 @ 2.40GHz,硬盘为 Seagate Barracuda 7200.11 500820 500GB,内存为 3G,操作系统为 Microsoft Windows XP Professional SP3 简体中文版,浏览器为 IE7.0。

二、搜索效果对比分析

(一) 不同搜索引擎的特点对比

谷歌作为目前世界范围内应用市场最广的搜索引擎,自然有其独特之处。与大多数其他搜索引擎的区别在于:谷歌只显示相关的网页,其正文指向的链接包含所输入的所有关键词,并且还对网页关键词的接近度进行分析。坚持通过接近度的计算,计算综合得分来决定排名先后,而不利用商业手段来影响结果排名,使得谷歌取得了广大网民的赞誉和信任。谷歌搜索引擎既可以进行关键字搜索,也可进行分类搜索,界面下主要有视频、图片、生活、地图、财经、翻译、265 导航、图书、资讯等 34 个类目。谷歌搜索引擎属全文搜索引擎,是一个在互联网上搜索信息的简单快捷的工具。

百度是世界上最大的中文搜索引擎,并且其网页每天都在以几十万的数量递增。百度采用三环架构采集器对互联网的海量信息保持实时采集和更新,对重要的中文网页实行每天更新,确保用户检索信息的全面性和新颖性。同时,百度采用基于字词结合的信息处理方式,巧妙解决了中文信息的理解问题,极大地提高了搜索的准确性和查全率。另外,百度的智能相关度算法采用了基于内容和基于超链分析相结合的方法进行相关度评价,能够客观分析网页所包含的信息,从而最大限度保证了检索结果相关性。百度搜索引擎可以进行关键字和分类搜索,其分类非常细化,有新闻、网页、贴吧、知道、MP3、图片、视频、影视、百科、娱乐等57个类目,对视频、音频的搜索效果突出,在中文搜索中具有不可替代的地位。

中国搜农是由中国科学院合肥智能机械研究所研发出来的专业农业搜索引擎。该引擎采用了基于网页主体内容的索引,并通过学习推荐机制实时记录用户访问、完成数据预处理并生成推荐集合。中国搜农从复杂自适应系统角度,建立了全新的复杂自适应搜索模型,基本实现了Web信息处理工作的自动化。中国搜农在支持计算机Web搜索的同时,还支持手机、电视(IPTV、信息机)等多种网络接入设备搜索服务。同时该搜索引擎采用数据挖掘、语义计算等人工智能前沿技术,建立了针对农业企业、农民协会、农民专业合作社等不同需求的"个性化信息精准推送平台",实现农村信息服务的智能化与傻瓜化。中国搜农主要提供供求搜索、价格搜索、价格分析、市场动态、农业技术、农业视频、农业新闻、通用搜索八大类的搜索。其中通用搜索主要是通过对各大搜索引擎的搜索结果进行汇总再排序,可以进行通常意义上的搜索,从种类上讲,应该归于元搜索引擎。另外还有涉农网站的分类链接,并可根据农产品的目录进行分类搜索。该网站具有价格、供求趋势、供应和需求的可视化搜索,这是该网站的一大特色,是其他搜索引擎所不具备的功能。

上述三个搜索引擎的主要特点见表3—1。

表3—1　不同搜索引擎的特点

特征指标		谷歌	百度	中国搜农
数据库规模和范围		可对80多亿网页进行搜索	超过百亿的中文网页数据库	
收录信息的类型和质量		Web、图片、Usenet、文本、视频、音频等，属全文搜索引擎	Web、MP3、文档、地图、传情、影视等，属全文搜索引擎	Web信息
数据库更新速度		根据该网站的等级不同有快慢之分，总体更新速度比不上百度	可以在7天之内完成网页的更新，是目前更新时间最快的中文搜索引擎	不同类型数据更新速度不一样，价格、供求每天更新，有些根据情况更新
检索功能	布尔逻辑	AND、OR、NOT	与、或	不支持
	大小写	默认全小写	默认全小写	—
	高级检索	"+"、"—"、"intitle:"、"site:"、"link:"、"allinurl:"	已支持"+"、"—"、"｜"、"intitle:"、"site:"、"link:"	不支持
	精确检索	" "	" "、《 》	不支持
	多语种检索	结果采用35种语言，界面可用100多种	简体中文、部分英文	简体中文
	二次检索或其他检索	支持二次检索，语音搜索，相关网页，相似网页，关键词提示及纠错。有"手气不错"快速链接	支持二次检索，主流的中文编码标准，能在不同编码之间转换。支持相关检索、关键词提示及纠错、中文人名识别、简繁体中文自动转换、网页预览	提供可视化搜索、涉农网站搜索、目录搜索、时间限定搜索。还支持手机、电视（IPTV、信息机）等多种网络接入设备搜索服务

续表

特征指标	谷歌	百度	中国搜农
检索结果内容	结果显示标题、摘要、URL及网页字节数,网页快照、类似网页	标题、摘要、URL、文件大小、索引日期、文件创建或更新日期、网页快照	搜索类型、标题、内容摘要、发布日期、信息来源、链接、信息采集日期、快照,网页rank指数
检索结果排序	按照关键词的接近度确定搜索结果的先后次序,优先考虑关键词较为接近的结果	百度的主要商业模式为竞价排名。运用超链分析分析网页的质量	具有不同的排序方式:时间排序和相似度排序,用户可根据需要选择
界面美观	简约、便于操作	简约、便于操作	简约、便于操作

(二) 搜索用时及信息量

本研究所统计的搜索用时和信息量是指各个搜索引擎搜索结果页面上显示的信息条数与搜索用时。百度和谷歌都是直接在搜索框里输入关键词,然后搜索的。中国搜农将搜索分成了条目,在中国搜农中,"苹果价格"是在价格搜索条目下进行搜索,"玉米供求"是在供求搜索下进行搜索,"奶牛养殖技术"是在农业技术下进行搜索。

表3—2为不同搜索引擎搜索用时及信息量的对比。从表3—2可以看出,百度在信息量和搜索用时方面表现较优,谷歌在搜索用时上略显逊色,中国搜农则在信息量上略显不足。一般来讲,只要搜索用时在1秒以内,对用户而言是感觉不到差距的。中国搜农与前两者信息量上的差距,一方面是谷歌和百度在搜索引擎中的地位及其发展历史的必然体现,另一方面是因为中国搜农对搜索的条目进行了细化,比如"苹果价格"的搜索是在"价格搜索"条目下搜索的,而在其他条目下存在的诸如价格趋势分析、价格新闻以及其他许多无实质意义的价格信息已被排除在外。

表 3—2　不同搜索引擎搜索用时及信息量

关键词	搜索时间	搜索引擎	信息量（条）	搜索用时（s）
苹果价格	2009年4月2日下午 15：30～15：40	谷歌	397 000	0.237
		百度	4 380 000	0.061 6
		中国搜农	7 348	0.190 7
玉米供求	2009年4月2日晚上 21：15～21：22	谷歌	1 260 000	0.188
		百度	884 000	0.041 5
		中国搜农	4 784	0.123 3
奶牛养殖技术	2009年4月3日上午 09：00～09：10	谷歌	313 000	0.14
		百度	491 000	0.028 1
		中国搜农	56 211	0.179 8

（三）查准率、死链率、重复率和查全率对比

本研究中的查准率是指搜索结果中与搜索关键词相关的农业搜索结果的信息数占选取的搜索结果的信息总数的比例（不计死链结果，但包括重复结果）。比如，"苹果价格"搜索结果中，凡是指水果中的苹果价格，不论是其态势分析，还是相关新闻都算作查准的信息。需要特别说明的是中国搜农的搜索结果充分体现了苹果实际价格的结果。死链率是指无法链接或无法打开的网页数目占选取的搜索结果的信息总数的比例。由于工作量的关系，本文中的重复率一律以网页地址是否重复来计算，而非内容的重复。本研究中的查全率是指将每个网站前100条搜索结果中的查准信息减去重复的查准信息，再除以三个引擎查准信息的并集结果条数。数据采集结果见表3—3。关键词为"苹果价格"、"玉米供求"和"奶牛养殖技术"各引擎的查准率情况分别如图3—1、图3—2和图3—3。

表3—3 不同搜索引擎的查准率、死链率、重复率和查全率

关键词	搜索引擎	查准率	死链率	重复率	查全率
苹果价格	谷歌	8/10，18/20，26/30，35/40，45/50，53/60，59/70，67/80，74/90，81/100	0/10，0/20，1/30，1/40，1/50，2/60，2/70，2/80，3/90，3/100	0/10，0/20，0/30，0/40，0/50，0/60，0/70，1/80，1/90，1/100	80/220
	百度	4/10，4/20，6/30，9/40，16/50，20/60，25/70，29/80，35/90，40/100	0/10，0/20，0/30，0/40，0/50，1/60，1/70，2/80，2/90，2/100	0/10，0/20，0/30，0/40，0/50，0/60，0/70，0/80，0/90，0/100	40/220
	中国搜农	10/10，20/20，30/30，40/40，50/50，60/60，70/70，80/80，90/90，100/100	0/10，0/20，0/30，0/40，0/50，0/60，0/70，0/80，0/90，0/100	0/10，0/20，0/30，0/40，0/50，0/60，0/70，0/80，0/90，0/100	100/220
玉米供求	谷歌	10/10，20/20，28/30，38/40，48/50，58/60，67/70，76/80，86/90，95/100	0/10，0/20，0/30，0/40，0/50，0/60，0/70，1/80，1/90，2/100	0/10，0/20，0/30，0/40，0/50，0/60，0/70，0/80，0/90，0/100	95/242
	百度	9/10，18/20，27/30，36/40，46/50，55/60，63/70，71/80，79/90，88/100	1/10，2/20，3/30，4/40，4/50，4/60，5/70，6/80，8/90，8/100	0/10，0/20，0/30，0/40，0/50，0/60，0/70，0/80，0/90，0/100	88/242
	中国搜农	8/10，18/20，24/30，31/40，35/50，40/60，46/70，50/80，59/90，66/100	0/10，0/20，4/30，5/40，10/50，15/60，19/70，23/80，23/90，23/100	0/10，0/20，0/30，0/40，0/50，8/60，8/70，9/80，9/90，9/100	62/242

续表

关键词	搜索引擎	查准率	死链率	重复率	查全率
奶牛养殖技术	谷歌	9/10, 19/20, 29/30, 39/40, 48/50, 58/60, 67/70, 76/80, 85/90, 95/100	1/10, 1/20, 1/30, 1/40, 2/50, 2/60, 3/70, 3/80, 4/90, 4/100	0/10, 0/20, 0/30, 1/40, 5/50, 5/60, 8/70, 10/80, 12/90, 13/100	85/249
	百度	10/10, 20/20, 30/30, 39/40, 49/50, 58/60, 67/70, 75/80, 84/90, 94/100	0/10, 0/20, 0/30, 1/40, 1/50, 2/60, 3/70, 4/80, 5/90, 5/100	0/10, 0/20, 0/30, 1/40, 1/50, 3/60, 3/70, 3/80, 3/90, 4/100	91/249
	中国搜农	8/10, 17/20, 24/30, 29/40, 38/50, 47/60, 56/70, 65/80, 75/90, 80/100	2/10, 3/20, 6/30, 11/40, 12/50, 13/60, 14/70, 15/80, 15/90, 20/100	0/10, 0/20, 1/30, 1/40, 1/50, 1/60, 1/70, 1/80, 1/90, 2/100	79/249

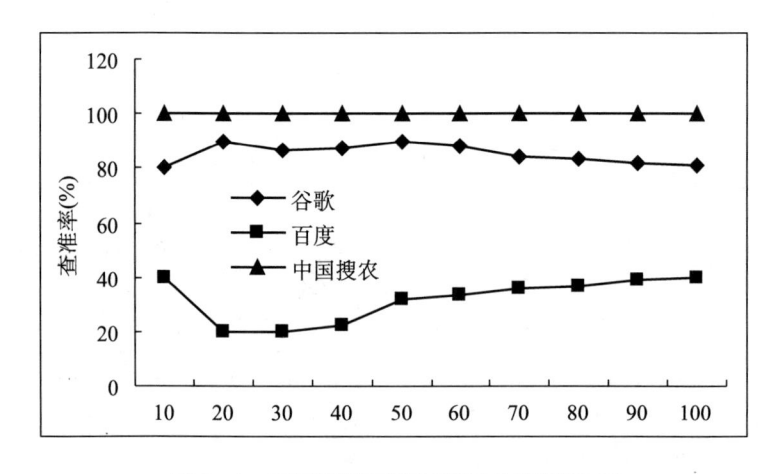

图3—1 不同搜索引擎的"苹果价格"查准率

从表3—3、图3—1、图3—2和图3—3可以看出,各个搜索引擎在查准率方面的表现各不相同。就"苹果价格"而言,中国搜农的效果更突出一些,主要体现在它是从很多农业网站上获取不同地方不同市场的价格信息,然后按照时间顺序进行排列,用户可根据需要实时、动态地获得不同交易场所最近一周或最近一月的苹果价格信息,且这些价格信息每天更新,具有很强的时效性和实用性。由于信息是按细化后的结果显示,而不是链接到网页,故其查准率是100%。而百度和谷歌就不同了,由于很多商家用"苹果"注册了电子产品和其他商品的商标,它们的搜索结果中

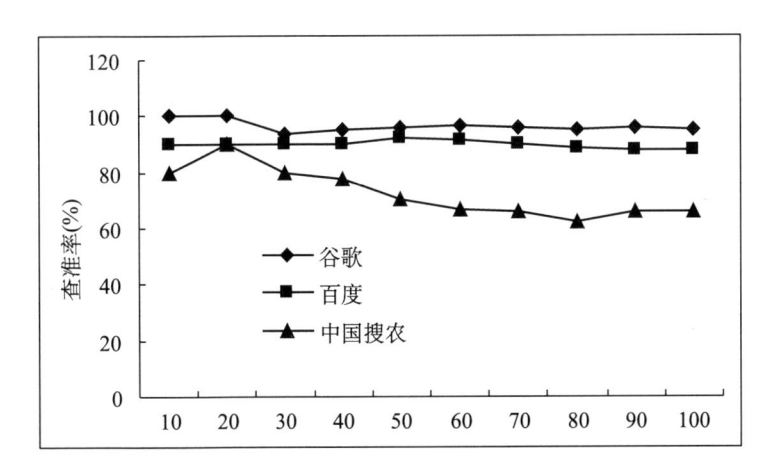

图3—2 不同搜索引擎的"玉米供求"查准率

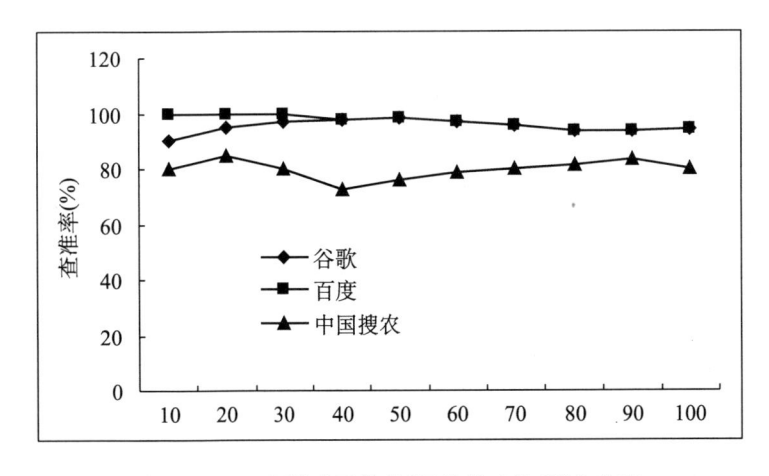

图3—3 不同搜索引擎的"奶牛养殖技术"查准率

含有很多非农业信息的"苹果价格",查准率较中国搜农相对逊色一些。谷歌是严格按照相关度排名,其查准率还是比较满意的。而百度的搜索结果则包含了大量的非农业"苹果价格"信息,大多数是商家的网站。从谷歌和百度的查准信息看,大多数是以苹果价格的走势等新闻或分析为内容,而非苹果本身的实际价格。对农户而言,要找到想要的信息,还需要在结果中再次挑选。另外,谷歌和百度在网页信息的时效性上也远远比不上中国搜农,很多网页都是很久以前的信息,最远的可以追溯到十年左右的时间。从"苹果价格"搜索看,中国搜农在农产品价格的搜索方面是很有优势的。

从"玉米供求"和"农业养殖技术"的搜索结果看,谷歌和百度的查准率较中国搜农略高,其原因在于"玉米供求"和"农业养殖技术"都属于农业专业词汇,一般情况下不会与其他非农信息有关联,尤其是"玉米供求"并没有限定供和求的行为,凡是涉及供求趋势变化的都算作查准。中国搜农的查准率相对不高,但其详细的供求信息分类便于用户根据需求查询,且所提供的信息具有很高的时效性。从死链率和重复率看,谷歌和百度较中国搜农呈现出一定的优势,这是两个搜索引擎得到广泛认可的主要原因之一,也是其他后来的搜索引擎应该多加学习的。但在搜索中发现,谷歌和百度搜索结果中来源于不同网站的内容重复率相对较高,这是搜索引擎在以后的研发和改进过程中应注意的问题。中国搜农死链率较高是导致其查准率下降的主要原因,建议中国搜农今后应在去除死链网站的技术方面作些改进。

从查全率看,各引擎之间的差异也较为显著。谷歌、百度和中国搜农关于"苹果价格"的查全率分别为36.36%、18.18%和45.45%,中国搜农最优,谷歌次之,百度表现较差。"玉米供求"查全率谷歌为39.26%,百度为36.36%,中国搜农仅25.62%。"农业养殖技术"查全率三者差异不显著,谷歌为34.14%,百度为36.55%,中国搜农为31.73%。

三、对比结论

从各搜索引擎基本特征和发展趋势看,谷歌和百度等通用搜索引擎已历经多年的研发、修改、扩展和实践应用,其发展趋势已呈现出明显的分类细化和专业化特征。中国搜农属于农业专业搜索引擎,它的研发和推出顺应了大型通用搜索引擎的发展趋势,未来具有可被融入大型通用搜索引擎的潜能。

从各搜索引擎定量对比结果看,三个引擎在农业领域的应用效果是有差别的。谷歌和百度在搜索功能、搜索结果稳定程度、信息量等方面较中国搜农有一定优势,居搜索引擎领头地位,得到了网民的广泛认可,具有名牌效应。但在内容的专业化、搜索结果的时效性方面尚较欠缺。中国搜农在农产品价格以及信息时效性等方面较谷歌、百度有明显优势,其可视化搜索更是独具特色。未来中国搜农在搜索功能、性能稳定性等方面需向谷歌和百度学习。

参 考 文 献

[1] Bar-Ilan,J.,M,Mat-Hassan, M. Levene 2006. Methods for Comparing Rankings of Search Engine Results. *Computer Network*, Vol. 50, pp. 1448-1463.

[2] Bharat,K.,A. Broder 1998. A Technique for Measuring the Relative Size and Overlap of Public Web Search Engines. *Computer Networks and ESDN System*, Vol. 30, pp. 379-388.

[3] http://202.127.45.55:7001/pub/agri/ztzl/xxgzjyjl/dsjnywzfzlt/t20081201_1182046.htm.

[4] http://news.newhua.com/news1/Eval_net/2008/721/0872193327K33411E38AAKEBHF41A7HFE1IB07A609KJDGG47G8G03D.html?It=common.

[5] http://tech.sina.com.cn/s/s/2005-08-12/1643692182.shtml.

[6] http://www.pconline.com.cn/pcedu/pingce/0603/764722.html.

[7] http://www.se-express.com/9238/se09.htm.

[8] http://www.sogou.com/labs/paper/Liuyiqun_et_al_JoS07.pdf.

[9] http://www.wangchao.net.cn/bbsdetail_835580.html.

[10] Lake, M. J.,C. Wendin, L. Bezuayehu,李海译:"第2届搜索引擎评测",《电

子与电脑》,1997 年第 10 期,第 84～91 页。

[11] 樊景超、周国民、周义桃:"基于 SDD 改进算法的中文农业搜索引擎的研究",载中国农业工程学会:《2005 年学术年会论文集》,2005 年,第 565～568 页。

[12] 郭来德、刘辉林、刘兰哲等:"农业信息搜索引擎设计与实现",《河北工程大学学报(自然科学版)》,2007 年第 3 期,第 35～41 页。

[13] 胡焱彬:"基于 Internet 环境的中文搜索引擎的评价",《新视角》,2005 年第 11 期,第 223～224 页。

[14] 黄亚明、何钦成:"Internet 英文生物医学检索引擎性能评价——用层次分析法建立搜索引擎评价指标体系",《医学情报工作》,2004 年第 2 期,第 100～103 页。

[15] 蒋伟伟:"基于 CCSI 模型的搜索引擎评价研究",《情报科学》,2007 年第 25 期,第 1659～1663 页。

[16] 雷万保、梁平等:"基于结果集相关度的搜索引擎评价模型",《情报杂志》,2007 年第 2 期,第 621～623 页。

[17] 罗德一:"农业分类搜索引擎及其分类体系研究综述",《湖北经济学院学报(人文社会科学版)》,2009 年第 9 期,第 78～79 页。

[18] 罗丽姗:"垂直搜索引擎发展概述",《图书馆学研究》,2006 年第 12 期,第 68～71 页。

[19] 马红:"搜索引擎的评价体系研究",《农业图书情报学刊》,2008 年第 20 期,第 96～99 页。

[20] 邰峻:"网络搜索引擎的评价与选择",《科学之友》,2006 年第 2 期,第 85～87 页。

[21] 王宁、毛垣生:"水平和垂直搜索引擎的比较与应用实践",《图书馆工作与研究》,2009 年第 12 期,第 70～71 页。

[22] 王忠、周士波:"Internet 英文搜索引擎评析",《情报学报》,1999 年第 18 期,第 492～498 页。

[23] 吴婷、肖健华:"基于 AHP 的搜索引擎评价方法研究",《现代情报》,2008 年第 8 期,第 148～150 页。

[24] 徐芳:"Google 学术搜索引擎与跨库检索系统的功能对比",《图书馆学研究》,2008 年第 2 期,第 72～74 页。

[25] 杨鸿雁、尚俊平、徐延华等:"农业专业搜索引擎建设探讨",《农业图书情报学刊》,2005 年第 4 期,第 83～84 页。

[26] 杨苏彬:"学术搜索引擎 Google Scholar 与国产百度的比较研究",《农业网络信息》,2008 年第 2 期,第 96～97 页。

[27] 杨惟名:"从'集合器'时代向'过滤器'时代的展望",《青年科学》,2009 年第 2 期,第 116 页。

[28] 章成敏、章成志:"国外农业搜索引擎评析",《农业网络信息》,2004年第11期,第31~34页。
[29] 张磊:"搜索引擎综述",《泰州科技》,2008年第8期,第33~37页。
[30] 周国民、樊景超、周义桃:"基于SDD算法的中文农业搜索引擎设计与实现",《农业图书情报学刊》,2008年第11期,第48~50页。
[31] 周凯、李芳、盛焕烨:"基于向量空间模型的中文搜索引擎评测系统研究与实现",《计算机应用研究》,2007年第24期,第16~19页。
[32] 周鹏:"农业搜索引擎系统的关键技术研究"(硕士论文),首都师范大学,2009年。
[33] 周鹏、吴华瑞、赵春江等:"基于Nutch农业搜索引擎的研究与设计",《计算机工程与设计》,2009年第3期,第610~612页。
[34] 周瑛、董大钧、曹伟平等:"网上医学搜索引擎评析",《情报科学》,2000年第18期,第953~955页。

(本章执笔人:刘艳华、徐勇)

第四章 农业网站协同与用户信息获取

第一节 农业网站发展现状分析

一、农业网站现状

农业互联网络建设是实现"数字农业"的基础工作之一,也是建设农业现代化、加快农业结构战略性调整的一股重要支撑力量。目前农业互联网络在我国发展迅猛,其发展状况及趋势研究也日益受到人们的关注。近几年各级政府部门也纷纷加大了对农业信息网站建设的重视程度,农业信息网站建设起步虽晚,但发展速度却非常之快。早在2007年,农业部就出台了《全国农业和农村信息化建设总体框架(2007~2015)》,为农业网站的发展提供了政策上的鼓励和支持,与此同时,农业相关从业者对农业信息化的认识也在逐步提高,在这种背景下,农业网站再次呈现出了迅猛的发展浪潮。

据统计,目前农业网站的建设已经进入了快速发展期,调查资料显示:农业网站的站点数目在2009年1~8月有着显著的增长,总数达到近3万家,八个月内增加了8 183家,增长率达到38.0%,远远高于全国互联网站平均增长速度。从这一点来看,农业网站的发展并没有受到金融危机的打击。这主要是由于政府加大了对农业网站的建设力度,同时各农业企业也寄希望于通过建立网站引入电子商务来降低经营成本。同时,随着农业网站数目的增长,农村地区互联网基础设施的不断完善以及农民收入水平的不断提高,更多的农民开始具备上网条件,整个农业类网站的站点流量也保持着一定的增长,截止到2009年8月31日,全行业每天的独立访客和页面浏览数分别达到 342 626 人和 1 206 324 次,相比 2009 年 1 月 1 日的统计结果,这两项数据分别增加了 15.1% 和 19.4%。

目前国内农业网站主要集中在北京和主要沿海省份,西部地区农业网站数量较少,山东、北京、浙江、江苏、广东为前五位,其总和就占全国总数的一半多。农村网民规模不断壮大,但当前农村类信息网站的用户比例仍然较低,网络等信息化手段助农促农作用还有待深挖。CNNIC 的最新调查显示,2009 年访问农业、农村类网站的网民数为 4 529 万,占总数的 13.4%。而在农村网民中,半年内访问过涉农网站的仅有 14.8%。农、林、牧、渔劳动者访问农村、农业类网站的比例略高,为 42.7%,也不及半数。针对访问过涉农网站的网民,CNNIC 继续调查查找农资信息、查找种植养殖信息、查找农产品供求信息这三种应用行为的比重,结果显示,三种应用的使用比例分别为 41.6%、40.4% 和 39.6%。从 CNNIC 的报告中可以得出结论,当前农村地区信息化水平在逐步提高,农业产业化的网络平台建设在加快,通过信息化辅助农业生产、农民增收的措施也在不断深化。但是目前农村类信息网站的用户比例仍然不高,网络等信息化手段助农促农作用还有待深挖。

通过上网访问大量农业站点,观察得到,目前我国农业网站提供的信息内容和行业主要涉及农业政策法规、农业新闻、农业科技、市场信息、分析预测、农村实用技术、农业气象信息、招商引资、供求信息等内容,基本上涵盖了农业的各个方面。具体分类方法见表 4—1。

目前通用的分类方法是依据网站属性来划分,这里介绍比较典型的四大类属性分类法。

(1) 政府网站

大多数是以中国农业信息网为龙头,由农业部及全国各省、直辖市农业厅(局)主办政府网站,一般及时发布农民关心的热点问题、政策措施,新闻性比较强,时效性较好,而且网站制作精良、内容丰富,综合信息较多。而由地县、乡镇主办的网站制作较为简单,但特色鲜明,如"蔬菜之乡"、"竹乡"等。目前,由各级政府主办的农业网站约 714 家,全国 31 个

表 4—1 农业信息网站分类

分类标准	类目	子类目
按地理区域	中国	北京市 天津市 河北省 山西省 内蒙古自治区 辽宁省 吉林省 黑龙江省 上海市 江苏省 浙江省 安徽省 福建省 江西省 山东省 河南省 湖北省 湖南省 广东省 广西壮族自治区 海南省 广州市 四川省 贵州省 云南省 西藏自治区 重庆市 陕西省 甘肃省 青海省 宁夏回族自治区 新疆维吾尔自治区 香港 澳门 台湾
	其他国家	美国 加拿大 英国 荷兰 俄罗斯 日本 以色列 印度 等
	国际组织	UN FAO UNDP CGIAR 等
按属性		政府网 科技网 教育网 企业公司网 综合信息网 新闻媒体网 社会学术团体网 图书馆网 其他网
按主要内容	科技教育	科学技术 专业教育 实用技术 新产品新技术 科普与推广 图书馆 博物馆 生物技术 人才信息
	信息技术	电子期刊 数据库 软件 出版物 网络论坛 搜索引擎 网络服务 其他
	政策与管理	新闻动态 政策法规 组织机构 动植物检疫 农药管理 兽药监察 绿色食品 扶贫开发 科技管理 其他
	市场信息	供求热线 市场行情 商业贸易 批发市场 电子商务 企业信息 产品信息 招商引资 金融 其他
	分析预测	经济分析预测 农情 疫情 咨询 其他
	气象与环境	气象 保护地栽培 设施园艺 草地与湿地管理 可持续发展农业 生态 其他
按涉农行业	涉农行业	旅游农业 水利 林业 海洋 网络与信息技术 其他
	种植业	粮食 油 棉花 麻 豆 茶 烟草 蔬菜 水果 其他
	特种种植业	草药 食用菌 特种粮 土特产 其他
	畜牧业	畜牧兽医 牛 猪 羊 鸡 鸭 其他
	特种养殖业	蜂 蚕 蝎 鹿 狗 宠物 其他
	种业	畜种 禽种 作物种 草种 其他
	水产业	鱼 虾 贝 藻 其他

续表

分类标准	类目	子类目
按涉农行业	农垦	热作 其他
	花卉园艺	苗木 草坪 花卉 园艺 观赏园林 其他
	农业生产资料	肥料 农药 兽药 饲料与饲料添加剂 农膜 农资 其他
	工程设备	农机具 渔用设备 畜牧设备 林业机械 农产品保鲜贮藏设备 农产品加工机械 其他
	农副产品加工	食品 饮料 保健品 日用品 工业用品 其他
	植物保护	昆虫与微生物 生物防治 病虫害防治 其他

省市自治区均创办了网站。

(2) 企业网站

由我国各涉农企业建立的网站，一般围绕着企业的经营，强调树立企业形象，以提供农产品、农贸、商务信息为主，信息面较窄，但也有许多具有较强实用价值的农业科技信息。企业公司是农业网站的主力，约占 85.8%。

(3) 科技信息网站

以中国农科院建立的中国农业科技信息网(http://caas.net.cn)为龙头，由国家及地方农业科研单位主办，这类网站以提供科技文献信息、研究成果、学术论文为主体，科技水平高，权威性高。目前我国农业科技部门主办的网站有 295 个，占农业网站的 10.5%。

(4) 行业网站

以提供行业动态、行业标准、专家论坛为主体的社团、学会网，如中国饲料工业信息网。此类网站信息资源针对性强，学术水平高。国内涉农网站主要集中在公司企业所建立的自我宣传网站，占国内农业网站的 85.8%；农业政府部门对农业网站给予了相当多的关注，建立的网站数量有明显的增长，占国内农业网站总数的 9%；农业科研机构建立的网站数量，仅占国内涉农网站总数的 3.7%。这与广大用户对农业科技信息日益增长的需求形成了强烈反差。

二、农业网站的质量与问题

尽管无论从行业站点数还是行业流量来看,农业网站都取得了很大的进步,但在这些耀眼农业类网站整体数据的背后,依然能够看到某些不足。

第一,农业类网站的绝对数量和规模仍然很少,数量仅占全国所有网站的3.8%,这与农业产值占国民生产总值11.3%的水平并不匹配,与农业现代化的要求也相距甚远。规模较大的如中国农业信息网、中国农网等,有上百个页面,信息量在百兆以上,但这种网站在Internet上所占的比例很小。多数农业网站仍处于初建阶段,往往只有几页,信息量不足10兆,轻点几下,整个网站就一览无余了。在现有的农业网站中,几乎没有一家农业网站具备类似门户网站等综合网站的社会知名度,即使在农业领域,能让农村干部和农业专家挂在嘴边的农业网站,也寥寥无几。另外,国外的科研部门和大专院校网站通常是主要的农业信息资料来源,相比之下,我国科研部门和大专院校的潜力还未得到充分发挥,数千个农业科研机构建设的网站仅为国内网站总数的10%。以中国农业信息网为首的农业部行政网站已链接全国各省级行政网站,初步形成从中央到地方的信息体系,但省级科教网站仍处于散兵作战阶段,缺乏整体规模效益。而除了政府机构、教学科研单位所建的网站外,其实更多的网站是涉农企业为树立自身形象、推出新产品、进一步建立网上商务关系而建立起来的企业网站,真正以提供农业科技信息为目的,为农业的教学、科研、生产及经营服务的专业网站只占少数。

第二,农业类网站的地域分布依然很不均衡,呈现出明显的地域差别。绝大多数的农业类站点都集中在北京、上海等整体经济对农业依存度不高的地区,而在农业占经济总量比重较大的中、西部地区,农业类网站所占份额却较小。尽管互联网的开放性和全局性能够在一定程度上弥补网站在地域分布上的问题,但随着农业产业结构的不断深化调整,不同地区的农业从业者所需求的农业信息必然各有不同,而本地网站在了解当地情况和提供相应信息方面无疑更具优势。毕竟北京的网站很难了解贵州农村的确切信息。网站地域分布不均衡意味着中西部农业从业者很难在网上找到符合本地区实际情况的信息。

第三,信息重复多,缺乏针对性。我国的农业网站在内容建设上普遍存在着一定程度的重复、区域性不强、没有针对性等问题。一种是由于缺乏统一规划而造成的重复建设问题,例如许多网站都设有"政策法规"栏目,其内容一般都包括中国《农业法》、《种子法》等重复信息内容。另一种则是由于网络信息的易复制性,许多网站都采用"拿来主义",直接复制其他农业网站的信息并进行发布。此外,网络信息资源中除政府部门的农业信息网站比较有权威性外,其他的网站大都只是信息的简单堆积,尤其是缺乏有价值的信息分析和对未来农业经济形势的预测,不能较好地分析农产品的生产和市场状况,农业信息服务与农户的生产和利益缺乏紧密联系和针对性,对农业市场的供求信息传播不够,信息资源开发利用的深度不够,与本地农业直接相关的信息比重小。

第四,农业信息标准不统一,资源难以共享。我国农业信息资源分布在不同的领域和部门,由于缺乏统一的农业信息标准规范,各管理主体都是根据自身工作需要来确定信息源、信息采集方式和表达方式。不同来源的农业信息由于缺乏规范,因而失去了交流和共享的基础。同时农业管理部门之间、部门与生产销售部门之间,纷繁复杂的信息也难以实现资源共享,信息交流常常受阻,难以开发和整合跨部门的农业信息资源。另外,我国农业信息采集标准低,指标体系不健全,对农业信息体系内部各信息采集渠道缺乏合理的整合和规范,这些都影响了信息更新的及时性和准确性。

第五,页面设计单调,缺少互动。在线交流能力方面,网站用户的参与渠道尚不够健全,多停留在表格下载的层面上。大多数农业网站只是相应机构的信息发布平台,没有形成以客户为中心、以服务为宗旨的网站平台。农业网站静态的页面多,动态的少,缺乏网外网站导航;信息规范化、标准化程度差,站点不够生动,缺乏个性和专业特色;数据库多为文本型的,涉及的领域也比较狭窄,多媒体信息和全文数据库更少,信息开放性和共享程度低,数据库的利用率没有得到充分发挥。由于各种因素决定了农业信息网站的维护人员在数量和技术水平等方面均逊于商业网站,因而农业信息网站在网页设计、布局安排、美工等方面与主流网站相比仍有一定差距。

第六,网站服务层次低,时效性差。大部分农业网站充其量只是信息"传声筒",还处在罗列发布信息阶段,简单地把农业信息挂在网上便草草了事,没有大型数据库作依托,更没有智能化的专家系统帮助用户进行信息选择和取舍,用户上网后往往只能顺着信息提供者的意图进行网上浏览。于广大农民的需求而言,这种低层次的服务是远远不够的。农业类网站版面信息更新慢,没有达到一个实用农业信息发布平台的作用与功效,没有满足相应市场与农业管理部门及农户的需求。很多涉农类网站所发布的信息都是时效性较差的政策性规章与旧的新闻,而时效性强的市场信息相应太少。

第七,农民信息意识薄弱,网站利用率不高。目前农业网站的独立访客整体数量太小,与每日超过一亿的农业相关从业者的网民数量差距甚大,这说明大多数农业网民并不访问自己所在行业的网站。而平均每个站点每天只有不到50次的页面访问数,远远低于全国的平均水平,说明农业类站点还需要进一步提升网站结构的合理性和内容的可读性。与此同时,大多数农民很难了解、接触到农业网站,即使了解接触到了,却又受自身文化素质及当地通讯状况等诸多因素限制,难以真正实现网上遨游,使农业网站真正成为农民掌握科技、依靠科技发家致富的帮手。此外,仅有的少数农业信息科技人才大多集中在大城市的科研院所和高等院校,许多市、县缺少懂农业信息技术的专门人才,基层乡镇、村一级农业信息人才更是奇缺。

第八,资金投入少,赢利能力差。我国农业网站在建设之初本着"免费为农服务"的原则,着重于社会效益的取得和扩大,资金投入以扶持为主。目前,各地农业网站建设投入尚没有正式的渠道,大都采取临时措施,或从其他支农资金中筹集,不仅总量不足,而且难以得到保证。这是制约农业网站进一步发展的主要因素之一。同时由于缺乏实际可行的农业网站赢利模式,国内农业网站普遍存在赢利能力差的现象。没有门户网站(如网易、新浪等)、旅游电子商务网站(如携程、易龙等)那样的独特赢利模式,投资回报率低。由于赢利能力差,缺乏对投资者的吸引力,造成网站后续投入少,严重影响了中国农业网站的发展进程。

第九,制度不健全。首先,我国农业电子商务制度不完善。一方面,行业电子商务规则尚待制定,电子商务的运行还不能囊括现实生活中的全部交易过程,电子支付有待完善。当前,通过农业电子商务网站开展的农产品贸易,也只能运作到草签合约的阶段。另一方面,农业网站缺乏规范的网络信用约束机制。目前在网上发布信息,只需免费登记一个会员名,即可无约束地发布各种信息,这就很难保证信息的真实性和可靠性,有的网站甚至成了网上骗子借机行骗的"温床"。因此,如何确保农业信息的真实性和可靠性,如何保证农业电子商务合同顺利执行,保证电子签名和电子合同的法律效力等,是当前农业网站急需解决的问题。其次,网络安全制度不健全。网络安全问题与生俱来,既有内源性的,也有外源性的。内源性问题来自网站本身,许多单位重网络建设、轻安全措施,重投入、轻管理,对网站安全没有给予足够重视,没有采取必要的安全技术手段,例如:使用没能得到足够技术支持的非法软件,信息备份措施不完善、网站安全措施不到位等;系统管理及维护人员的误操作、计算机软硬件设备故障、保密信息的泄漏、网络事故、电源安全等。外源性问题则主要来自网站外部,如:计算机黑客的入侵、网络病毒的泛滥等。

概括起来,农业网站普遍存在如下的问题:产品信息更新不及时,信息重复,所提供的技术方法过时或者没有实际价值,政策信息不准确;网站所属组织名气不大;网站制作粗制滥造,导航混乱,栏目分类不科学,信息标准不统一,等等。

三、农业网站的发展策略与趋势

根据我国农业网站发展和经济社会发展现状,现提出如下建议。

(1)集中力量,加强政府在农业网站建设中的作用及加强农业网站的自身建设

首先,重点扶持几个综合性农业网站,使用虚拟技术做好信息导航。重点扶持的对象应当是具备相当规模的,集农业信息资源与电子商务等多功能服务于一体的,信息齐全、能量强大的综合性农业网站,尤其是扶持已经获得国家批准的信息化工程项目,大力开发信息资源。同时通过使用虚拟技术,避免站点大量重复建立,大幅度降低资金投入,充分发挥重点网站的资源优势和技术优势,实现信息资源的优化配置。其次,多发展具有电子商务功能的专业信息网站及商务网站。如各类农产品信息网、蔬菜瓜果类信息网、花卉种苗信息网等,必须在选准市场及对路产品、经营厂商和客户的基础上,开办电子商务业务,抢占农业网站的制高点。第三,走联合发展的道路,实现优势互补。安徽农网(www.ahnw.gov.cn)就是这方面的典范。安徽农网以网络设施和技术都较发达的安徽气象网为依托,由安徽省气象局主办,安徽省农业信息网络中心承办,由近30家省级涉农部门共同合作建设,已成为各级政府指导农村产业结构调整和农业产业化发展的重要工具,成为涉农企业宣传推广产品和技术的最佳媒体及农村农民了解与获取信息的重要渠道。它还是唯一经安徽省人民政府审批、面向全省广大农村的综合经济信息专业服务网络。其网页制作水平和网络信息资源的开发利用水平较高,用户点击率高,更新速度快,农产品价格与供求信息基本做到实时更新。第四,充分发挥政府的作用,通过创造良好的政策环境推动其快速发展。具体措施有:政府要高度重视农业信息体系建设工作,并建立强有力的领导体系;政府要统筹规划,加强宏观领导,专门设立农业信息化工作部门和服务机构,制定科学的建设规划,实现农业信息资源的共享;政府要敦促各级地方政府配合农业信息网络体系建设,并提供必要的帮助,在政府的

协调下，整合农、林、水、牧业、国土、农机、农资、供销、农企、气象、科研院校以及电信、通信等多部门的资源，实现资源共享，以提高农业信息、资源的全面性、时效性、科学性及可用性；发挥政府财政的主渠道作用，加大投入力度，加快建设政府主导的农业信息网络体系。

（2）优化信息资源，加强数据库的建设，加强农业专家系统建设

数据库是网站市场竞争中可以克敌制胜的法宝，是网上信息资源的重要组成及支撑。目前，处于竞争优势的网站有两类：一类是上规模的综合性大网站，一类是拥有高度专业化优势的专门性网站，它们的共同点都是拥有大规模的数据库。如"北京农业信息"（www.agri.ac.cn）已在网上运行10个自行研制的数据库，包括农业专家查询、农业政策法规、设施栽培库等，其经验值得借鉴。因此，加强数据库的建设迫在眉睫。首先，应提倡联合建库。用统一的标准和模式，采用全国统一规划、分片采集加工信息、统一入库的方式建库，避免交叉重复，力争在全国范围内建成一个上下左右贯通联络、快速有效的农业大网络系统。其次，国家应将有限的资金集中投入。本着愈上规模愈支持、愈有效应愈奖励的原则，扶持有实力、有长远策略的集团型信息服务机构，发展数据库产业，壮大网络信息资源。第三，推进产业化、商品化进程。加强数据库建设的针对性，建设一系列特色数据库，增强其实用性，从而推进数据库建设的产业化进程。彻底走出信息资源"免费"、"无偿"的误区，使数据库开发利用走上有偿使用—扩大生产—维护更新—服务社会的良性循环轨道。第四，加强农业多媒体数据库建设。多媒体技术可以将十分复杂的农业技术，以极为简单、易懂、易学的方式表现出来，它具有传播速度快、覆盖面广、形象逼真、易于操作等特点，是农民、农业科技推广人员和各级政府部门传播推广实用技术，普及农业科学知识的先进手段。第五，网站要及时更新数据库信息。对动态信息内容应实时更新，对静态信息内容应专人维护，对内部信息应加强管理，对外部信息应做好导航，不断扩大网站的信息量和查询范围，提高网站信息的利用率、检索功能和服务水平。

（3）保证网站要有稳定的资金来源

网站的运营与管理需要一定的资金支持,除非是有政府或者有科研项目资助的公益性网站,其他网站都需要考虑采取一定的赢利方式,进行市场化运营。其实在现有注册的农业网站中,有很多网站开始办得轰轰烈烈,但后来却逐渐夭折了,主要原因在于不以赢利为目标,发展动力不足,同时网站维护也需要持续的资金支持。市场经济规律告诉我们,要想做好农业网站,使农业网站不断发展壮大,更好地为"三农"服务,就必须要改变农业网站的运营机制,让农业网站走到市场中去,那么农业网站的市场化运营就是必然趋势。市场化运营的具体措施包括:首先,网站需要逐步转变成经营实体,随着信息市场的不断完善,逐渐壮大成为独立于信息供给方和需求方之外的第三方即信息经纪人集团,在良好的市场环境下依市场规律,凭借自身优势,为信息供需双方服务,获得经济收益。其次,找准自身定位,创新企业网站运营模式,要将目前以行政指导为主,公益开发为主的模式逐步转变为以契约的约束联合为主,有偿、公益开发并举的模式。第三,需要明确赢利点。赢利的方式可以为广告、销售产品、有偿提供各种信息、技术资源等,也可以为农民或涉农科技人员或企业提供平台,允许其发布自家信息。甚至可以采取对会员开展线下活动,如聚会、产品发布会、技术研讨会等来收取会务费,并借机提高人气。

(4) 开发产品,调整服务对象,正确进行网站定位

在农村,真正存在农产品买卖困难的是种养大户、涉农企业、各类农产品生产基地等。考虑到这类群体对信息的迫切需求,同时由于他们比普通农户更具有购买网络终端设备的经济实力,因此可以将种养大户、涉农企业、各类基地作为中国农业网站的重点服务对象,改"广播式"服务为特定对象的"重点"服务,可起到"以点带面"的效果,既可以提高农业网站的整体效益,又可产生大户对普遍农户的带动作用,实现农业网站在广大农村的广泛使用。同时,根据不同市场的需求差异,可以有针对性地生产多品种、系列化的农业信息产品,并采取不同的促销手段。另外,由于农业生产有其特殊性,比如地域性很强,易受气候、季节的影响等,农业生产技术也会因地域、季节不同而异,因而应根据用户需求和本地自然资源特

色进行信息资源的搜集,从中开发出具有本地化、专业化、多样化特点的农业信息产品。此外,在建站之初就要做好全站规划,明确所建网站的主题是什么,给自己的网站一个明确的定位。只有详细规划,找准立足点,才能够办出具有自己特色并有清晰发展规划的农业网站。目前农业网站中以提供农产品供求信息或涉农企业信息为主的网站为大多数。提供农产品报价及行情分析的网站并不多,但此类网站访问量却极高,反映出市场对此方面需求比较多。另外,能提供农民务工信息的网站也不多,这方面也是一个市场空缺,如果能提供此类信息,网站访问量肯定会有所提高。

(5) 增加互动栏目,提高质量,优化功能,加强网站的竞争力

网站应开辟互动栏目,安排专门部门负责跟进,将其建成用户与专家进行技术讨论、解决技术难题的在线阵地,用户与用户、用户与企业交换意见、解决问题的窗口。互动栏目应及时收集、整理农民和用户在具体运用实践中所反馈回来的信息,了解用户对产品的需求和意见建议,并将其传递给研究者,为科研人员确定研究课题、转化科技成果提供重要依据。同时,网站可以通过互动栏目,与用户建立长期的、紧密的、一对一的联系,为用户提供定制的、个性化的供应策略,提高客户满意度。在这方面,"浙江农网"(www.zjnw.gov.cn)的"专家咨询"、"中国农业科技信息网"(www.cast.net.cn)的"科技咨询"、"北京城乡经济信息网"(www.bjaginfo.gov.cn)的"你问我答"等栏目都很成功。同时,农业网站必须建立科学的信息采集网络系统,强化网站的信息采集工作。为了解决国内农业网站之间信息相对孤立的问题,可以通过数据共享模式来增大国内农业网站的信息量,并建立功能强大的在线搜索引擎,提高访问者的信息使用效率。事实上随着各地农业经济的快速发展,农业网站仅仅提供信息服务已远远不能满足农业发展的需要,必须实现农业网站服务功能的转型,即通过信息服务—技术服务—商务服务的转型路径,优化网站功能,实现"电子农务"与"农业电子商务"共进。有条件的农业网站还可以增加视频、音频格式的技术信息和商务信息,开设直观、实用的视

频、音频交易谈判系统,增加商务功能,实现在线交易,大幅度增加农业网站的浏览量,提升网站的应用价值。地市以下农业网站不要大而全,要突出地方特色,以当地农业生产的产前、产中和产后所需信息为重点,并引进推广农业生产(引入 3S 技术)、流通(具备决策功能)信息管理系统,使农业网络真正在农民、农村、农业中发挥作用,产生效益。

(6) 制定农业信息标准,规范农业信息,实现信息资源的交流共享

农业信息标准编制应遵循信息标准的编制原则,并优先贯彻执行国家标准,等同或等效采用国际标准和国外先进标准,研究制定适合于我国信息农业发展的农业信息标准化准则。农业信息标准化的内容包括:①农业信息术语标准;②农业信息分类与编码标准;③农业信息技术标准;④农业信息管理标准。要根据全国统一的网络技术标准,并参照国际技术标准,做到研究开发与使用标准统一,采用具有信息采集、存储、分析预测、传输、发布以及便捷的检索查询功能的农业信息应用软件系统。要在名词术语、数据格式、数据编码、数据采集、数据质量、数据管理等方面建立统一标准和规范,充分实现公共数据信息在网络上的共享。同时还要建立相关的法律法规及相关政策,保证农业信息网络标准统一和信息安全,为我国农业信息体系建设创造良好的发展环境。

(7) 农业信息分类及查询要科学化,版面布局人性化

从整体农业网站来看,农业资源分类方式繁多,没有形成统一标准,不仅自身信息难以管理,而且也与其他农业网络资源共享困难,利用率低。丰富的信息,也由于缺乏有效的分类、编码与存储管理,用户实际信息利用率只有 61.7%,并且与其他网络资源的共享也存在困难。所以建网站时首先应对农业信息资源按科学的、标准的分类方法进行分类。不仅要从学科、技术方向等角度考虑,还要按信息类别属性进行分类,比如文本类、图形(图像)类、音频类、视频类、动画类等,实现网络农业信息的立体联系。在信息查询与展示方面,可提供更多的浏览检索入口及采用启发式浏览,实现信息与信息之间的链接和自由跳转,突破线性结构,形成多维网状体系。同时,可以让信息展示更加人性化,将用户最常使用的

功能放置于醒目的位置,便于用户的查找及使用。比如可以根据不同农时在主页显示不同的技术资料和相关信息,以指导用户合理使用资源,最大限度发挥信息效用。

(8) 提高网站运行后期维护质量和服务质量

网站建成之后,后期的维护也很重要。要想提高后期维护质量,一是要坚持网站软、硬件维护的持续性;二是信息更新要及时;三是提高网站服务质量;四是加大网站宣传力度。维护方面要有专人负责,网站维护与信息管理人员分开,各司其职,各有所长。网站维护人员要精通计算机技术,保证网站安全性,免于攻击,确保信息访问地址固定;信息管理人员要懂农业技术,清楚信息的价值及分类。另外要有稳定准确的信息来源,可以自己采集,从传统媒体中录入,转载其他网站,或者有偿收录等。此外,还要提高网站服务质量,提供方便收集网民意见与信息的渠道,快速地对网民所提出的问题进行反馈。网站上应该留下电话、电子邮箱等联系方式,还可以开设论坛、聊天室等模块。有能力的还可以增加一些实时服务系统,比如中国园林网,提供了网上客服专家系统,实时服务性非常好。另外,网站后期宣传也很重要,可以采取各种方式让别人知道你的网站,吸引大家的注意力,提升网站的访问量。

(9) 加快信息人才的培养,提高农民整体素质

在理论水平上,农业网站从业人员要具有强烈的信息意识,有敏锐的洞察力和超前的思维能力,以便及时了解党和政府对农业重大决策的实施,随时预测农业经济和农业科学发展的前景,及时发现农业生产中出现的问题。在知识结构方面,从业人员要掌握农业科学、经济学、文献信息学和计算机科学知识和技能。在人才层次结构方面,既要有跨世纪人才和学科带头人,又要有合理的学历结构、职称结构和年龄结构的专业队伍,逐步培养既懂网络技术又懂农业技术的综合型人才。农业信息服务队伍的建设一方面要加强农村信息队伍建设与培训,政府部门的有关领导、农业科技人员和广大农民要充分利用现有的农业信息基础设施和农业信息资源,学习和掌握先进的农业信息技术,也可以通过短期培训班,

专业技能培训等多种形式,提高他们的信息技术水平和应用能力;另一方面要培养和造就一批农业信息专业技术人才,要加快建立人尽其才、才尽其用的激励机制和竞争机制,通过各种优惠政策,吸引一批素质好、能力强的青年从事农业信息工作,并为他们创造良好的发展环境,培养造就一批高素质的信息专家队伍。此外,还需要加强立法,规范网络行为,才能使我国的农业网站获得良性发展。

(10) 加强立法,规范网络行为

一方面,制定相关的法律法规。我国先后出台了一些相关的法律法规,但还需要制定有关信息公开、信息资源的开发及其管理的组织机构及职责、信息的发布和收集、网络信息安全、电子银行、网络信息保护等方面的法律法规,以确保信息资源的开发利用能遵循统一的规定,确保更多的信息依法向社会和民众开放,规范网络行为。另一方面,农业网站应充分运用有关法律,确保自己的知识产权、合法利益不受侵害,各网站也应加强自律,自觉遵守各项法律法规,规范自己的网上传播行为,才能使我国的农业网站获得良性发展。第三,加强技术防护措施。如设立电子认证机构;大力开发计算机防病毒技术和计算机安全技术,防止不法分子篡改数据;建立安全管理体系,包括安全检测、运行安全、信息安全、计算机安全、人员管理、计算机网络管理以及网络公共秩序安全等等;不断完善密码技术,充分利用电子安全技术,保障农业网站的高效运作。

第二节　农业网站虚拟访问

IT行业正飞速发展,随之总是出现大量新潮词和新概念,农业网站虚拟访问涉及虚拟化的概念,最近几年,虚拟化渐渐成为了行业的新宠,随着技术的发展,大量的服务、硬件、软件都可以被"虚拟化"。在讨论农业网站虚拟访问之前,有必要对虚拟化技术及其作用进行讨论。

第四章　农业网站协同与用户信息获取

一、虚拟化技术进展

(一) 虚拟化的含义

维基百科对"虚拟化"作出了如下定义："在计算领域，虚拟化是一个宽泛的术语，指的是对计算机资源的抽象。虚拟化对其用户，不管是应用程序还是终端用户，隐去了计算资源的物理特性。这包括使一个单一的物理资源（比如一个服务器，一个操作系统，一个应用，或是一个存储设备）表现为多个虚拟资源运行；也包括多个物理资源（比如存储设备或多台服务器）表现为一个单一的虚拟资源……"。从通俗的角度来说虚拟化常常意味着：

- 由一个物理资源创建多个虚拟资源；
- 由一个或多个物理资源创建一个虚拟资源。

在诸如网络、存储、硬件等各种各样的场合，这一术语都被频繁地用于表达上述概念。

(二) 虚拟化的类型

今天，虚拟化这个术语已被广泛地运用于多种概念，其中包括：服务端虚拟化、客户端/桌面/应用程序虚拟化、网络虚拟化、存储虚拟化、服务/应用基础结构虚拟化。在多数场合，将一个物理资源抽象成多个虚拟资源，或者将多个物理资源整合成一个虚拟资源的情况都可能发生。

(1) 服务端虚拟化

服务端虚拟化是以已经树立业界地位的 VMware、Microsoft 以及 Citrix 等公司为代表的虚拟化业界里最活跃的部分。运用服务器虚拟技术，一个物理的机器可以被分成多个虚拟的机器。在这种虚拟化技术的背后，其核心是 hypervisor（虚拟机监视器）的概念。Hypervisor 是很小的一层，它可以拦截操作系统对硬件的调用。Hypervisor 典型的作用是为驻留在其之上的操作系统提供虚拟的 CPU 和内存。这一术语最开始是和 IBM 的 CP-370 一起使用的。

Hypervisor 可以被分成两种类型：

类型1——这一类hypervisor也被称为原生或裸机。它们直接运行在硬件上，虚拟的操作系统又运行在它们之上。这一类的例子包括VMware ESX、Citrix XenServer、Microsoft's Hyper-V。

类型2——这一类hypervisor运行在已有的宿主系统之上，而虚拟的操作系统运行在硬件之上的第三层。这一类例子包括VMware Workstation以及SWSoft's Parallels Desktop。

与第一类hypervisor相关的概念是泛虚拟化（paravirtualization）。泛虚拟化是这样一种技术，软件接口以与底层硬件相似但并不完全一致的方式得以呈现。操作系统必须移植以运行在泛虚拟的hypervisor之上。经修改的操作系统通过泛虚拟的hypervisor所支持的"超级调用"（hypercalls）直接与硬件打交道。流行的Xen项目就是利用了这一类虚拟技术。从3.0版开始Xen也开始支持借助硬件的虚拟化技术，如Intel的VT-x以及AMD的AMD-V。这些扩展使得Xen可以支持原生（未经修改）的操作系统，如微软视窗系统。

对于使用服务端虚拟化技术的公司来说，这项技术带给了他们许许多多的好处，常常提起的就有：

- 提升硬件利用率——带来的结果是硬件的节省，减少了管理的开销，并节约了能源。
- 安全——干净的镜像可用来重建受损的系统。虚拟机也同样可以提供沙盒和隔离来限制可能的攻击。
- 开发——调试和性能监控的用例能够以可重复的方式方便地搭建起来。开发者也可以容易地访问平时在他们的桌面系统上不易安装的操作系统。

相应地，也会有一些潜在的不利因素必须去考虑：

- 安全——如此一来，就有了更多的入口点需要监控，如hypervisor和虚拟网络层。一个损坏的镜像也会随着虚拟技术的运用而传播开去。
- 管理——虽然需要维护的物理机器少了，但机器的总和可能更多了。维护工作对管理员提出了更高的要求，比如需要一些新的技术或者去熟悉一些之前并不需要的软件。

• 许可/成本会计——许多软件许可模式并没有考虑到虚拟化。比如在一台机器上运行四份 Windows 的拷贝也许会分别需要四份许可证。

• 性能——虚拟技术将有效地划分一台物理机器上的资源，比如 RAM 和 CPU 等。再加上 hypervisor 的开销，对于追求性能最大化的环境而言可能这并不是最理想的结果。

（2）应用/桌面虚拟化

虚拟化并不仅仅是一门服务器领域的技术。在客户端，它也大量地运用于桌面以及应用层面。这种虚拟化技术可以细分为四种类别：本地应用虚拟化/流处理、托管应用虚拟化、托管桌面虚拟化、本地桌面虚拟化。而维基百科对应用虚拟化做了如下定义：应用虚拟化是一种软件技术的总称词汇，它通过依赖的底层操作系统对应用程序进行打包，可以更好地管理遗留应用程序及其兼容性。一个完全虚拟化的应用程序不是以传统的方式来安装的，尽管它执行的时候好像仍然是这么回事。应用虚拟化与操作系统虚拟所不同的是，后者是虚拟整个操作系统，而不是只针对特定的应用。

应用虚拟化带来的好处包括：

• 安全——虚拟应用程序通常运行在用户模式从而与 OS 级别的函数隔离开来。

• 管理——虚拟程序的管理和修补都可以在集中的位置进行。

• 遗留支持——通过虚拟技术，遗留应用可以运行于它们初始设计所不支持的现代操作系统之上。

• 获取——虚拟程序可于集中位置随需而装，并提供故障转移与复制备份的功能。

其劣势在于：

• 打包——应用在使用之前必须先被打包。

• 资源——虚拟程序可能会需要更多的资源，诸如存储和 CPU 等。

• 兼容性——并非所有的应用都是可以容易地虚拟化的。

维基百科对桌面虚拟化做了如下定义：

桌面虚拟化（或者虚拟桌面基础结构）是以服务器为中心的计算模型，它借鉴了传统的瘦客户端的模型，但却是为了将这两方面的优点都带给管理员和用户而设计的：拥有在数据中心托管和集中管理桌面虚拟机的能力，同时又带给用户完全的 PC 桌面的体验。

桌面虚拟化带来的好处，大部分也是和应用虚拟化相同的：

• 高可用性——有了复制与容错的托管配置，宕机时间可以最小化。

• 扩展的恢复周期——更大容量的服务器以及有限的客户端 PC 需求可以延长其寿命。

• 多桌面——用户可从同一台客户端 PC 上访问多个桌面套件以进行各种工作。

桌面虚拟的不足之处与服务器虚拟是类似的。在这之上附加的一点就是客户必须要具备网络连接来访问虚拟桌面。对于离线应用这显然成了一个问题，同时也增加了办公室的带宽需求。

最后一部分客户端虚拟化就是本地桌面虚拟。本地桌面虚拟化所带来的好处包括：

• 安全——有了本地虚拟技术组织，可以紧紧锁住和加密虚拟机/虚拟硬盘的有价值的内容。这比加密用户的整个磁盘或操作系统能获得更好的性能。

• 隔离——与安全相关的是隔离。虚拟机允许公司将其内部资产从他们无法控制的第三方机器中隔离出来。这使得雇员可以远程地将个人电脑用于公司用途。

• 开发/遗留支持——本地虚拟化使得用户的电脑能够支持原本在缺少不同的硬件或是宿主操作系统的条件下不能支持的多种配置和环境。这类例子包括在 OS X 的虚拟环境之上运行 Windows 或是在主要的 OS 是 Vista 的机器上进行 Windows 98 的遗留测试。

（3）网络虚拟化

到目前为止,我们所谈的虚拟技术类型是以应用或者整个机器为中心的。然而这并不是可进行虚拟化的唯一粒度级别。其他的一些计算概念同样为它们自身增添了可以软件虚拟化的能力。网络虚拟化正是其中之一。维基百科对网络虚拟化定义如下:在计算领域,网络虚拟化是这样一个过程:将硬件与软件的网络资源与功能组合成一个单一的、基于软件的管理性实体,一个虚拟网络。网络虚拟化涉及平台虚拟化,常常整合了资源虚拟化。网络虚拟化可分为:外部的,将许多网络或网络的各部分组合成一个虚拟单元;内部的,在一个单一的系统上为软件容器提供类似网络的功能。

使用这一术语的内部性定义,桌面和服务器虚拟解决方案提供了宿主与客户机之间以及多个客户机之间的网络访问。在服务器端,虚拟交换机正逐渐作为虚拟层的一部分被接受。不过,网络虚拟化的外部性定义可能是其被使用得最多的一个版本。

网络虚拟化带来的好处包括:
- 定制访问——管理员可以快速地定制访问和网络选项,比如带宽节流以及服务质量。
- 合并——物理网络可以被组合成一个单一的虚拟网络来整体简化管理。

如服务端虚拟化一样,网络虚拟可能增加复杂性、性能开销,对管理员的技能提出更高的要求。

(三)存储虚拟化

维基百科对存储虚拟化的定义是:存储虚拟化指的是将物理存储抽象成逻辑存储的过程。由于有着各种各样提供这一功能的方式,对于存储虚拟化难以做出一个定式的解释。典型地,它提供了以下特性:
- 基于托管并提供特殊设备驱动;
- 数组控制器;
- 网络交换器;
- 独立的网络器件。

存储虚拟化的总体好处在于：

• 迁移——数据可于存储位置间轻易地迁移，并且不会影响以多种方式对虚拟分区的实时访问。

• 利用率——类似于服务端虚拟化，在超负荷或低效率的时候可以平衡存储设备的利用率。

• 管理——许多主机可以利用同一个物理设备的存储，因此便于集中式的管理。

其不足点在于：

• 缺少标准与互操作性——存储虚拟化是一个概念而非一个标准，因此各个供应商之间常常无法进行互操作。

• 元数据——由于有着逻辑与物理位置之间的映射关系，因此对于一个运行的可靠系统来说存储元数据的管理显得极为关键。

• 回冲——同样，逻辑与物理位置之间的映射关系使得虚拟技术下的系统回冲不再是微不足道的过程。

（四）服务/应用基础结构虚拟化

企业级应用程序供应商也开始注意到虚拟化的好处并开始提供相应的解决方案，比如提供允许虚拟化诸如 Apache 等普遍使用的应用的功能，以及提供支持容易地从头开始开发带有虚拟化功能的软件的应用组织（Fabric）平台。

应用基础结构（application infrastructure）虚拟化（有时称为应用组织，application fabric）使应用从物理的 OS 和硬件分离出来。应用程序开发者可以面向虚拟层来编程。由"组织"来处理部署与伸缩等特性。这一过程的精髓在于网格计算向提供虚拟层特性的组织形式的演变。像 Appistry 以及 DataSynapse 这样的公司提供了这些特性：

• 虚拟分布；

• 虚拟处理；

• 动态资源发现。

总之，虚拟化不仅仅是一个关于服务端的概念。这一技术可以被应用于广泛的计算领域,包括各种虚拟化:整个机器,包括服务器和客户端两者、应用程序/桌面、存储、网络、应用基础结构。虚拟技术是以多种不同的方式在演化的,然而其中心主题是围绕着既存领域增进的稳定性,以及加速业界中尚未拥抱虚拟化的部分对其的采纳。

二、农业网站虚拟访问的实质

从虚拟化的视角看,农业网站虚拟访问的实质也是一种网络虚拟化,即通过建立农业信息协同服务平台,将分散的农业网站资源、软硬件资源进行整合,形成一个虚拟的网络,为用户提供一站式农业信息服务。用户不需要了解网站资源的分布与存储情况。

农业网站协同服务的数据来自各个网站,但不同于存储虚拟化。各网站的建立没有统一的管理和策划,逻辑并非成为一体化的,在管理平台、语义和权属都存在着差别。而协同服务的研究是要基于这些分散资源,针对农业信息需求,将资源进行整合,形成一个虚拟的农业信息资源库,即实现信息资源的整合,因此,需要进行各网站资源的远程读取,称作网站虚拟访问。

1)网站虚拟访问涉及不同的网络、不同格式的数据共享问题。由于各网站分布在不同的网络,所以数据的访问涉及跨越不同的网络、不同数据格式。

2)网站虚拟访问需要解决语义的转换问题。因为不同的网站资源语义模型不同,要实现资源之间的整合,需要将模型进行统一。简单的数据共享复制不能解决语义多样化的问题。

3)数据交换格式问题。网站资源的远程读取需要进行数据的传输。以什么样的格式进行传输以保证传输速度、信息质量以及信息安全问题,也是实现协同服务所面临的问题。

4)管理办法与标准规范。农业信息协同服务涉及不同的网站,所以涉及不同建站单位的分工与合作,并要求数据进行规范标准化。在协同服务系统研究实验阶段和投入运行都需要单位的支持。跨多单位、多部门的管理也将成为又一难点。

5）元数据存储与表达。涉及各网站资源元数据表达的数据模型的建构、元数据的采集与存储、语义映射等。元数据存储与表达的质量将直接影响到协同服务的实现。

第三节 用户信息获取通道

信息是市场的灵魂。我国以千家万户为主体的农业生产要适应国内国际统一的大市场，必须有成熟的市场信息传播机制作支撑。农户作为农产品的生产主体及农产品全程质量控制的源头，强化对农户的信息服务，提高农户生产经营中的信息运用水平，对建设社会主义新农村，实现农村小康有重要的现实意义。当代世界经济正在由工业化进入信息化时代，以计算机多媒体、光纤和卫星通讯等技术为主要特征的信息化浪潮正在席卷全球。

近年来，我国农业信息化工作有了较大进展，全国各地在农业信息网络建设、政策与资金扶持等方面做了大量工作并取得一定成效。但是，从大多地区对农业信息资源的利用状况来看，效果并不十分理想。究其原因，一个带有普遍性的问题是农业信息网络推进到县、乡后，如何进村入户遇到了障碍，农业信息得不到广大农户充分有效的接收和利用，因此拓宽用户信息获取通道对指导农业生产具有重要的意义。

一、电视和广播等传统方式

信息作为一种重要的资源，正大量、快速地在世界范围内传播；但目前农业信息网络基础设施建设还比较落后，还不能适应这一趋势。绝大多数农民仍以电视、广播等传统方式作为获取信息的主要渠道，不但信息量小、传播速度慢，而且具有很大的时滞性。同时，农业信息传输渠道不畅，信息发布渠道也偏少；尤其是大量的农业信息不能及时地传递到最需要信息的农民手中。农民应该是农业信息最大、最基层的用户群,可是在农业信息服务向数字化、网络化发展的今天,农民却一直游离于网络和网上农业信息资源之外,这对农业信息化和信息化农业的发展极为不利。

二、互联网和移动互联网获取信息方式

根据中国互联网络信息中心 2010 年 1 月发布的《第 25 次中国互联网络发展状况统计报告》数据显示,截至 2009 年 12 月,我国网民规模达 3.84 亿,增长率为 28.9%。我国手机网民一年增加 1.2 亿,手机上网已成为我国互联网用户的新增长点。受 3G 业务开展的影响,我国手机网民数量迅速增长,规模已达 2.33 亿人,占整体网民的 60.8%。手机和笔记本作为网民上网终端的使用率迅速攀升,互联网随身化、便携化的趋势日益明显。而商务交易类应用的快速增长,也使得中国网络应用更加丰富,经济带动价值更高。

农业信息化的一个重要目标是使广大用户尽可能地获取和利用农业信息。实现农业信息化的一个关键问题是如何花最少的费用获取必需的信息。当前我国农民的收入较低,农村的网络设施环境较差,普及微机和互联网还有很大困难。但手机等移动设备价格相对低廉,移动网络设施也较为完善,因此手机上网可能是短期内解决我国农村获取信息的有效途径之一。目前我国基于 Web 的农业网站发展迅速,但基于移动互联网的网站尤其是农业网站还不多见,研究和开发移动互联网上的农业信息网站也就显得尤为必要。

(一) WAP 的出现

近几年来,Internet 及其应用获得了迅速发展,并带来了信息技术的革命,同时也促进了移动电话等移动通信设备的巨大发展。随着 Internet 的普及,接入 Internet 的个人计算机用户可以极为方便地获取世界各地的网络信息资源,因此移动通信用户对无线电通信设备的信息服务功能提出了更高的要求。在这种市场需求条件下,移动通信网络商们也想办法扩展移动网络,提供更多的功能和无线电信息服务。将移动网络与

Internet 结合起来，利用 Internet 为移动通信用户提供高效率的信息服务是个行之有效的办法。

  为了实现 Internet 与移动网络的集成并抢占无线电通信市场，最初许多厂商纷纷推出自己的互联标准。虽说这在一定程度上满足了移动通信用户的需求，但不同标准之间的不兼容性所导致的弊端也凸显出来。这种形势下，为协调和规范市场上各种各样的技术标准，促进无线网络与 Internet 的互联，WAP 就应运而生了。

  1997 年 6 月，Unwired Planet（Phone.com）、Ericsson、Motorola 和 Nokia 四大通信公司合作，成立了 WAP（Wireless Application Protocol, 无线应用协议）论坛。其宗旨是将 Internet 的海量信息与先进的业务引入到无线电通信设备使用领域中，目标是建立一个能够协调不同无线电网络技术的全球无线协议规范。该论坛成立初期只有 4 名成员，但他们广泛邀请无线行业中的其他伙伴加入，目前已经有了 500 多名成员，拥有全球移动电话 90% 以上的份额，并代表着超过 1 亿用户的电信公司、领先基础设备提供商、软件开发商以及向无线行业提供解决方案的相关机构等。

  WAP 论坛从成立伊始就致力于 WAP 的开发和研究，拟确立一个世界范围内适用的基于 Internet 并为巨大无线市场服务的标准。1997 年 9 月，该论坛发布了 WAP 标准的构架。1998 年 1 月，论坛发动成员建立了 WAP 论坛有限公司（WAP Forum, Ltd.），管理 WAP 协议建立过程中的有关事务。同年 4 月，WAP 论坛发布了 WAP 1.0 版，1999 年 6 月 30 日又发布了 WAP 1.1 版，是年 12 月又推出了 WAP 1.2 版。针对 WAP 开发者和程序员的注册证书在 1999 年 8 月发布，并开始注册服务。2000 年 4 月，WAP 论坛又发布了新的产品证书。2001 年 8 月发布的 WAP 2.0 版克服了 WAP 1.x 版本的很多缺点，最显著的特点便是更加丰富的应用服务和更安全的信息传输。WAP 2.0 将是 WAP 标准迈向世界标准的革命性一步。应用开发商可以使用目前常用的其他互联网应用创造引人注目的移动内容，为无线应用开发人员和移动商务用户提供了极大的便利。新一代的 WAP 2.0 版本与旧的版本相比，WAP 2.0 的新标准结构将继续促进 WAP 和互联网的整合，WAP 2.0 充分融合了 WAP 论坛的最新工作成果、W3C 和 IETE 的标准协议等，将促进移动互联网新应用的更快发展。WAP 2.0 可以显著提高用户体验的新技术主要包括数据同步功能、多媒体信息、稳定的存储界面、Provisioning 以及 Pictograms。此外的 WTA、PUSH 和 UAPROF 也将使 WAP 2.0 具备比以往 WAP 1.x 版本更先进的功能。WAP 2.0 使 WAP 的标识语言 WML 2.0 得到实质性地发展，在新的版本中将可以支持 HTML，并可以使用 CSS，这极大地提高了内容的表现力。

（二）WAP 在中国的发展

早在 2000 年，中国移动就推出了将 GSM 网络与 Internet 网络沟通融合在一起的 WAP 业务，为因特网与移动通信之间架起了一座应用平台。但 WAP 业务最先推出的时候，是中国手机市场起步不久的兴起阶段，语音业务几乎占据着业务的主要份额，连短信业务都还未真正成熟起来，"手机上网"的单纯概念还很难被用户接受。加之较低的数据传输速度、终端功能的限制、用户的初期使用习惯、WAP 地址较高的失败连接等都没能让 WAP 业务得到更进一步的发展。在 2002 年 10 月前，接入 WAP 平台的 SP 只有掌上灵通、移动纳维、讯天、新浪等 20 家左右。

2002 年的 10 月到 2003 年的 7 月，是中国移动 WAP 业务的计费平台完善并正式商用的时期，尽管 WAP 平台逐渐稳定，但受到前期影响和终端方面的局限，运营商并没有大力度地推广 WAP，一些大的 SP 也没有将更多的精力放在当时的 WAP 市场。

值得一提的是，就在 WAP 市场层层迷雾还未散尽时，空中网在 2003 年 2 月的一个"WAP 月收入达到 100 万元"的消息，悄无声息之中令整个行业为之一振。诸多 SP 意识到 WAP 市场的潜力再一次被激发，手机更新换代速度之快，网络状况的改善，让数据业务在短信的刺激下，得到了更进一步的增长。合适的时机带给空中网大力投入之后的显著回报，到 2003 年 6 月，空中网 WAP 月收入达到 200 万元，而 7 月底，中国移动的

WAP月信息费用迅速增长到1 000万元,相比2002年10月前增长了10倍之多。

在中国移动WAP正式商用近一年之后,2003年7月,中国联通的WAP业务开始计费,中国移动开始面临WAP的竞争和市场压力。在吸收了中国移动早期市场上的一些教训和经验之后,基于CDMA1X的网络优势,联通的WAP在业务推广、流量预付费、终端的统一等方面都做得比较完善,WAP市场形成了两大阵营的较量。

中国波浪形的WAP发展轨迹,离不开几个关键因素:网络支持能力的改善;一键上网的便捷性,免去复杂的设置过程(CDMA网络上的WAP更无需开通即可上网);终端性能的提高,处理能力的加强(越来越接近互联网);终端界面更友好;内容应用的增加及服务质量的提升,聊天、游戏、视频体验都开始出现;短信商业模式的成功,导致SP的参与热度增加;运营商的大力支持,业务管理和客服支撑手段相对完善,用户可自行登录网页进行定制和退订等。

(三)WAP工作原理

作为开放性的全球规范,WAP可以使移动用户利用无线电设备方便地访问或交互使用Internet应用信息和服务。在Internet中,一般的协议要求发送大量的主要基于文本的数据,而标准Web内容很难在移动电话、寻呼机之类移动通信设备的小尺寸屏幕上显示。并且HTTP和TCP/IP协议也没有提供针对无线网络的非连续的信号覆盖、长时间的延时以及对有限带宽所进行的优化处理。在Internet中,HTTP协议不是以压缩的二进制方式,而是以效率不高的文本格式发送标题和命令。因此,如果在无线电通信服务中使用普通Internet协议,则会导致速度慢、成本高且难以大规模应用等问题,而且无线电传输的延时还会造成其他一些问题。

为了解决此类问题,WAP进行了很多优化处理。比如,利用二进制传输经过高度压缩的数据,并对长延时和中低带宽进行优化。WAP的会话功能可以处理不连续覆盖问题,并能自动地在IP不可用时改用其他优化协议来进行各种信息传输。通过使用 WML 语言编写网页，WAP 还解决了 Internet 页面不能在移动通信设备上显示的问题。运用 WML 编辑的网页可在手机的微浏览器上产生按钮、图示及超链接等功能，并可提供信息浏览、数据输入、文本和图像显示、表格显示等功能，大大减小了在移动设备上浏览网页内容的复杂程度。

另外，WAP 通过加强网络功能来弥补便携式移动设备本身的缺陷，工作时尽可能少地占用 CPU、内存等移动通信设备的资源。与 Web 对 Internet 的作用一样，WAP 在应用层上隐藏了 GSM 的复杂性，给用户提供了类似于普通 Web 页面的友好性。WAP 还通过使用脚本语言 WMLScript 来使移动通信设备先将信息进行处理后再发给服务器。

WAP 标准下的移动终端均配备了一个微浏览器，该浏览器采用了一种类似于卡片组的工作方式。用户可以通过卡片组来浏览移动网络运营商提供的各项 Web 业务。工作时，移动终端用户首先选择一项业务，该业务会将卡片组下载到移动终端，然后用户就可以在卡片之间往返浏览，并可进行选排或输入信息，以及执行所选择的工作等。而且，浏览到的信息可以高速缓存，以供以后使用，卡片组也可以高速缓存并可做成书签以备快速检索之用。该浏览器同时还对电子名片、日历事件、在线地址簿和其他类型内容的格式提供了相应支持。

在 Internet 中，一般的网页浏览过程是：基于 HTTP 和 TCP/IP 协议的客户机向 URL 所指定的 Web 服务器发出一个请求，Web 服务器收到该请求后，经处理即返回相应的内容至客户端。这个过程中，双方是按照 HTTP 协议进行交互的。客户端发出一个以 HTTP 开头的 URL 请求时，Web 服务器端处理该请求的程序可能是 CGI 程序、静态网页，也可能是 Servlet 程序，甚至可能是其他服务器端的程序，但它们都是以 HTML 格式将相应的内容返回给客户，这样客户就可以在浏览器上看到返回的具体内容。如图 4—1 的 WWW 模型所示，WAP 网络架构由三部分组成，即 WAP 网关、WAP 手机和 WAP 内容服务器。其中，WAP 网关起着"翻译"协议的作用，是联系 GSM 网与 Internet 的桥梁；WAP 内容服务器可以存储大量信息,以供 WAP 手机用户来访问、浏览和查询等;WAP 手机为用户提供了上网用的微浏览器及信息、命令的输入方式等。

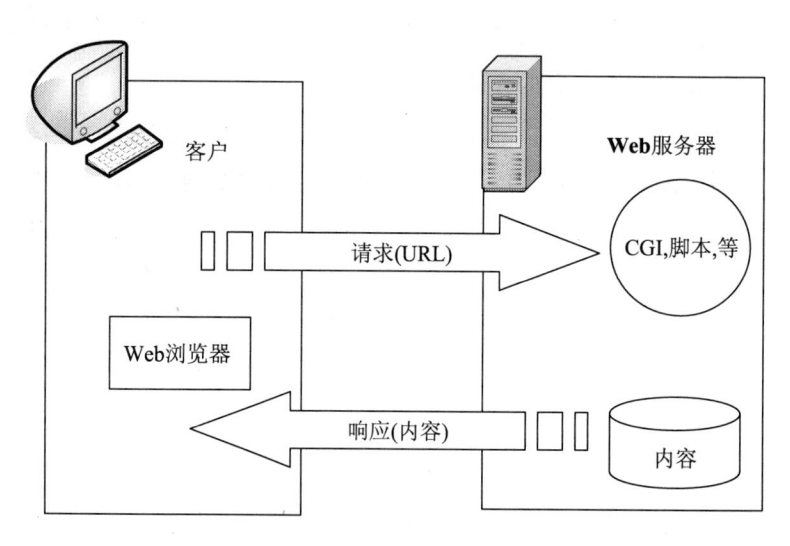

图 4—1　WWW 模型

图 4—2 是 WAP 模型的基本网络架构。当用户从 WAP 手机键入想要访问的 WAP 内容服务器的 URL 后,信号经过无线网络,以 WAP 协议方式发送请求至 WAP 网关,然后经过"翻译"处理,再以 HTTP 协

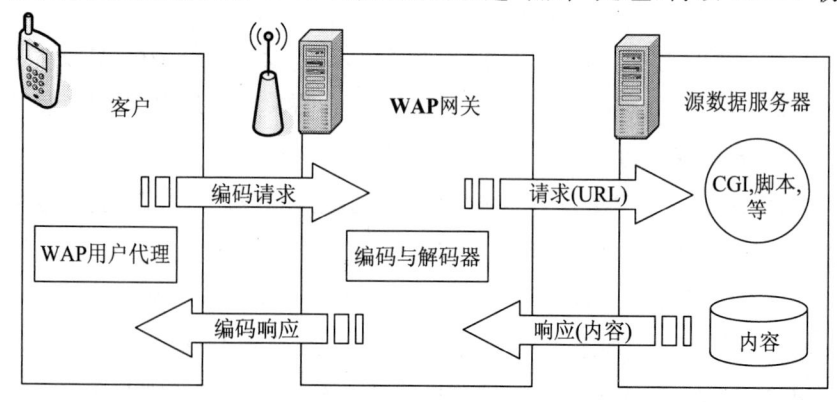

图 4—2　WAP 模型

议方式与 WAP 内容服务器交互，最后 WAP 网关将服务器返回的内容压缩、处理成二进制流，并返回到客户的 WAP 手机屏幕上。编程人员需要解决的问题是编写 WAP 内容服务器上的程序。

与 WWW 模型一样，WAP 也定义了一组旨在促进移动终端与 WAP 内容服务器之间通信的必要配置，主要包括以下几个方面：

• 标准命名模型。WAP 与 WWW 一样，其服务器和内容都是通过 Internet 标准的信息指定方法进行命名。

• 内容键入。主要指 URL 的键入，WAP 建立了与 WWW 一致的内容形式和类型，允许 WAP 用户代理在此基础上进行正确的处理。

• 标准内容格式。WAP 基于 WWW 技术，所用微浏览器也支持一组标准的内容格式，包括 WML 及其脚本语言、图像、日历信息、电子名片甚至涨价幅度等格式。

• 标准协议。WAP 网络协议允许手机中的微浏览器通过 WAP 网关连接到 WAP 内容服务器上，满足了移动终端与网络服务器之间传输信息的要求。

三、语音呼叫系统

以农业、农村、农民的需求为导向，以基层农业部门以及广大农民为服务对象，以农业增效、农民增收为目标，利用农业信息数据资源进行重新整合，采用先进的语音合成技术建立的农业信息语音 110 咨询服务系统，可以避开绝大多数的乡镇、村庄、涉农中小企业缺乏基本网络硬件设施的"瓶颈"障碍。基于目前农村电话普及率较高的现有优势，针对众多不上网的农民，构建一座电话信息交流的桥梁，使得农民用户能够通过电话获得动态信息咨询服务。

农业信息语音 110 服务系统在农业信息与广大农民之间建立起沟通的桥梁，它是一种通过以电话为主的多媒体接入手段，快速、正确地完成信息检索、问题会诊、实时信息查询等综合服务系统。最早的语音咨询系统单纯利用电话向用户提供交互服务。随着科技的进步和信息技术的发展,语音咨询系统所承担的业务也越来越要求多样性和高效性,与客户的沟通手段也扩展为传真、短消息、电子邮件、Web 等。

参 考 文 献

[1] http://www.mobilesoft.cn/.
[2] http://www.nokia.com/.
[3] http://www.openwave.com/.
[4] http://www.winwap.org/.
[5] http://zh.wikipedia.org/.
[6] 曹建:《WAP 编程与开发实例教程》,北京:电子工业出版社,2001 年。
[7] 陈振、曹殿立、梁保松等:"基于主成分分析法的农业信息化评价研究",《河南农业大学学报》,2007 年第 5 期,第 565～568 页。
[8] 韩兴顺、潘海峰、文静华等:"农业信息服务发展水平评价研究",《农机化研究》,2007 年第 10 期,第 20～24 页。
[9] 李智盛、杨四军、张恒敢等:"论中国农业信息化体系的建立与完善",《安徽农业科学》,2006 年第 14 期,第 3544～3546 页。
[10] 刘世宏:"中国农村信息化测度指标体系研究",《图书情报工作》,2007 年第 9 期,第 33～36 页。
[11] 刘小平:"农业信息化对农业发展的影响",《安徽农业科学》,2006 年第 6 期,第 1260～1262 页。
[12] 刘小平:"我国农业信息化的现状及对策思考",《贵州工业大学学报》,2005 年第 2 期,第 57～60 页。
[13] 卢丽娜:"农业信息化测度指标体系的构建",《农业图书情报学刊》,2007 年第 4 期,第 178～183 页。
[14] 陆安祥、赵云龙、秦向阳等:"农村信息化发展测度指标体系研究",《农业网络信息》,2006 年第 12 期,第 50～52 页。
[15] 聂贵洪、李亮宇:"中国农业现代化的组织选择——合作社",《商场现代化》,2007 年第 23 期,第 2～3 页。
[16] 汪翔、张静等:《WAP 建站技术详解与实例》,北京:清华大学出版社,2001 年。
[17] 杨诚、蒋志华:"我国农村信息化评价指标体系构建",《情报杂志》,2009 年第 2 期,第 24～27 页。
[18] 杨雷:"农业信息技术在农业生产中的面临的现状及解决途径探讨",金农网,2006 年。
[19] 杨少军、韩俐:"信息化水平的测评研究",《山东电子》,2003 年第 1 期,第 1～

6页。
[20] 俞守华、区晶莹、黄灏然:"农业信息化评价研究",《农业系统科学与综合研究》,2007年第3期,第285～288、292页。
[21] 张淑芬、徐洪林、庞红:"中国农业信息化建设研究",《现代情报》,2004年第11期,第89～91页。
[22] 张喜才、秦向阳、张兴校:"北京市农村信息化评价指标体系研究",《北京农业职业学院学报》,2008年第1期,第42～46页。
[23] 赵静、王玉平:"国内外农业信息化研究述评",《图书·情报·知识》,2007年第120期,第80～85页。
[24] 赵晓枫、王志嘉、郑光耀:《精通WAP/WML》,北京:科学出版社,2002年。
[25] 中国互联网络信息中心:"第25次中国互联网络发展状况统计报告",2010年。
[26] 周祥、徐万彬:"农村流通现代化的路径:大力发展农村合作组织",《商场现代化》,2007年第23期,第3～4页。
[27] 朱秀珍、陈新添、田笑含等:"我国农业信息化的发展现状·问题·对策",《农机化研究》,2007年第8期,第220～222页。
[28] "WAP的二次浪潮",通信世界网,2004年,http://www.cww.net.cn。

(本章执笔人:王志强、高雅、牛方曲)

中篇 关键技术

第五章 农业信息协同服务关键技术

第一节 概 述

几十年来,我国农业信息技术从无到有,取得了长足的进步,农业信息技术已经应用到农业生产、农业管理以及农业科研的各个方面,现在已经出现了大范围地区性的农业信息化的端倪。农业信息化是农业现代化的必由之路这一科学理念已经被人们所共识。但是,农业信息化正如其他一切前进中的事物一样,我国的农业信息化在前进的道路上存在着很多的问题。

农业是在广域空间从事生命物质生产的一项复杂产业,受到复杂多变的自然条件、社会条件的制约与影响,农产品的多样性、农业生产过程的复杂性、不可控的多种外部制约条件的随机性、生产地域的分散与广阔等诸多因素都是其他行业所不可比拟的。农业系统是一个极其复杂的巨系统,海量的数据、巨额的变量与参数、复杂的结构以及多变的综合机理关系致使构建和管理这个系统存在巨大的困难。随着农业的不断发展,孤立的信息系统已经难以满足需要,农业系统间的整合和互操作是大势所趋。传统农业信息系统由于技术等原因的限制,在系统开发和构建的过程中各成体系,当与其他系统进行集成和数据共享时问题就暴露出来了,主要表现在两个方面。

(1)数据共享困难

一方面,农业信息数据复杂,具有不同于其他信息数据的特点:①门类繁多,覆盖面广,数据量巨大。其中包括农业生产方面的数据,如种植业、畜牧业、养殖业、农产品加工等；包括农业经济方面的数据，如市场价格数据、产量数据、农业人口资源分布数据、乡镇企业数据、经济政策信息数据等；又包括农业资源方面的数据，如土壤类型分布数据、气象数据、生态区划数据、地形地貌数据、水资源数据等；还包括农业科技方面的信息数据等等。②时空动态性强，每种数据都随时间与地域不同而不同，有些数据随时间变化还很快，如农业市场行情、农业自然灾害信息数据等。③数据相互关联关系复杂，农业经济、农业资源、农业科技信息数据与农业生产数据关联密切，相互牵动、相互影响。由于目前我国还没有农业全行业标准，也没有农业信息分类标准和编码。使得目前的农业信息资源的分类比较混乱，这些异构数据源之间很难共享。例如，虽然当前我国农业信息网站已经有 2 200 多个，但其中的大部分相互独立，数据格式繁杂，从而导致资源的浪费和重复投资重复建设。

(2) 系统集成困难

农业系统是一个复杂、综合性的系统，解决一个应用于农业生产或农业管理的实际问题，即使是一个简单的专项性的问题，需要的农业信息技术通常也是多项信息技术的整合集成。传统农业信息系统的开发模式形成了诸多的"信息孤岛"，各个应用之间，各个数据库之间不能有效地实现信息和逻辑的共享，无法沟通兼容，这些都极大地限制了农业信息系统间的集成和互操作。

扩展标记语言 XML 是一种元标记语言，它使用简单灵活的标准格式，提供了一个描述数据和交换数据的有效手段。XML 便于网络传输、高度结构化、具有良好的数据存储格式和可扩展性，可以在许多不同平台和应用程序之间交换数据。XML 提供了一个独立于应用程序的方法来共享数据，即使用 DTD，不同的人就能够使用共同的 DTD 来交换数据。应用程序可以使用这个标准的 DTD 来验证收到的数据是否有效，也可以使用一个 DTD 来验证自己的数据。XML 数据不仅是平台无关的，而且是厂商无关的。它支持世界上大多数文字，因此 XML 不仅能在不同的计算机系统之间交换信息，而且能跨国界和超越不同文化疆界交换信息。

Web Services 是一种新的面向服务的体系结构，它定义了一组标准协议，用于接口定义、方法调用、基于 Internet 的构件注册以及各种应用的实现。同传统的分布式模型相比，Web Services 体系的主要优势在于：

(1) 协议的通用性

Web Services 利用标准的 Internet 协议（如 HTTP、SMTP 等），解决的是面向 Web 的分布式计算；而 CORBA、DCOM、RMI 使用私有的协议，只能解决企业内部的对等实体间的分布式计算。

(2) 完全的平台、语言独立性

Web Services 进行了更高程度的抽象，只要遵守 Web Services 的接口即可进行服务的请求与调用。而 CORBA、DCOM、RMI 等模型要求在对等体系结构间才能进行通信。如 CORBA 需要每个连接点都使用 ORB，DCOM 需要每个连接点都使用 Windows 平台，RMI 需要每个连接点都使用 Java，否则双方就不能通信。

网络的发展使越来越多的企业把系统构建在 Internet/Intranet 环境下。在电子商务市场中，要求所有的参与者都采用同一个基于某种语言和平台的模型是不现实的。而 Web Services 结合了面向组件方法和 Web 技术的优势，利用标准网络协议和 XML 数据格式进行通信，具有良好的适应性和灵活性。在 Internet 这个巨大的虚拟计算环境中，任何支持这些标准的系统都可以被动态定位以及与网络上的其他 Web Services 交互。任何客户都可以调用服务而无论它们处在何处，突破了传统的分布式计算模型在通信、应用范围等方面的限制，允许企业和个人快速、廉价建立和部署全球性应用。基于 Web Services 技术可以方便地实现已有系统、新开发的 Web Services 应用系统的集成。

面向服务架构(service-oriented architecture，SOA)是面向服务思想在架构层次的体现。面向服务思想是面向对象思想的发展与提高，包括面向服务的分析，面向服务的设计以及面向服务的架构、面向服务的开发等方面。面向服务架构以服务作为主要的功能单元，以服务之间的查找、发现、绑定机制作为基本运行机制,是问题域分析与系统设计之间的桥梁。

面向服务架构由两条技术路线汇集而成。一方面,分布计算以及网络系统复杂性的增加促使人们对架构的重视日益提高,并由此促进了架构理论、表达、设计、构件方法以及基于架构的软件工程等方面的研究与实践;另一方面,新的信息技术形式带来的软件复用、软件复杂性、质量控制等问题,加之需求变动更加频繁、业务更加灵活等新的需求形式,促使人们对软件的抽象程度进一步提高,软件模型更加趋近于真实的业务环境(这是驱动面向对象思想技术发展的同一因素),由此从基于构件技术组织应用发展到基于网络服务组织应用。人们开始思考采用更灵活、更经济的方法实现应用系统,面向服务、基于服务编排(甚至是服务自主编排)形成应用系统的思想以及实践构成了最基本的面向服务思想。

Web Services 技术已经被证明是目前最好的实现 SOA 的技术体系和方法。在如今的 SOA 领域,服务是以 Web Services 的形式存在的,服务描述主要是通过 WSDL 定义实现的,而消息传递是通过 SOAP 格式来标准化的。

鉴于 Web Services 和 SOA 技术的优势,把它们应用于农业信息协同服务系统的开发和构建也是农业信息技术发展的必然。

第二节　XML

一、XML 的出现

超文本链接标记语言(HyperText Markup Language,HTML)的出现使 Internet 从简单的文本表示进入了图文并茂的阶段。HTML 来自 SGML(Standard Generalized Markup Language,标准通用标记语言)。在 Web 未发明之前,SGML 就早已存在。正如它的名称所言,SGML 是一种用标记来描述文档资料的通用语言，它包含了一系列的文档类型定义（Document Type Definition，DTD）。DTD 中定义了标记的含义，因而 SGML 的语法是可以扩展的。但 SGML 十分庞大，既不容易学，又不容易使用，在计算机上实现也十分困难。鉴于这些因素，Web 的发明者——欧洲核子物理研究中心的研究人员根据当时（1989 年）计算机技术的能力，提出了 HTML 语言。HTML 只使用 SGML 中很小一部分标记，例如 HTML3.2 定义了 70 种标记。为了便于在计算机上实现，HTML 规定的标记是固定的，即 HTML 语法是不可扩展的，它不需包含 DTD。HTML 这种固定的语法使它易学易用，在计算机上开发 HTML 的浏览器也十分容易。正是由于 HTML 的简单性，使 Web 技术从计算机界走向全社会，走向千家万户，Web 的发展如日中天。

但是，随着网络应用的不断深入，HTML 的局限性也日益暴露出来，主要表现在：

1) HTML 只是一个显示技术，仅提供一种显示信息的方式。它将数据结构与显示指令混在一起，HTML 不能识别数据元素，所以浏览器无法识别具体信息的意义，信息之间的关系被丢失了，因此 HTML 数据很难被再次处理或应用。

2) HTML 使用预先定义好的固定标签集，不允许用户自定义标签。而这在实际应用中有很大的局限性。例如，HTML 中没有有关描述矢量图像的标签，因此在这方面的使用就十分受限制。

3) HTML 文档信息易于人类通过浏览器来进行阅读，但不利于机器读取。Web 浏览器被当做有潜力的应用程序平台，但是为了达到这种目的，HTML 所提供的信息显然不能满足 Java 等技术的需求。通过使用 HTML 这种数据标准，基于 Web 的应用程序更多地依赖于服务器端 CGI 脚本来处理 Web 页中的数据。这会引起大量的 Internet 网络流量，使 Web 速度减慢。

4) HTML 语法要求不严谨，虽然可以令许多不同的浏览器都能解释同一个 HTML 文件，但因此也造成了其他一些问题。如很难用

JavaScript 等编程语言来控制开发动态网页设计。

5) HTML 缺乏完全、一致的 Unicode 支持，因此限制了 HTML 对不同字符集的支持。尽管 HTML 推出了一个又一个新版本，已经有了脚本、表格、帧等表达功能，但始终满足不了不断增长的需求。HTML 过于简单的语法严重地阻碍了用它来表现复杂的内容。此外，这几年来计算机技术的发展也十分迅速，已经可以实现比当初发明创造 HTML 时复杂得多的 Web 浏览器，所以开发一种新的 Web 页面语言既是必要的，也是可能的。有人建议直接使用 SGML 作为 Web 语言，这固然能解决 HTML 遇到的困难，但是 SGML 太庞大了，用户学用不方便尚且不说，要全面实现 SGML 的浏览器就非常困难。于是自然会想到仅使用 SGML 的子集，使新的语言既方便使用又实现容易。正是在这种形势下，Web 标准化组织 W3C 建议使用一种精简的 SGML 版本——XML（Extensible Markup Language，扩展标记语言）。

二、XML 的特点及优越性

（一）XML 文档示例

有三个通用术语用来描述 XML 文档的组成部分：标记、元素和属性。下面是一个 XML 文档样本：

```
<? xml version="1.0" encoding="utf-8" ?>
<address>
  <name>
    <title>Mrs. </title>
    <firstname>Mary</firstname>
    <lastname>McKeon</lastname>
  </name>
  <street>1401 Main Street</street>
  <city state="NC">Anytown</city>
```

＜postcode＞36878＜/postcode＞

　　＜/address＞

标记是左尖括号(＜)和右尖括号(＞)之间的文本。有开始标记(例如＜name＞)和结束标记(例如＜/name＞)。元素是开始标记、结束标记以及位于二者之间的所有内容。在上面的样本中,＜name＞元素包含三个子元素:＜title＞、＜firstname＞和＜lastname＞。属性是一个元素的开始标记中的名称-值对。在该示例中,state 是＜city＞元素的属性;而在前面的示例中,＜state＞是元素。

(二) XML 的主要特点

XML 是一个精简的 SGML,或者说是 SGML 的一种受限形式。它将 SGML 的丰富功能与 HTML 的易用性结合起来。XML 保留了 SGML 的可扩展功能,这使 XML 从根本上有别于 HTML。XML 是一种高灵活性和扩展性的标记语言,实现了信息内容与显示的分开处理,使其成为能广泛应用在 WWW 上的电子文档,XML 主要着重在如何将文件结构化,以便进行资料的交换。因此,XML 可以很容易地用来定义新的应用,而 HTML 是不能实现的。XML 是 SGML 的子集,所以 XML 文件也像其他的 SGML 文件一样可以被解析和验证其有效性。由于 XML 与 HTML 都是 SGML 的进一步衍生,因此有许多相同之处,主要表现在:整个文档由若干个元素组成,而每个元素又可以包含子元素……以此嵌套下去;采用纯文本格式,真正的信息片段,即数据,是以纯文本格式表示的,可以用任意文本编辑器读写;用标签表示信息的类别、标签标记标签之间的信息应如何被处理。

HTML 和 XML 之间在许多方面又有许多不同之处,如表 5—1 所示:XML 便于网络传输、高度结构化、具有良好的数据存储格式和可扩展性,决定了其卓越的性能表现。XML 提供一种标准化、灵活、强大的方法,用于在许多不同平台和应用程序之间交换数据。它作为一种标记语言,有以下特点:

- 简单。XML规范简单明了,由若干规则组成,这些规则可用于创建标记语言,并能用解析程序处理所有新创建的标记语言。
- 开放。XML是SGML在市场上有许多成熟的软件可用来帮助编写、管理等,开放式标准XML的基础是经过验证的标准技术,并针对网络做最佳化。
- 高效且可扩充。支持复用文档片断,使用者可以创建和使用自己的标签,也可与他人共享,可扩展性大,在XML中,可以定义无限量的一组标签。XML提供了一个独立的方法来共享数据,即使用DTD,不同的人就能够使用共同的DTD来交换数据。应用程序可以使用这个标准的DTD来验证收到的数据是否有效,也可以使用一个DTD来验证自己的数据。

表5—1 XML与HTML的区别

比较内容	HTML	XML
可扩展性	不具有扩展性	是源置标语言,可用于定义新的置标语言
侧重点	侧重于如何表现信息	侧重于如何结构化地描述信息
语法要求	不要求标记的嵌套、配对等,不要求标记之间具有一定的顺序	严格要求嵌套、配对,和遵循DTD的树形结构
可读性及可维护性	难于阅读、维护	结构清晰,便于阅读、维护
数据和显示的关系	内容描述与显示方式整合为一体	内容描述与显示方式相分离
保值性	不具有保值性	具有保值性
编辑及浏览工具	已有大量的编辑、浏览工具	编辑、浏览工具尚不成熟

- 平台独立性。XML数据不仅是平台无关的,而且是厂商无关的,正如Java之于程序一样。
- 国际化。标准国际化,且支持世界上大多数文字。这源于依靠它的统一代码的新的编码标准,这种编码标准支持世界上所有以主要语言

编写的混合文本。凡能阅读 XML 语言的软件就能顺利处理这些不同语言字符的任意组合。因此,XML 不仅能在不同的计算机系统之间交换信息,而且能跨国界和超越不同文化疆界交换信息。

(三) XML 的优越性

XML 可用于不同类型系统间的交换格式的传送,简化了从一个应用程序到另一个应用程序之间传递信息的工作。XML 给应用软件赋予了强大的功能和灵活性,给开发者和用户带来许多好处:

• 数据可以被 XML 唯一标识,因此可以实现更有意义的搜索;

• 数据一旦建立,可将 XML 发送到其他应用软件、对象或中间层服务器做进一步处理,或发到客户端浏览器中直接浏览,开发出更灵活的 Web 应用软件;

• XML 能使异构数据库中的数据较易集成;

• 由于 XML 具有扩展性和灵活性的特点,使得它能描述不同种类应用软件中的数据;

• 为实现本地计算和处理,提供了更为便捷的手段;

• 可以根据客户配置、使用者选择和其他标准,将本地 XML 数据动态地表现出来;

• 通过 XML,可以实现数据的粒状更新;

• XML 的开放式基于文本的格式,使得其可以用 HTTP 进行传送,无需对现有网络进行变更;

• XML 实现了内容与显示完全分开,可以进行更加灵活地编程,减少了服务器的工作量,增强了服务器的升级性能;

• 描述数据结构的标签可以重复使用,XML 压缩性能好。

三、XML 的标准体系和相关技术规范

虽然 XML 标准本身简单,但与 XML 相关的标准却种类繁多,W3C 制定的相关标准就有 20 多个,采用 XML 制定的重要的电子商务标准就有 10 多个。XML 相关标准也可分为元语言标准、基础标准、应用标准三个层次,如图 5—1 所示。

1) 元语言标准(Meta-Language):用来描述标准的元语言,在 XML 标准体系中就是 XML 标准,是整个体系的核心,其他 XML 相关标准都是用它制定的或为其服务的。

2) 基础标准(Foundation Standards):这一层次的标准是为 XML 的进一步实用化制定的标准,规定了采用 XML 制定标准时的一些公用特征、方法或规则。如:XML Schema 描述了更加严格地定义 XML 文档的方法,以便可以更自动化地处理 XML 文档;XML Namespace 用于保证 XML DTD 中名字的一致性,以便不同的 DTD 中的名字在需要时可以合并到一个文档中,等等。

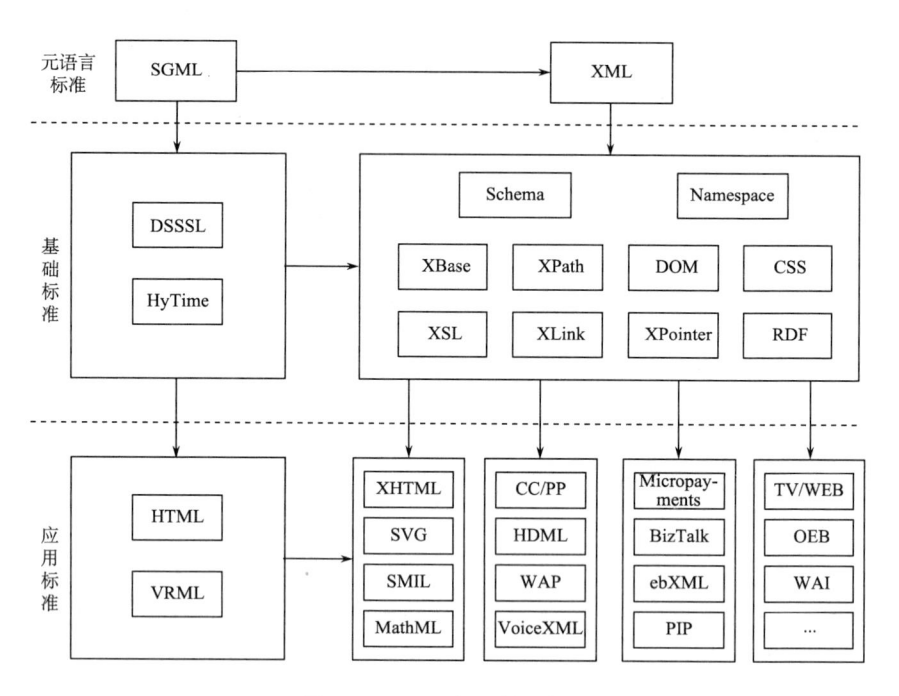

图 5—1 XML 标准体系框架

3) 应用标准(Application Standards):XML 已开始被广泛接受,大量的应用标准,特别是针对 Internet 的应用标准,纷纷采用 XML 进行制定。有人甚至认为，XML 标准是 Internet 时代的 ASCII 标准。在这个 Internet 时代，几乎所有的行业领域都与 Internet 有关。而这些行业一旦与 Internet 发生关系，都必然要有其行业标准，这些标准往往是采用 XML 来制定的。当前较为重要的应用标准主要包括：

• 用于 XML 显示的标准：XHTML（采用 XML 对 HTML 的重新定义）、SVG（有关矢量图形的）、SMIL（有关多媒体同步显示的）、MathML（有关数学公式符号的）；

• 用于移动设备的标准：CC/PP（移动设备的内容协商与信息交换）、HDML（手持设备）、WAP（无线应用设备）、VoiceXML（通过语音进行 Web 访问）；

• 用于电子商务领域的标准：Micropayments（W3C 制定的）、BizTalk（Microsoft 发起的电子商务的 Schema 库）、ebXML（联合国 UN/CEFACT 小组和 OASIS 共同发起的）、PIP（由诸多 IT 业的巨子组成的一个标准化组织 RosettaNet 的应用网络标准）、cXML、xCBL、tpaML 等等；

• 其他领域的标准：TV/Web（WEB 电视）、OEB（电子图书）、WAI（方便残障人进行 Web 访问）。

自从 XML1.0 规范发布之后，XML 的有关技术规范不断涌现。与 XML 有关的重要技术规范包括 DOM、XSL、XLL、XLink、DTD、XML Schema 和 XQuery 等。

1) DOM：围绕 XML 出现的各种标准的应用编程接口（API）对于 XML 应用开发来说无疑是十分重要的。应用开发者可以使用这些标准的接口来获得和设置 XML 文档中的元素、属性、数据内容等。在这些 XML 的应用编程接口中，最重要的是 W3C 制定的 DOM（Document Object Method，文档对象模型）。DOM 是基于文档的树状结构的，它提供了用来表示 XML 文档和 HTML 文档的一组标准的对象。组合这些对象的标准模型，以及存取和操纵它们的一个标准接口。DOM Level 1 于 1998 年 10 月推出，它是 W3C 为 XML 文档和 HTML 文档制定的一个独立于平台和语言的编程接口标准,使得程序和脚本能以标准的方式存取与更新文档的内容、结构和样式。其中,DOM Level 1 的核心(Core)部分提供了能表示结构化文档的一组低层的基本接口集,并定义了用来表示 XML 文档的扩展接口,DOM Level 1 的 HTML 部分在上述基本接口集的基础上定义适用于 HTML 文档的额外的高层接口。DOM Level 2 于 2000 年 11 月推出,它建立在 DOM Level 1 之上,给出了用来创建和操纵文档结构和内容的一组核心接口,并提供一组可选模块,这些模块包含了为 XML、HTML、抽象视图、类属样式表、层叠样式表、文档结构的遍历、Range 对象等特制的专用接口。DOM Level 3 于 2004 年 4 月推出,它增加了用于从 XML 文档文件中加载和保存的 API,集成了 XPath,增加了对验证的支持等等。

2) XSL:XML 的一个最重要的特性是把内容和显示格式分开,这样可以让不同的用户按照各自希望的格式显示同一 XML 文档的内容。这也就意味着 XML 文档本身并没有关于格式方面的信息。为 XML 文档提供格式信息的是 XSL(Extensible Stylesheet Language,样式表),适用于 XML 文档的样式表语言有 XSL 和 CSS2 语言。CSS2 语言既可以用于 HTML 文档,也可以用于 XML 文档;而 XSL 是专为 XML 设计的样式表语言,并采用 XML 语法。XSL 的优势在于它可以用于转换,当然 XSL 也可以把 XML 文档转换为 HTML 格式。而且同一个样式表可以用于多个具有相似源树结构的文档。显示的媒介不仅限于 Web 浏览器,还可以是印在纸上的书和报告等。处理 XSL 样式表的是 XSL 样式表处理器。样式表处理器接受一个 XML 文档或数据以及 XSL 样式表,输出特定样式的显示,其显示格式根据 XSL 样式表确定。这个处理过程分两步进行。首先,从 XML 源树构建一棵结果树;然后翻译结果树,产生作用于显示器或纸或其他媒介的显示。第一步被称为树转换,第二步称为格式化,在 XSL 规范中有详细说明。

3) XLink:XLink 是一种用 XML 元素向 XML 文档中加入链接的机制。它提供了比 HTML 更加灵活的链接机制,不仅支持 HTML 的单向链接,还支持多目的、多方向链接。它甚至还允许链接单独提出来存放在数据库中,或者是单独的文档中。XLink 定义了几种常用的链接形态:Simple、Extended、Group 和 Document。Simple 的用法比较接近在HTML 内 A 标志的用法;Extended 的用法包含 arc 和 locator 的元素,并允许各种种类的扩充链接;Group 和 document 的用法,是让群组链接到一些特别的文件。

4) DTD:DTD(Document Type Definition,文档类型定义)是一套关于标记符的语法规则。它告诉你可以在文档中使用哪些标记符,它们应该按什么次序出现,哪些标记符可以出现于其他标记符中,哪些标记符有属性,等等。DTD 原来是为使用 SGML 开发的,它可以是 XML 文档的一部分,但是它通常是一份单独的文档或者一系列文档。XML 本身并没有一个通用的 DTD,想使用 XML 进行数据交换的行业或组织可以定义它们自己的DTD。DTD 不仅仅用于 XML,还可以用它为任何类型的 SGML 文档创建模式,包括 HTML。DTD 是 Web 标准,任何能处理 XML 文档的浏览器都能对照 DTD 模式来检查文档。XML 允许文档的编写者制定基于信息描述、体现数据之间逻辑关系的自定义标记,确保文档具有较强的易读性、易检索性和清晰的语义。因此,一个完全意义上的 XML 文档不仅仅是"格式良好的"(文档必须包含一个或多个元素,必须包含且仅包含一个根元素),而且还应该是使用了一些自定义标记的"有效的"XML 文档。也就是说,它必须遵守文档类型定义 DTD 中已声明的种种规定。DTD 规定文档的逻辑结构,定义文档的语法。而文档的语法能够让 XML 语法分析程序确认某页面标记使用的合法性,即 DTD 规定了语法分析器用以解释一个"有效的"XML 文档需要知道的所有规则的细节。

5) XML Schema:DTD 作为 XML 1.0 规范的重要组成部分,对于 XML 文档的结构起到了很好的描述作用。但它也有一些缺点,比如它采用了非 XML 的语法规则、语法相当复杂、不支持数据类型、扩展性较差等等。Schema 正好解决了这些问题。Schema 相对于 DTD 的明显好处是 XML Schema 文档本身也是 XML 文档,而不是像 DTD 一样使用自成一体的语法。这就方便了用户和开发者,因为可以使用相同的工具来处理 XML Schema 和其他 XML 信息,而不必专门为 Schema 使用特殊工具。Schema 简单易懂,懂得 XML 语法、规则的人都可以立刻理解它,它具有以下优点:

- 一致性:Schema 使得对 XML 的定义不必再利用一种特定的形式化的语言,而是直接借助 XML 本身的特性,利用 XML 的基本语法规则来定义 XML 文档的结构,使 XML 达到了从内到外的完美统一,也为 XML 的进一步发展奠定了坚实的基础。
- 扩展性:Schema 对 DTD 进行了扩充,引入了数据类型、命名空间,从而使其具备较强的可扩展性。
- 互换性:利用 Schema,我们能够书写 XML 文档以及验证文档的合法性。另外,通过特定的映射机制,还可以将不同的 Schema 进行转换,以实现更高层次的数据交换。
- 规范性:同 DTD 一样,Schema 也提供了一套完整的机制以约束 XML 文档中置标的使用。但相比之下,后者基于 XML,更具有规范性。Schema 利用元素的内容和属性来定义 XML 文档的整体结构,如哪些元素可以出现在文档中、元素间的关系是什么、每个元素有哪些内容和属性以及元素出现的顺序和次数等等。

Schema 文档定义了相应的 XML 文档的规则,以约束其数据元素及其关系。首先,Schema 文档从数据结构和数据类型两方面更严格地约束相应的 XML 文档,它可以定义 DTD 所无法定义的规则。而 DTD 仅从结构上对 XML 文档进行有限的约束。其次,DTD 语言有其独立的语法形式,而 XML Schema 实际上是 XML 语言的一个应用(类似 HTML 与 SGML 语言的关系)。因此,Schema 文档本身就是一个 XML 文档,可以用 XML 工具进行分析。

四、XML 的发展前景

XML 自推出以来,尤其是在 1998 年 2 月成为 W3C 推荐标准以来,受到了广泛的支持。各大软件厂商如 IBM、Microsoft、Oracle、Sun 等都积极支持并参与 XML 的研究和产品化工作，先后推出了支持 XML 的产品或者将改造原有的产品以支持 XML，W3C 也一直致力于完善 XML 的整个理论体系。

　　XML 虽然获得了极大的支持，但是它还有很长的路要走。首先，XML 的规则只是迈出了第一步，还有许多技术细节没有解决。其次，现在虽然出现了一些 XML 工具和应用，但是其市场反应还有待进一步观察。另外如何让更多的人迅速学会使用 XML，并利用它进行开发，进而促进 XML 的应用也是一个问题。因此 XML 的出现和迅猛发展并不意味着 HTML 即将退出互联网舞台，由于 HTML 的易学易用和非常多的工具支持，HTML 将在较长的时间里继续在 Web 舞台上充当主角。但是如果用户想超越 HTML 的范围，XML 将是最佳的选择。

　　另外，由于 XML 是用于定义语言的元语言，任何个人、公司和组织都可以利用它来定义自己的置标语言（通过 DTD 或 Schema 表示），这虽然是 XML 的魅力和灵活性之所在，但同时也是 XML 的最大问题之所在。如果每个人、每个公司和每个组织都定义了自己的置标语言，它们之间的通信就会出现困难。因此在一些领域先后出现了一些标准化组织，它们的任务就是规范本领域的置标语言，形成统一的标准，使得在本领域内的通信成为可能。但在标准推出并得到广泛认可之前，各自为政的局面将继续下去。更糟糕的是，由于对应用的理解不一致和商业利益等原因，同一个领域也许还有多个标准化组织，它们形成的置标语言并不完全兼容，使得采取不同标准的计算机仍然难以通信。

　　无论如何，XML 的出现使互联网跨入了一个新的阶段，它将成为因特网领域中一个重要的开发平台。XML 的诞生已经而且将继续促使全新种类的应用程序的产生，而这些新的应用程序又将需要新的软件和硬件工具。可以预测，无论是在软件还是硬件上，XML 都将开辟一系列的新市场，促成互联网上新的革命。

五、XML 在 GIS 中的应用

(一) GML

地理信息系统(GIS)经过几十年的发展,得到了广泛应用,同时也积累了大量的空间数据。但是,长期以来由于对地理世界的描述缺乏统一的标准,不同的 GIS 软件厂商对同一地理实体或地理现象的描述不一致,而空间数据又宿主于不同的 GIS 软件平台,导致不同格式的空间数据无法无损地共享。尽管各 GIS 软件厂商或其他组织提供了公开的交换文件格式或数据转换标准来进行空间数据的转换,但由于缺少相应的支持工具,而没有被广泛接受。开放地理信息系统协会(OpenGIS Consortium,OGC)提出的地理标记语言(Geography Markup Language,GML)规范为 GIS 空间数据的建模、传输和存储提供了统一的框架。GML 使用 XML 对地理数据进行编码,为开发商和用户提供了一种开放的、中立于任何厂商的地理数据建模框架,使地理信息能够在不同领域、不同部门进行语义共享。由于 GML 建模具有易扩展性、可选择性和 XML 工具的广泛性等特点,基于 GML 的空间数据转换克服了以往任何数据转换存在的缺陷。

GML 是一种用于建模、传输和存储地理及与地理相关信息的 XML 编码语言,它包括了地理要素的空间与非空间特征。GML 建立在 W3C 系列标准之上,以一种互联网上容易共享的方式来描述、表达地理信息,是第一个被 GIS 界广泛接受的元标记语言。GML 一个重要优势就是它能够让开发者或用户非常灵活地使用已被广泛接受的 XML 技术,它建立在 XML、XML Schema、XLink 和 XPointer 基础之上,GML 数据能够很容易地与非空间数据集成使用。GML 主要采用要素(feature)来描述地理实体和地理现象,GML 要素是通过其属性(property)来描述的。OGC 先后推出了 1.0、2.x、3.0 多个版本的 GML,3.2.1 最新版也于 2007 年 8 月发布。GML 3.0 增加了对复杂的几何实体、拓扑、空间参照系统、元数据、时间特征和动态要素等的支持,使其更加适合描述现实世界问题。GML 提供了一套核心模式和一个基于要素属性(feature properties)的简单语义模型。GML 核心模式定义了构建地理要素的基本组件,使用 GML 模型及其模式组件,用户可以在自己的应用模式中定义其问题领域中的地理要素。GML 最常用的核心模式有三个:要素模式(Feature Schema)、几何模式(Geometry Schema)和拓扑模式(Topology Schema)。

1) 要素模式:地理要素包含一系列的空间与非空间属性。要素模式 feature.xsd 为创建 GML 要素和要素集合提供了一个框架,它定义了抽象和具体的要素元素及类型,和以前版本相比,增加了一些新的要素类型及属性,如 BoundedFeatureType、FeatureArrayPropertyType、EnvelopeWithTimePeriodType 等,并通过＜include＞元素引入了几何模式 geometryBasic2d.xsd 和时态模式 temporal.xsd 中的定义和声明。

2) 几何模式:几何模式定义了地理要素的几何类型和属性。GML 2 的几何模式支持的几何基元仅有:Point、LineString、LinearRing、Box、Polygon 及相应的聚合类型:MultiPoint、MultiLineString、MultiPolygon。GML 3.0 支持包括 points、curves、surfaces 及 solids 在内的三维几何模型,在其几何模式中增加许多新的类型,包括:Arc、Circle、CubicSpline、Ring、OrientableCurve、OrientableSurface 及 Solid,还有聚合类型如 MultiPoint、MultiCurve、MultiSurface、MultiSolid 和复合类型如 CompositeCurve、CompositeSurface、CompositeSolid 等。GML 3.0 将其几何模式分为五个文件模式:geometryAggregates.xsd、geometryBasic0d1d.xsd、geometryBasic2d.xsd、geometryPrimitives.xsd、geometryComplexes.xsd,前三个模式中包含了最常用的、与 GML 2 兼容的线性几何组件,后两个模式中包含了最新的非线性几何组件。

3) 拓扑模式:拓扑模式定义了描述几何元素之间拓扑关系的类型和属性,它使用拓扑基元 Node、Edge、Face、Toposolid 以及这些基元之间的关系来构建拓扑关系,拓扑基元通常用来表达几何基元 Point、Curve、Surface、Solid。拓扑基元之间的连接关系主要有:边的公共结点、面的公共边以及三维实体的公共面等。GML 3.0 在拓扑模式 topology.xsd 中对相关的拓扑类型和属性进行了定义，并通过<include>元素引入了复合几何模式 geometryComplexes.xsd 中的定义和声明。

（二）XML 在 WebGIS 中的应用

以现有的 Internet/Intranet 架构为基础，建立基于 B/S 结构的 WebGIS 服务能够充分利用大量的 Web 资源，向广大的 GIS 用户提供更为广泛的地理空间信息服务，这已经成为目前国际 GIS 发展的主要趋势（朱渭宁等，2000）。WebGIS 是 GIS 走向社会化和大众化的有效途径，也是 GIS 发展的必由之路（吴信才等，2000）。WebGIS 基于 B/S 结构，主要是基于 HTML、插件、Applet 等技术。因为 WebGIS 处理的是空间数据，它具有多源性、多语义性、多时空性、多尺度和获取数据手段的复杂性的特点，这就决定了空间数据表达的复杂性与共享的重要性。由于 HTML 语言本身固有的缺陷，如可扩展能力差、语义性差、交互能力差、链接单调等，这些限制严重影响了使用 HTML 开发基于 Web 的高级应用的能力，阻碍了 WebGIS 的进一步发展。HTML 语言对复杂的空间数据的描述也仅仅局限于文本，对图形数据就无能为力了，并且 HTML 无法以结构化的方式来描述空间数据，无法实现 Web 上空间数据的共享和互操作。HTML 对空间信息描述的局限表现在以下几点：

HTML 页面主要擅长数据表现，不能准确地描述数据内部结构的联系。这对于结构非常复杂的空间地理信息数据的查询和整合是不利的，它造成了网上自动搜索或交互数据库的困难。

在传统的 GIS 数据库中存储的是来自不同组织、不同结构的地理信息数据，要想真正做到资源和数据共享、数据的物理分散而逻辑集中，基于 HTML 的 WebGIS 则很难做到。

在实际应用中，一个地理信息系统需要一定层次上的互操作，但 HTML 仅擅长于表达静态的信息，其页面一旦声称，信息处于静态，不能根据用户的实际要求进行动态变化和表达。

HTML 仅给出了所处理对象的显示信息，而没有给出描述对象其他属性的信息，大量可在本地完成的处理工作不得不交由服务器处理，这大大增加了网络流量，影响网络效率。而 GIS 处理的是海量数据，又受到 Internet 的带宽限制，因此要建立快速的响应和传输机制，在满足用户交互操作需求的基础上，需向 WebGIS 用户提供快速的地理信息服务。

WebGIS 需要向用户提供多样化的、直观易懂的图形用户界面，预测客户的请求，动态地、客户化表示数据。而 HTML 元素类型数量固定，无法扩展，仅重于文档的现实。

XML 是一种可扩展的数据描述语言，允许各行业自定义如 HTML 般的标记语言，以方便数据存取、处理、交换、转换等。

基于 XML 的矢量图形格式和各种数据交换格式为克服原有 WebGIS 的缺陷提供了很好的解决方法，XML 在 WebGIS 中的应用不仅仅局限于矢量图形格式，XML 在 GIS 系统中还可以发挥数据存储、交换和表现的重要作用。基于 XML 的图像格式 SVG 使得 Web 上的地图更加富有交互性，而且简化了服务器端的编程技术，克服了 Java Applet 技术内在的缺点。在 WebGIS 中引进 XML，其优越性和作用是十分巨大的，主要表现在以下方面(佟晓峰等，2004)。

有助于实现地理空间数据的标准化、结构化。地理数据可被 XML 唯一地标识，便于网上查询和搜索；便于信息参与数字地球的资源共享，提高 WebGIS 服务的互操作性，减少了服务器和客户之间的频繁交互，从而提高 GIS 用户的互操作速度。

XML 具有数据来源的多样性和多种应用的灵活性、柔韧性和适应性，XML 可以将不同来源结构化的 GIS 数据进行合并、集成，客户获得 XML 数据后，可以用以开发多种形式的 WebGIS 应用软件，也可用于测量、制图、空间分析和地理建模等本地地理计算和二次处理。

由于内容与形式的分离，XML 只描述 GIS 数据本身，数据的具体表现形式可利用样式表语言进行转换，使地理信息能根据客户的配置和实际情况动态地表现。

用 XML 在现有的 Web 上传输 GIS 数据具有可行性，不需要改变网络基础，利用原有的 HTTP 协议，成本低。

XML 具有开放的标准和众多软件公司的支持。由 W3C 制定的 XML 1.1 版已于 2004 年 2 月发布，与处理 XML 相关的语言、接口等部件也由 W3C 统一提供标准。微软、网景和众多数据库软件国际企业已经并将继续为 XML 提供支持和服务。OGC 也制订了用于 WebGIS 的一个基于 XML 的语言——GML。

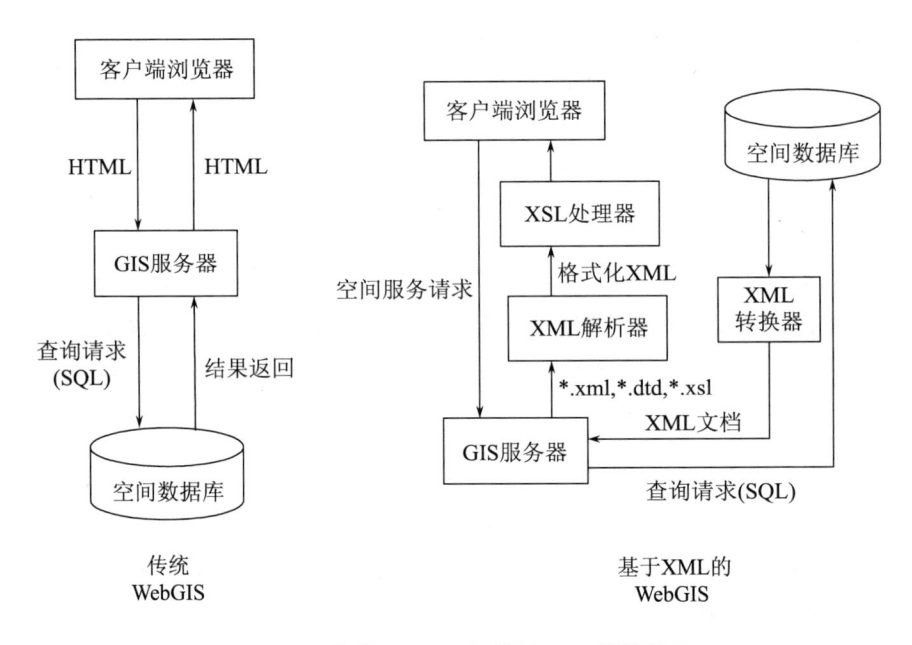

图 5—2　传统 WebGIS 与基于 XML 的数据库

如图 5—2 所示，传统 WebGIS 基于 HTML，用关系数据库存储空间数据，以 B/S（浏览器/服务器）结构实现分布式查询和处理。CGI、Server API、Java Applet、ActiveX 等 WebGIS 的实现技术都提供了浏览器和服务器交互的方法，但是存在两个缺点：①空间信息内容和表现形式混合，无法方便地转换空间数据的不同图形表示；②缺乏空间数据的有效性检验手段。XML 的特点恰恰可以解决这些问题，XML 页面的显示可以用扩展样式单语言（XSL）来确定，对于同一个 XML 表示的空间数据，使用不同的 XSL 即可按要求表现数据。而 DTD 能够检测数据的有效性，避免错误和冗余数据，同时用 XML 表示的数据按照相应的 DTD 可以方便地转换。

第三节　Web Services

一、Web Services 概述

随着 Internet 应用的不断发展，不同应用之间存在的语言差异、平台差异、协议差异、数据差异阻碍了其进一步发展。基于 XML 的 Web Services 技术的主要目标是在现有的各种异构平台的基础上构建一个通用的与平台无关、语言无关的技术层，各种不同平台之间的应用依靠这个技术来实施彼此的连接和集成。Web Services 和传统的 Web 应用之间的差异可以概括为：传统 Web 应用技术解决的问题是如何让人来使用 Web 应用所提供的服务，而 Web Services 要解决的是如何让计算机系统来使用 Web 应用所提供的服务。

目前对 Web Services 并没有一个确切的定义，关于 Web Services 的代表性观点包括：

Web Services 是可通过统一资源标识符(Uniform Resource Identifier,URI)定位的自动将信息返回到需要它的客户端那里的一种资源。

Web Services 是能够在网络上被描述、发布、定位和调用的应用程序。

Web Services 是建立可互操作的分布式应用程序的新平台。

Web 服务是描述一些操作(利用标准化的 XML 消息传递机制通过网络访问这些操作)的接口。

Web 服务是用标准的、规范的 XML 概念描述的，称为 Web 服务的服务描述。这一描述包括了与服务交互需要的全部细节，包括消息格式(详细描述操作)、传输协议和位置。该接口隐藏了实现服务的细节，允许独立于实现服务基于的硬件或软件平台和编写服务所用的编程语言使用

服务。这允许并支持基于 Web 服务的应用程序成为松散耦合、面向组件和跨平台的实现。Web 服务履行一项特定的任务或一组任务。Web 服务本身也可以使用其他的 Web 服务，这样可以形成一个 Web 服务链。用于实现复杂的聚集或商业交易。

Web Services 的产生不是偶然的，采用传统中间件的互操作体系难以适应互联网的现状，对象模型无法完备描述所有的互联网资源和应用模式，Web Services 作为适合于互联网的中间件，具有松散耦合的软件体系结构，能够构建在传统的构件技术基础之上，是适应互联网发展需要的模式。

二、Web Services 的体系结构

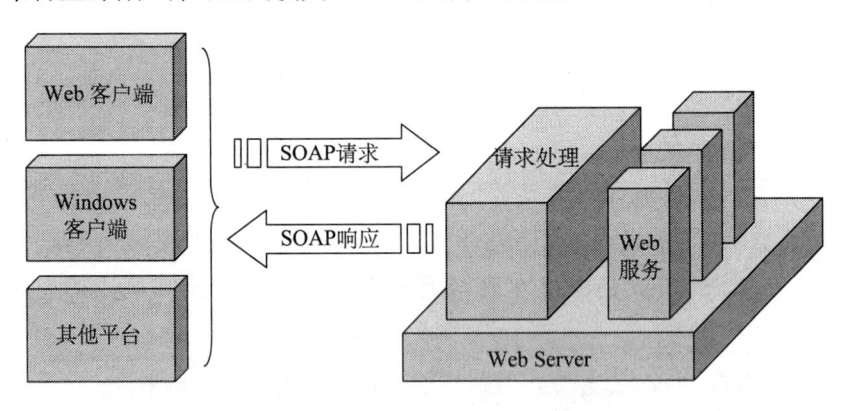

典型的 Web service 结构如图 5—3 所示。通常用户可以使用各种语言开发工具（Visual Studio.Net、Java 等）来构建自己的 Web Service，然后用 SOAP Toolkit 或者.NET 把它发布给 Web 客户，从而使得任何平台上的客户都可以阅读其 WSDL 文档以调用该 Web Service。

图 5—3 典型的 Web Service 结构

三、Web Services 的工作流程

典型的 Web Services 结构如图 5—4 所示。可以描述为：首先，客户根据 WSDL 描述文档，生成一个 SOAP 请求消息。Web Services 都是放在 Web 服务器(如 IIS)后面的,客户生成的 SOAP 请求会被嵌入在一个 HTTP POST 请求中,发送到 Web 服务器来。Web 服务器再把这些请求转发给 Web Services 请求处理器。在 . Net 平台上,Web Services 请求处理器是一个 . NET Framework 自带的 ISAPI 扩展。请求处理器的作用在于,解析收到的 SOAP 请求,调用 Web Service,然后再生成相应的 SOAP 应答。Web 服务器得到 SOAP 应答后,会再通过 HTTP 应答的方式把它送回到客户端。

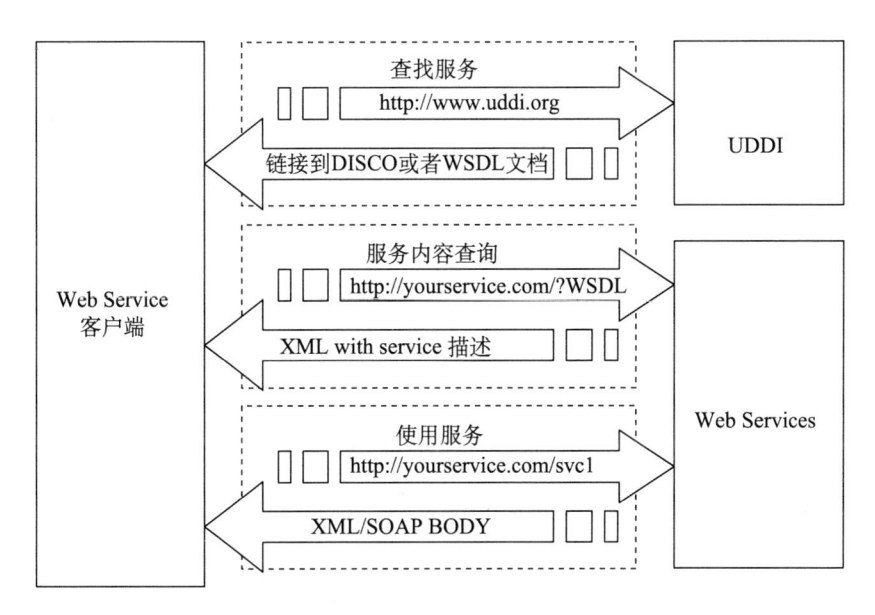

图 5—4 Web Services 的工作流程

四、Web Services 的协议栈

Web Services 是由一系列的协议组成。目前 Web Services 的协议栈如表 5—2 所示。其中,最下面的两层(Internet 层和传输层)是事先已经定义好的并且广泛使用的传输层和网络层的标准,如:IP、HTTP、SMTP 等。而中间的四层(消息层、服务描述层、服务发现/集成层和工作流层)是目前开发的 Web Services 的相关标准协议,也是 Web Services的核心技术，包括服务调用协议SOAP、服务描述协议WSDL、服务发现/集成协议UDDI以及服务工作流描述语言WSFL。最上层描述的是更高层的待开发的关于路由、可靠性以及事务等方面的协议。右边的部分是各个协议层的公用机制，这些机制一般由外部的正交机制来完成。

表5—2 Web Service的协议栈

协议层	协议	公用机制		
路由、可靠性和事务处理	尚未制定	质量	服务质量(QoS)	安全
工作流(Workflow)层	WSFL			
服务发现/集成层	UDDI			
服务描述层	WSDL			
消息层	SOAP			
传输层	HTTP, FTP, SMTP			
Internet层	IPV4, IPV6			

（一）SOAP简单对象访问协议

简单对象访问协议SOAP(Simple Object Access Protocol)是一种基于XML的、在松散的分布式环境中用于点对点之间交换结构化和类型信息的简单的轻量协议。SOAP是计算机之间交换信息的一个通信协议，它与计算机的操作系统或编程环境无关。在SOAP中，XML用于消息的格式化，HTTP和其他的Internet协议用于消息的传送。

SOAP为信息交换定义了一个消息协议。SOAP的一部分说明了使用XML来描述数据的一些格式。SOAP的另外一部分定义了一个可扩展的消息格式，用于方便地使用SOAP消息格式描述远端程序(RPC)，并且和HTTP协议进行捆绑(SOAP消息可以通过其他协议交换，但是目前的说明仅仅定义了和HTTP协议捆绑的内容)。SOAP已经成为W3C推荐的Web Services间交换的标准消息格式。

SOAP有以下的几个特点：

1) SOAP 是简单的,客户端发送一个请求,调用相应的对象,然后服务器返回结果。这些消息是 XML 格式的,并且封装成符合 HTTP 协议的消息。因此,它符合任何路由器、防火墙或代理服务器的要求。

2) SOAP 不需要任何对象模型,也不需要通过其他的通讯实体来使用对象模型。在避免对象模型的基础上,SOAP 将大部分对象功能(如初始化代码和垃圾堆积)留给客户端和服务器端工作的底层,同时其他功能(如信号编辑)则可以留给 SOAP 综合已有的应用程序和底层结构来完成。

3) SOAP 可以使用任何语言来完成,只要客户端发送正确 SOAP 请求(也就是说,传递一个合适的参数给一个实际的远端服务器)。SOAP 没有对象模型,应用程序可以捆绑在任何对象模型中。

4) 在 SOAP 中,双方使用 SOAP 消息来实现请求/响应通信。SOAP 消息是一种从一个发送者到一个接收者的单向传输,所有消息都是 XML 文档,它们具有自己的模式,也包括对于所有元素和属性的正确的命名控件。

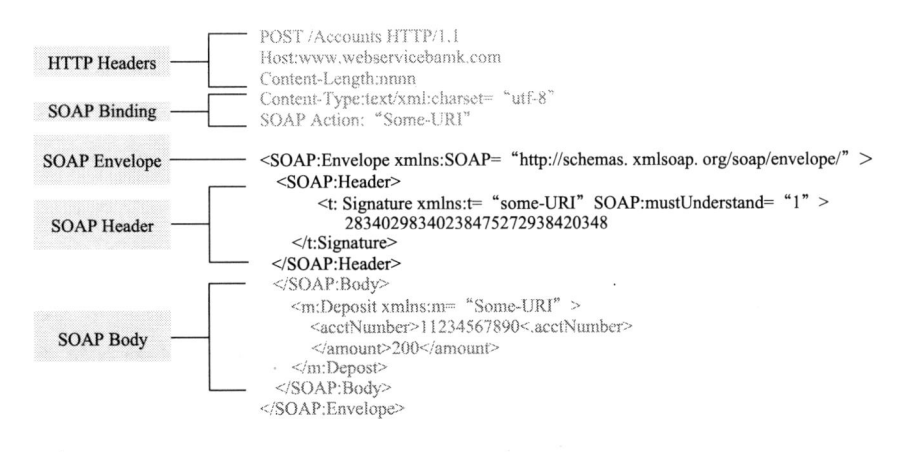

```
HTTP Headers  ──  POST /Accounts HTTP/1.1
                  Host:www.webservicebamk.com
                  Content-Length:nnnn
SOAP Binding  ──  Content-Type:text/xml:charset= "utf-8"
                  SOAP Action: "Some-URI"
SOAP Envelope ──  <SOAP:Envelope xmlns:SOAP= "http://schemas. xmlsoap. org/soap/envelope/" >
                      <SOAP:Header>
SOAP Header   ──      <t: Signature xmlns:t= "some-URI" SOAP:mustUnderstand= "1" >
                             28340298340238475272938420348
                        </t:Signature>
                      </SOAP:Header>
                      </SOAP:Body>
                        <m:Deposit xmlns:m= "Some-URI" >
SOAP Body     ──        <acctNumber>11234567890<.acctNumber>
                        </amount>200</amount>
                        </m:Depost>
                      </SOAP:Body>
                  </SOAP:Envelope>
```

图 5—5 SOAP 消息的结构组成

SOAP 消息的结构是由 HTTP 头信息、SOAP 绑定信息、SOAP 信封(由<SOAP-ENV:Envelope>标签定义)、SOAP 头信息(由<SOAP-

ENV:Header>标签定义)、SOAP 体信息(由<SOAP-ENV:Body>标签定义)和 SOAP 错误信息(由<SOAP-ENV:Fault>标签定义)六个部分构成,如图 5—5 所示。

(二) WSDL 网络服务描述语言

WSDL(Web Service Description Language)是一种用来描述网络服务的 XML 格式的语言。这个协议的 1.0 版公布于 2000 年 9 月 25 日。WSDL 描述了可以执行哪些操作以及使用什么样的消息。操作和消息都是用抽象术语描述的,然后通过将它们绑定到合适的网络协议和消息格式来实现。在 1.0 版中,定义了与 SOAP/HTTP/MIME 的绑定。WSDL 通过将网络服务看作为对消息的一组终点处理操作,被处理的消息中包含面向文档或面向过程的信息。WSDL 为服务提供者提供了描述构建在不同协议或编码方式之上的 Web Service 请求基本格式的方法。WSDL 用来描述一个 Web Service 能做什么,它的位置在哪里,如何调用它等等。

每个 WSDL 文件描述一个或多个服务。每个服务由一组端口组成,每个端口定义了一个能够由远程系统访问的端点。WSDL 文件定义了服务实现的地点、服务支持的操作、完成这些操作需要在客户端和服务器端传递的消息以及消息的参数如何编码等。WSDL 文件如表 5—3 所示。

一个 WSDL 文件一般包括下面的几个元素:

1) <types>元素。该元素定义了与服务中的消息相关的数据类型,可以使用标准类型和复杂类型。

2) <messages>元素。该元素描述了通信的消息。每个消息包括一个逻辑部分,在<part>子元素中定义。每个<part>子元素与一个类型关联。每个消息都包括名称和类型属性。一个服务一般包括一个消息对,输入消息和输出消息。Element 定义了消息的结构。

3) <portType>元素。该元素确定了操作和操作中的消息。

4) <binding>元素。该元素做两件事情:指定<portType>中定义的操作的协议细节。对每个操作,描述如何把抽象的消息内容映射成具体的格式。

5)＜service＞元素。该元素把一系列相关的端口编成组。

表5—3　WSDL文件的组成

```
<? xml version="1.0" encoding="utf-8"? >
<wsdl:definitions xmlns:http="http://schemas.xmlsoap.org/wsdl/http/"
xmlns:soap="http://schemas.xmlsoap.org/wsdl/soap/"
xmlns:s="http://www.w3.org/2001/XMLSchema"
xmlns:soapenc="http://schemas.xmlsoap.org/soap/encoding/"
xmlns:tns="http://tempuri.org/"
xmlns:tm="http://microsoft.com/wsdl/mime/textMatching/"
xmlns:mime="http://schemas.xmlsoap.org/wsdl/mime/"
targetNamespace="http://tempuri.org/"
xmlns:wsdl="http://schemas.xmlsoap.org/wsdl/">
  <wsdl:types>
    <s:schema             elementFormDefault="qualified"
targetNamespace="http://tempuri.org/">
      <s:element name="AII">
        <s:complexType />
      </s:element>
      <s:element name="AIIResponse">
        <s:complexType>
          <s:sequence>
            <s:element minOccurs="0" maxOccurs="1" name="AIIResult"
type="s:string" />
          </s:sequence>
        </s:complexType>
      </s:element>
    </s:schema>
  </wsdl:types>
  <wsdl:message name="AIISoapIn">
    <wsdl:part name="parameters" element="tns:AII" />
  </wsdl:message>
```

续表

```
<wsdl:message name="AIISoapOut">
   <wsdl:part name="parameters" element="tns:AIIResponse" />
</wsdl:message>
<wsdl:portType name="Service1Soap">
   <wsdl:operation name="AII">
      <documentation xmlns="http://schemas.xmlsoap.org/wsdl/">农业信息协同服务平台</documentation>
      <wsdl:input message="tns:AIISoapIn" />
      <wsdl:output message="tns:AIISoapOut" />
   </wsdl:operation>
</wsdl:portType>
<wsdl:binding name="Service1Soap" type="tns:Service1Soap">
   <soap:binding transport="http://schemas.xmlsoap.org/soap/http" style="document" />
   <wsdl:operation name="AII">
      <soap:operation soapAction="http://tempuri.org/AII" style="document" />
      <wsdl:input>
         <soap:body use="literal" />
      </wsdl:input>
      <wsdl:output>
         <soap:body use="literal" />
      </wsdl:output>
   </wsdl:operation>
</wsdl:binding>
<wsdl:service name="Service1">
   <documentation xmlns="http://schemas.xmlsoap.org/wsdl/" />
   <wsdl:port name="Service1Soap" binding="tns:Service1Soap">
      <soap:address location="http://localhost/helloworld/service1.asmx" />
   </wsdl:port>
</wsdl:service>
</wsdl:definitions>
```

第五章 农业信息协同服务关键技术

（三）UDDI 统一描述、发现和集成协议

UDDI(Universal Description, Discovery and Integration)规范定义一个发布和发现有关 Web Services 的信息的标准方式。UDDI 业务注册表使业务能够以编程方式定位有关其他单位公开的 Web Services 的信息。

UDDI 是一套基于 Web 的、分布式的、为 Web 服务提供信息注册中心的标准规范，同时也包含一组使企业能将自身提供的 Web 服务注册以使得别的企业能够发现的访问协议的实现标准。

（1）UDDI 基本概念

UDDI 规范：UDDI 规范 V1 版包括两个规范文本，UDDI Programmer's API V1.0(UDDI 程序员 API 规范 1.0)和 UDDI Data Structure Reference V1.0(UDDI 数据结构参考 1.0)。前者定义了 UDDI Operator Site 能够支持的 API 接口，后者则描述了在 API 中具体 XML 描述的数据结构的具体定义。UDDI 规范是 UDDI Operator Site 的实现蓝本，也是需要访问 UDDI Registry 的 Web 服务的参考规范。

UDDI Registry(UDDI 注册中心)：UDDI Registry 是所有提供公共 UDDI 注册服务的站点的通称。UDDI Registry 是一个逻辑上的统一体，在物理上则是以分布式系统的架构实施的，而不同站点之间是采用 P2P(对等网络)架构实施的，因此访问其中任意一个站点就基本等于访问了 UDDI Registry。

UDDI Operator Site(UDDI 注册中心操作入口站点，简称 UDDI 操作入口)：UDDI Operator Site 是 UDDI Registry 中每一个对等结点，对于 UDDI Operator Site 的查询所获得的结果是覆盖全 UDDI Registry 中的信息的，信息查询无需身份认证；而在 UDDI Operator Site 上进行信息发布则必须使用该 UDDI Operator Site 自身的用户方能实施，同时以后的更新、删除都必须通过这个 Operator Site，并使用初始发布时使用的用户进行权限认证。

Compatible UDDI Registry(兼容的 UDDI 注册中心)：所有兼容

UDDI 规范但并非属于提供公共服务的 UDDI Registry 的个别 UDDI 注册中心，都称为兼容的 UDDI 注册中心。

（2）UDDI 技术发现层

统一描述、发现和集成协议（UDDI）规范一个由 Web 服务所构成的逻辑上的云状服务，同时也定义了一种编程接口，这种编程接口提供了描述 Web 服务的简单框架。规范包括几份相关的文档和一份 XML Schema，用来定义基于 SOAP 的注册和发现 Web 服务的协议。这些规范由来自多家业界主要公司的技术人员和管理人员花费了几个月的时间制定完成。这些公司也担负起实现第一批 UDDI 商业注册中心服务的任务，这些服务将可以被所有人访问，同时其多个合作站点之间能够无缝地共享注册信息。

图 5—6 描述了 UDDI 规范、XML Schema 和 UDDI 商业注册中心集群之间的关系，UDDI 商业注册中心集群能为 Web 服务提供"一次注册，到处发布"的功能。

通过使用 UDDI 的发现服务，企业可以单独注册那些希望被别的企业发现的自身提供的 Web 服务。企业通过 UDDI 商业注册中心的 Web 界面，或是使用实现了"UDDI Programmer's API 标准"所描述的编程接口的工具，将信息加入到 UDDI 的商业注册中心。UDDI 商业注册中心在逻辑上是集中的，在物理上是分布式的，由多个根节点组成，相互之间按一定规则进行数据同步。当一个企业在 UDDI 商业注册中心的一个实例中实施注册后，其注册信息会被自动复制到其他 UDDI 根节点，于是就能被任何希望发现这些 Web 服务的人所发现。

尽管 Web 服务有很多优点，但要实现基于 Web 的服务尚有许多工作要做。应用集成系统需要一系列构件、应用之间互相协作，只有根据业务需求制定动态的业务流程才能解决具体、多变的商务问题，仅依靠 XML、UDDI 和 SOAP 等数据格式、接口描述和调用标准是不够的。此外，WSDL 着重于服务的基础，它虽然在 XSD 中定义了输入和输出类型的概念，但它并不支持在输入和输出参数之间的逻辑约束的定义，它与

UDDI 一样不能对服务进行语义描述。如何实现服务的动态组合，提供可信的服务还值得进一步深入研究。

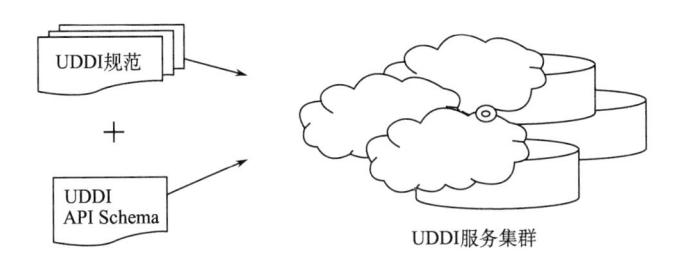

图 5—6　UDDI 规范、XML Schema 和 UDDI 商业注册中心集群之间的关系

五、基于 Web Services 的 WebGIS

WebGIS 可以简单地理解为在 Web 上的 GIS。当前 Internet/Intranet 正在以惊人的速度迅速膨胀发展，在这样的形势下，如何将 GIS 引入 Internet/Intranet 世界，使 GIS 充分利用和发挥互联网的优势，就成为 GIS 发展研究的一个重要课题。

与传统的基于桌面的 GIS 相比，WebGIS 具有以下的优点：

• 广泛的访问范围：客户可以同时访问多个位于不同地方的服务器上的最新数据，而这一 Internet/Intranet 所特有的优势大大方便了 GIS 的数据管理，使分布式的多数据源的数据管理和合成更易于实现。

• 平台独立性：无论服务器/客户机是何种机器，无论 WebGIS 服务器端使用何种 GIS 软件，由于使用了通用的 Web 浏览器，用户就可以透明地访问 WebGIS 数据，在本机或某个服务器上进行分布式部件的动态组合和空间数据的协同处理与分析，实现远程异构数据的共享。

• 可以大规模降低系统成本：普通 GIS 在每个客户端都要配备昂贵的专业 GIS 软件，而用户使用的经常只是一些最基本的功能，这实际上造成了极大的浪费。WebGIS 在客户端通常只需使用 Web 浏览器（有时还要加一些插件），其软件成本与全套专业 GIS 相比明显要节省得多。

另外,由于客户端的简单性而节省的维护费用也不容忽视。

• 更简单的操作:要广泛推广 GIS,使 GIS 系统为广大的普通用户所接受,而不仅仅局限于少数受过专业培训的专业用户,就要降低对系统操作的要求。通用的 Web 浏览器无疑是降低操作复杂度的最好选择。

• 平衡高效的计算负载:传统的 GIS 大都使用文件服务器结构的处理方式,其处理能力完全依赖于客户端,效率较低。而当今一些高级的 WebGIS 能充分利用网络资源,将基础性、全局性的处理交由服务器执行,对数据量较小的简单操作则由客户端直接完成。这种计算模式能灵活高效地寻求计算负荷和网络流量负载在服务器端和客户端的合理分配,是一种较理想的优化模式。

(一) Web Services 对地理信息网络服务的影响

Web Services 对地理信息网络服务的影响,表现在下面几个方面:

1) Web Services 代表了一个具有革命性的、基于标准的框架结构,它可以让各种在线的空间数据处理系统和基于位置的服务进行无缝地集成。它可以让分布式的空间数据处理系统使用目前广为流行的技术,例如 XML 和 HTTP 来通过 Web 进行互相通讯。它提供了与厂商无关的、可互操作的框架结构来对多源、异构的空间数据进行基于 Web 的数据发现、数据处理、集成、分析、决策支持和可视化表现。

2) Web Services 是一个为空间数据处理应用建立网络连接的框架结构,或者是将空间数据处理功能与其他信息应用系统如 MIS 和 ERP 系统进行集成的平台。这个平台可以形象地比喻为一个自由的市场经济。在这个市场中的所有人既可以是卖主,又可以是消费者。因此,Web Services 的提供者既可以提供空间数据处理功能的服务器,也可以是这些服务器的客户端。因此,从这种意义上讲,Web Services 提供可互操作的、开放的、动态链接的空间信息服务网络体系平台。

3) Web Services 将会使得未来的空间数据处理系统和位置服务等通过 Web 有机地联系在一起。它将是一个自我包含、自我描述、模块化的应用,可以用于数据的发布、访问以及通过 Web 来调用。一个 Web

Service 可以认为是一个"黑箱",它屏蔽了操作的细节,通过提供一系列访问接口来提供空间数据的服务。它可以以元数据的形式来描述所执行的操作,因此,可以通过 Web 搜索来获得这些服务的相关信息。

总之,Web Services 改变了网络软件开发的方式及其使用方式。从开发方式来讲,Web Service 就是网络上的组件,可以使用 Web Service 构建基于组件的 WebGIS 软件。而从使用方式来看,WebGIS 软件的开发已经不局限于网络制图、网络数据的交换等功能,目前已经在向服务使用的方向发展。由第三方将数据和对数据的操作及使用等功能以 Web Services 的方式提供出来,将大大减轻开发者在利用 GIS 数据开发 WebGIS 软件和应用过程中的困难,更好地解决 WebGIS 中出现的各种问题。

(二) 基于 Web Services 的 WebGIS 系统实现模型和体系架构

在基于 Web Services 的 WebGIS 系统中,有三种角色:服务提供者(provider)、服务请求者(request)和服务代理(registry)。服务提供者实现 GIS 的 Web 服务,并将其服务的描述用 WSDL 在注册中心注册,服务请求者(即客户)在注册中心发现相应的服务描述后,与相应的服务者进行绑定,从而实现服务所提供的功能。

基于 Web Services 的 WebGIS 系统通常由五部分组成:

1) 地理数据服务(Data Service):提供对空间数据的服务。

2) 地图表现服务(Portrayal Service):提供对空间数据的表现。

3) 过程处理服务(Processing Service):提供地理数据的查找、索引等服务。

4) 发布注册服务(Registry):提供对各种服务的注册服务以便于服务的发现。

5) 客户端应用(Client Application):提供客户端的基本应用服务。

(三) OGC 地理信息 Web 服务规范

为了构建基于 Web Services 的 WebGIS,需要定义一套基本的地理信息服务。OGC 作为全球最大的空间信息互操作规范的制定者和倡议者,在参照国际标准组织 ISO/TC211 技术委员会的地理信息服务标准的基础上制定了相应的地理信息服务规范,主要包括 Web Map Service (WMS)、Web Feature Service(WFS)、Web Coverage Service(WCS)、Web Register Service(WRS)。图5—7给出OGC的网络服务体系结构。

(1) 网络地图服务规范(Web Map Service,WMS)

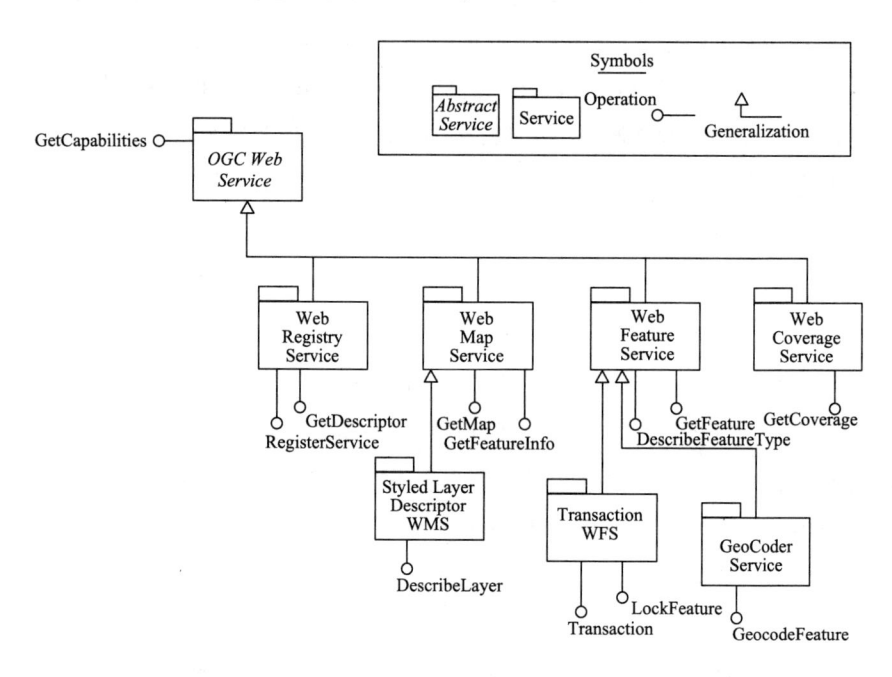

图5—7 OGC网络服务体系结构

OGC的网络地图服务规范定义了客户端请求地图的方式的标准。WMS规范认为:一个WMS可以生成具有地理参考数据的地图。这些地图通常用PNG、GIF或者JPEG等栅格图形格式,或者用SVG和WebCGM等矢量的图形格式来表现。该规范对客户端对地图的请求以及服务器端的服务描述加以标准化。WMS定义了三个操作,其中前两个操作是任何一种WMS所必需的。这些操作是:

1) GetCapabilities(必需):返回服务元数据,这些元数据必须是用户或者机器可以识别的,描述WMS的服务内容和可接受的参数。

2) GetMap(必需)：返回一幅具有正确地理空间和维数参数的地图图像。

3) GetFeatureInfo(可选)：返回关于地图上特定特征的信息。

用户可以通过标准的浏览器向 WMS 发送地图请求，请求的方式可以通过在 URL 中添加请求的类型参数来实现。例如，当用户向 WMS 发送请求 GetMap 操作时，需要指定的参数包括输出的格式、输出图像的大小、背景颜色、是否透明等。表 5—4 列举了 GetMap 操作的必须参数以及参数所代表的意义。

表 5—4　GetMap 请求的必须参数

请求参数	定义
VERSION=version	请求版本号
REQUEST=GetMap	请求的名称
LAYERS=layer_list	以逗号分隔的图层列表
STYLES=style_list	以逗号分隔的每层渲染样式列表
SRS=namespace:identifier	空间参考系统
BBOX=minx,miny,maxx,maxy	矩形框四角的 SRS 坐标
WIDTH=output_width	地图图像的宽度
HEIGHT=output_height	地图图像的高度
FORMAT=output_format	地图的输出格式

下面是一个通过 URL 对 WMS 请求的实例：

http://a-map-co.com/mapserver.cgi? VERSION=1.1.0&REQUEST=GetMap&SRS=EPSG%3A4326&BBOX=-97.105,24.913,78.794
36.358&WIDTH=560&HEIGHT=350
&LAYERS=AVHRR-09-27&STYLES=default
&FORMAT=image/png&BGCOLOR=
0xFFFFFF&TRANSPARENT=TRUE&EXCEPTIONS=application/vnd.ogc.se_inimage

该实例对 WMS 请求 GetMap 操作,空间参考系为 EPSG4326,地图的边框范围为－97.105、24.913、78.794、36.358,图像的宽度为 560,高度为 350,图层名称为 AVHRR－09－27,显示式样为缺省,地图输出格式为 PNG,背景颜色为白色且透明显示。

当用户请求 GetFeatureInfo 操作时,用户需要指定请求的地图以及感兴趣的特征。

(2) 网络特征服务规范(Web Feature Service,WFS)

OGC 的网络特征服务规范 WFS 与 WMS 一样,都是 OGC Web Service 的重要组成部分。如果说 WMS 主要是提供图像数据(栅格)服务,则 WFS 主要是提供图形数据(矢量)服务。WFS 支持地理特征的插入、更新、删除、查询和发现等功能,根据 HTTP 客户端的查询返回 GML 表示简单地理空间特征数据。

为了支持 WFS 的交互和查询处理,WFS 主要定义了如下的几种操作:

1) GetCapabilities:一个 WFS 必须能够提供它所提供的服务功能,也就是说它能提供那些特征类型的服务以及针对每一种特征类型的操作。

2) DescribeFeatureType:一个 WFS 必须能够根据请求来描述任何可提供服务的特征类型的结构。

3) GetFeature:一个 WFS 必须能够对请求进行服务来获得特征的实例。此外,客户端能够指定获取那些特征属性,以及对空间和非空间的查询进行约束。

4) Transaction:一个 WFS 必须能够对交易的请求服务。一个交易的请求是对特征数据的操作,包括创建、更新、删除等操作。

5) LockFeature:一个 WFS 可以在交易期间处理对一个或者多个特征类型实例的锁定请求,这样就确保了交易的连续。

基于上述的操作,WFS 可以分为两类:

• 基本的 WFS(只读 WFS):实现了 GetCapabilities、DescribeFeatureType 和 GetFeature 接口的 WFS。

• 支持事物处理的 WFS：支持基本的 WFS 所具有的所有操作，实现了 Transaction 接口（LockFeature 接口可选）。

（四）Web 服务在 GIS 领域的应用

把 Web Services 引入 GIS 领域，用 Web Services 解决 GIS 数据共享和互操作问题，即建立基于 Web Services 的 WebGIS，体现了 GIS 发展的必然趋势。目前基于 Web Services 技术构建的 WebGIS 系统已经在国内外得到了一定程度的发展，典型的应用包括 Microsoft 的 TerraServer 影像数据服务器和 MapPoint.Net 以及 ESRI 公司的 ArcWeb Service、SuperMap IS 等。

Terra Server 是微软公司推出的目前最大的基于 Internet 的地图服务器和卫星影像数据仓库。其在微软的.Net 平台推出之后，相应推出基于.Net 平台的产品 TerraServer.Net Web Service（TerraService），为用户提供了三种灵活的访问 Terra Server 影像数据的方式，分别是：通过经纬度；通过地名；点击地图查询（http://terraserver.microserver.com）。

MapPoint.Net 则提供了基于位置的地理信息服务（location-based service，LBS），包括基于地址、兴趣点、经纬度的位置服务，最短路径选择服务，邻近搜索服务，距离计算服务等。MapDotNet 结合 Visual Studio.Net 和 ArcGIS 技术开发了一组用于商业应用的地图 Web 服务，允许对访问多个 GIS 服务器的 Web 应用程序实施集中化的配置，方便了 WebGIS 系统的开发和应用系统的整合（http://www.mapdotnet.com）。

ArcWeb Services 是 ESRI 开发的面向 Web Service 的关于 GIS Web 服务的产品，是一个提供给开发者的产品。ArcWeb Services 提供了地理空间功能包括制图、路径分析、地理编码以及大量最新可靠的数据。开发者可以在 http://www.esri.com/software/acewebservices/登录注册之后，通过在.Net 环境下集成它所提供的数据和 GIS 功能开发自己的应用系统。也就是说，开发者可以在自己的应用程序中包含地理功能，而无需自行开发。ESRI 公司自己提供的 GIS Web Services 包括 MapShop、ArcWeb USA 等。ArcWeb USA 提供的功能主要包括：根据地理位置确定最短路径和行车路线；在 Internet 应用程序中提供查找位置功能；访问美国街道动态地图、基础地形图、人口统计图、地貌影像；上载用于地址编码的用户定义的兴趣点等。而 MapShop 提供了一种方便快捷的创建高质量地图的方式，最终用户可以通过十分简单的方式（例如指定关键字或者地址）在 MapShop 网站上获得自己所需要的地图影像(http://www.esri.com)。

SuperMap IS 是一款高效、稳定的网络地理信息发布系统的开发平台，它采用面向 Internet 的分布式计算技术，支持跨区域、跨网络的复杂大型网络应用系统集成。SuperMap IS 为 GIS 数据的发布提供了高可扩展的开发平台，开发者可以方便、灵活地实现网络空间数据的共享(http://www.supermap.com.cn)。

六、Semantic Web 和 Semantic Web Services

语义网(Semantic Web)是由 WWW 的创始人 Berners-Lee 在 2001 年正式提出的，一经提出，立即引起了人们极大的兴趣。具体地说："Web"是一个可导航的空间，在其中每一个 URI 都映射到一个资源。"Semantic"意味着机器可处理的，对于数据来说，Semantics 告诉了机器在这些数据上所能做的操作。那自然语言适不适合表达这种 Semantics 呢？虽然自然语言有很强的表达能力，但由于它的歧义性，使它不能满足机器可处理的要求。语义网研究的主要目的就是使得网络中所有信息都是具有语义的，是计算机能够理解和处理的，便于人和计算机之间的交互与合作。所以说 Semantic Web 并不是抛开今天的 Web 的另一条道路，而是今天的 Web 的扩展。其研究的重点就是如何把信息表示为计算机能够理解和处理的形式，即带有语义。Berners-Lee 给出了语义网中的层次关系，它主要基于 XML 和 RDF/RDFS，并在此之上构建本体和逻辑推理规则，以完成基于语义的知识表示和推理，从而能够为计算机所理解和处理。在语义网的研究中，知识表示、本体论、智能主体等都是其重要的研究内容，它们都是不可分割的。语义网的基本组成部分：一是元数据

(Metadata)；二是"资源描述框架"RDF(Resource Description Framework)；三是本体论(Ontology)。

（一）Semantic Web 的层次结构

Tim Berners-Lee 提出了 Semantic Web 的一种层次化的结构，如图5—8所示。

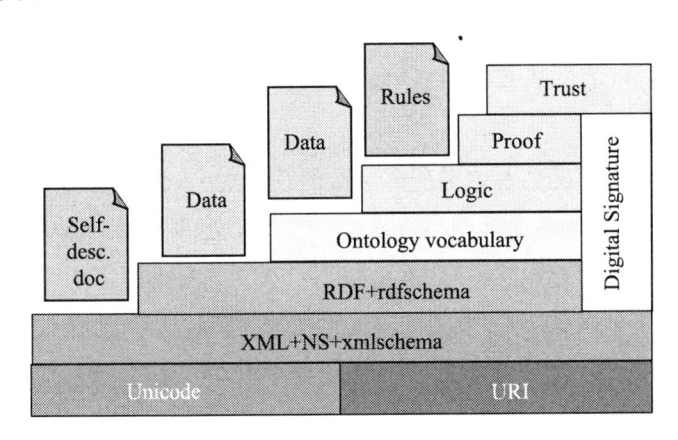

图 5—8 语义 Web 的层次结构

对各层的描述如下：

1) URI(Uniform Resource Identifiers)：作为资源标识机制，提供对资源的标准化的名字描述。

2) Unicode：提供世界上各种语言的统一的字符编码标准。

3) XML(Extensible Markup Language)：定义了结构化的数据描述方式，是数据互操作的语法基础，但没有包含任何特殊的语义。

4) Namespace：提供将名字分类的机制，使得重名但含义不同的资源能够一起使用。

5) RDF，RDF Schema：RDF(Resource Description Framework)是描述数据语义的基础。它定义了描述资源以及陈述事实的基本方式：主语、谓语、宾语的三元组。

6) 建立一个 ontology:建立一个 ontology 一般分为以下几步:a. 定义 ontology 中的 Class,Class 指的就是概念;b. 把这些 Class 组织成一个层次化的结构;c. 填充 Property 在相应的 Class 上的值;d. 定义 Property 和描述这些 Property 对相应的 Class 的限制。

7) Logic Layer:逻辑层在本体所描述的知识之上提供逻辑推理能力（基于规则）。

8) Proof Layer:有了对事实的逻辑描述,就能够提供对事实的复杂的"证明"。

9) Trust Layer:在之前所有层次的基础之上,会形成无数对于某一事实的陈述,这些陈述合理与否依赖于它们所处的上下文环境。因此当人或计算机访问这些陈述时,需要根据上下文和自己的需求自行判定该陈述是否可信(Trust)。采用加密技术和数字签名技术(渗透到每个层次的规范中去)是实现判定可行的一个重要手段,并可以由此形成一个信任的 Web(Web of Trust)。

（二）OWL-S

OWL-S(Web Ontology Language for Services),是用 OWL 语言描述的 Web Service 的 Ontology。它也是一种具有显式语义的无歧义的机器可理解的标记语言(markup language),用来描述 Web Service 的属性和功能。OWL-S 的早期版本叫做 DAML-S(DARPA Agent Markup Language for Services,基于 DAML+OIL)。一个 Service 由三部分来描述：ServiceProfile、ServiceModel、ServiceGrouding。简单来说,ServiceProfile 描述服务是做什么的,ServiceModel 描述服务是怎么做的,ServiceGrounding 描述怎么访问服务。一个 Service 最多被一个 ServiceModel 描述,一个 ServiceGrounding 必须和一个 Service 相关联。

(1) Service Profile

Service Profile 描述一个服务主要包含三方面信息。首先,服务提供者的白页和黄页信息。比如服务提供者的联系方式。其次,服务的功能信息。主要是指服务的 IOPE:Input, Output, Precondition, Effect。

IOPE 是 OWL-S 中的主要内容之一，在 Service Model 中还会详细描述。最后，Service Profile 可以提供服务的所属的分类，服务 QoS 信息。Service Profile 也提供了一种机制来描述各种服务的特性，服务提供者可以自己定义。

Service Profile 最大的特点就是双向的，服务提供者可以用 Profile 描述服务的功能，服务请求者可以用 Profile 描述所需服务的需求。这样服务发现时，matchmaker 可以利用这种双向的信息进行匹配。

（2）Service Model

Service Model 主要是服务提供者用来描述服务的内部流程。一个 Service 通常被称之为一个 Process（过程）。Process 分为三类：Atomic Process，Composite Process，Simple Process。Atomic Process（原子过程）是不可再分的过程，可以直接被调用。每一个原子过程都必须与提供一个 grounding 信息，用于描述如何去访问这个过程。Composite Process（复合过程）是由若干个原子和复合过程构成的过程。Simple Process 是一个抽象概念，不能被直接调用，也不能与 grounding 绑定。

（3）Service Profile 和 Service Model

Service Profile 和 Service Model 都是关于服务的抽象的描述，而 Service Grounding 是涉及服务的具体的规范。简单来说，它描述服务是如何被访问的。具体的，它需要指定服务访问的协议、消息格式、端口等等。但是 OWL-S 规范中并没有定义语法成分来描述具体的消息，而是利用 WSDL 规范。选择 WSDL，一方面是因为 WSDL 是对具体消息进行描述的重要规范，另一方面因为它具有强大的工业支持。OWL-S 和 WSDL 之间需要进行三方面的映射。

① OWL-S 的 Atomic Process 映射到 WSDL 中的 operation；② OWL-S 中 Atomic Process 的 Inputs 和 Outputs 映射到 WSDL 中的 message；③ OWL-S 中 Inputs 和 Outputs 的类型(OWL Class 定义)映射到 WSDL 中的 abstract type(XML Schema 定义)。

(4) 利用了 OWL-S 之后的 Web Services 体系结构可以用图 5—9 表示。

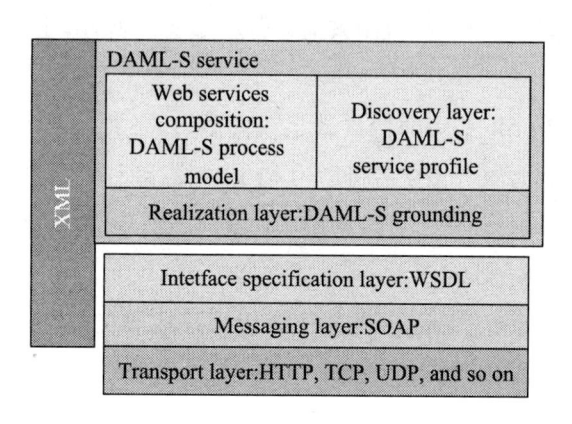

```
DAML-S service
  Web services
  composition:          Discovery layer:
  DAML-S process        DAML-S
  model                 service profile
  Realization layer:DAML-S grounding
XML
  Intetface specification layer:WSDL
  Messaging layer:SOAP
  Transport layer:HTTP, TCP, UDP, and so on
```

图 5—9 利用了 OWL-S 之后的 Web Services 体系结构

（三）Semantic Web Services

Semantic Web Services 是将 Semantic Web 技术应用到 Web Services 领域，实现 Web Services 的自动发现、调用和组装。本文前面提到，Web Services 是一种新兴的分布式技术。传统 Web 应用技术解决的问题是如何让人来使用 Web 应用所提供的服务，而 Web Services 则要解决如何让计算机系统来使用 Web 应用所提供的服务。而在 Web Services 中加入语义的支持，使得计算机之间能够理解互相通信的内容，从而实现自动化。要实现 Web 服务发现、调用和组装的自动化，有两个关键问题：一是服务的功能不可能仅仅依靠关键词实现完整表达；二是服务之间必须能够理解互相交换的信息。这都需要语义的支持。目前语义 Web 服务的主要方法是利用领域本体（Ontology）来描述 Web 服务，然后通过领域本体实现 Web 服务的自动发现、调用和组装，Semantic Web 和 Web Service 是语义 Web 服务的两大支撑技术。

第四节　SOA

一、架构概述

（一）架构定义

系统架构（system architecture）是一组规则的集合，它定义了一个系统的结构及其各个部分之间的关系，并在分析系统商业背景的前提下，确定系统的整体结构。目前软件开发面临的问题基本上可以在软件架构中找到对应，因此软件工程与计算机科学界普遍认为，拥有一个成熟稳定的软件架构是软件系统，尤其是分布式软件系统成功的关键。

长期以来，架构只是构建大型复杂系统才需要考虑的内容。随着网络应用的逐渐增多，系统的规模、复杂性、不稳定性以及运行中出现意外情况的可能性都出现了显著的增长，为了从全局控制系统，提高系统构建的成功率、经济性、质量、可靠性以及稳定性，架构逐渐得到了人们越来越多的重视，对应用系统进行架构分析以及建立架构已经成为标准的开发工序，并且越来越成为系统成败的关键。相应的，人们对架构的研究也从早期的经验总结，逐渐发展成为一个包括十几个思想流派（例如Zachman框架、ODP框架、领域分析等）的相对独立的学科，形成了相对成熟的方法体系、体系结构标准以及以J2EE为代表的商业架构等在内的实践成果。

一般认为，促使人们逐渐重视架构因素包括如下三个主要方面。

(1) 商业革新与需求变化

新商业模式的主流是对个性化需求的满足与实现。因此，软件面临的需求变化更加纷繁复杂。同时，商业更加注重投资回报率与效率，所以在时间与其他资源有限投入的压力下，对需求进行快速反应，实现灵敏编程或者按需服务成为软件行业生存、发展的新的模式。同时，商业软硬件平台商不断加速的技术革新是需求变化的另外一种表现形式,这种形式是团队的开发者很难找到适合软件产品的兼容配置,被迫频繁的在新产品发布的时候升级配置,由此带来的软件维护成为软件开发团队中的显著的代价来源。

(2) 软件规模

商业活动的范围不断扩大,深度与内容不断增加,导致软件的规模与复杂程度的极大的增长。软件的规模从几个人员扩大到千万甚至更高的人员投入级别;软件的使用人员从有限的团队扩展到不可预知的人群,甚至将数百万、千万的人群纳入潜在的使用者;软件规模从几个功能点扩展到多达上百或者更多的功能点。软件在规模与复杂性方面的变化要求软件供应商能够有效的面对。

(3) 分布式计算

由于网络与跨地区的企业的优势,分布式计算已经成为普遍的软件范型。传统的软件往往是建立在如下的假设:相同的配置、几种系统、本地通讯与罕有故障。而现在高度分布的企业要求异构的软硬件、分散的遗留系统配置、复杂的通信基础设施以及由此造成的计算环境中部分系统的频繁故障。分布式计算带来了系统的高度复杂以及不确定性。

软件应用环境的变化要求软件的开发必须有所改变。要能够通过有效的方法控制系统的复杂性,例如通过区分关注点分解系统的复杂性,特别是能够区分除业务应用功能与分布式系统复杂性之间的不同的关注点,并且能够通过关注点的分离,使开发人员能够更专注于业务功能。例如将分布式系统划分为不同的设计单元,而绝大部分构件作为常用的通信基础设施都可以独立实施或者购买。系统还需具备对于新的软硬件平台技术高速发展的使用,系统要能够具备"适应未来"的能力,包括对新的技术以及新的用户需求的适应能力。

(二) 架构与架构框架

软件的架构是复杂的,需要考虑众多的因素,同时架构对于软件的成功是关键的,并且越复杂的系统对架构的依赖越严重。到目前为止,软件行业的成功的架构数量比较少，为提高架构的质量与成功率，人们总结了设计软件系统架构的原则与方法，称为软件架构框架或者元架构。实践表明，这些方法对于成功的软件架构的实施具有重要的作用。

软件的架构框架是从软件架构中抽象出来的更高一层的架构，也可称为元架构，是一类架构的抽象描述。反映并重点针对特定领域的元架构即为（领域）参考框架。一个参考体系结构具备以下特点：

1) 基本体系结构框架——提供了一个定义组成业务服务的逻辑和物理组件及开发过程的结构（元体系结构）。

2) 体系结构原则——用来帮助设计和管理可扩展的可靠体系结构的规则和指导。

3) 设计模式——阐明何时用何种技术的模型。

4) 支持软件工具——一个参考体系结构并不是实验室产品。它应该支持商业实现和兼容以往的厂商产品。

一个元体系结构能够提炼出体系结构组件应具备什么，这样体系结构才可以根据业务需要容易地扩展或简化。元体系结构之于体系结构就如同语法之于语言。一个好的元体系结构应该与产品和平台无关。产品体系结构提供了与该产品相关的特殊组件。一个应用可以在业务系统功能性的业务体系结构（例如数据体系结构和业务目标模型）和技术体系结构（例如厂商产品和物理基础设施）组件的基础上从元体系结构演化而来。

参考体系结构可以在元体系结构（例如在线有价证券交易、地理空间信息处理等）的基础上为每个领域定义并作为设计和构建应用的蓝本，同时为开发人员和实践者提供更好的上下文和词汇表。

二、SOA 架构

一般认为，架构的核心是计算模式或者软件范式，据此架构一般分为面向过程的架构、面向对象的架构与面向构件的架构。近年来，随着 Web Services 等网络构件技术的发展成熟，面向服务的架构（Service-

Oriented Architecture，SOA)作为一种面向构件的架构得到了很大的发展。

(一) SOA 概念

W3C 认为,面向服务的架构是一种以服务作为核心概念的分布式系统的架构模式,一般具备如下特点:

1) 逻辑视图:服务是系统、数据库、商业过程等的抽象的逻辑视图。一般是根据其功能命名,并且实现特定的业务目标。

2) 面向消息:服务是根据服务提供者以服务消费者之间交换的消息而正式定义的。服务提供者或者消费者的内部结构,包括具体的实现语言、处理过程甚至数据库结构都从具体的 SOA 中分离出来。即在 SOA 中关注点是消息而不是服务单元的内部结构。这一点对于一些遗留系统的集成具有重要的意义。

3) 面向描述:服务可通过机器可处理的元数据进行描述,这种描述支持 SOA 公开的特点,即只有公开暴露的并且对于服务使用具有重要意义的细节才被包括在描述中。服务的语义应该以直接或者间接的方式通过其描述被文档化。

4) 粒度:服务应该使用较小的操作集合以及相对较大的与复杂的消息。

5) 面向网络:服务应该面向网络使用,尽管网络不是必须的。

6) 平台无关性:消息是通过平台无关的、标准化的格式在服务接口之间传输。XML 是满足这一要求的最明显的选择。

来自不同软件厂商对 SOA 的看法则表明其各自的对 SOA 的期望以及关注点。IBM 突出了 SOA 的集成能力,认为 SOA 是为了解决在 Internet 环境下业务集成的需要,通过连接能完成特定任务的独立功能实体实现的一种软件系统架构。微软希冀 SOA 能够弥合 Windows 与 Java 之间的鸿沟,并借以将 Windows 纳入一个更高层次计算环境中,从而减少人们对于其技术封闭的指责。BEA 则将 SOA 看做是其在 J2EE 中间件市场上辉煌得以延续的下一个机会。尽管差异与分歧是普遍存在，但是几乎所有的厂商都认为 SOA 将是下一个成功的架构，一个能够超过 J2EE 的革命性的架构。

排除上述定义中的商业宣传、狂热以及它们带来的误解与混乱，在技术上 SOA 代表了什么，这一问题的回答将确定 SOA 的技术本质。在不同的场景下，架构往往多种含义。对于软件开发，架构这个词经常被用在三种不同的场合中：应用体系架构（Application Architecture）、基础体系架构（Infrastructure Architecture）以及企业架构体系（Enterprise Architecture）。对上述三种情况的混合使用造成了对架构理解的混乱。具体到 SOA，它横跨了这三种内涵，但是在具体的使用过程中，人们则很少严格区分上述三类架构的不同，并且比较容易将 SOA 与其中的一种混为一谈。例如开发者大多对如何建立 SOA 应用感兴趣，因此他们关注的趋向更多是 SOA 中的应用程序的体系架构方面。而 Web Services 管理工具的开发商一般认为 SOA 主要是关于基础组件体系结构的。同样的，用户群体会认为 SOA 是用于企业业务应用结构的。

这三种观点都是有意义的，因为这映射了 SOA 的三个应用层面。

1) 应用体系架构：是建立 SOA 服务的指导、模式以及实现的方法。关注面向服务软件平台和个体应用的开发者会特别强调这个方面。如 Microsoft's Windows Communication Foundation（WCF 微软视窗通讯基础组件）以及最近提出的 Service Component Architecture（SCA 服务构件体系）就是跟 SOA 这个方面的应用实现。

2) 基础体系架构：是管理和操作 SOA 服务的指导、模式以及实现的方法。SOA 的大思想家们有时也会承认自己在这个方面有不足，但真正去实现这些功能的人却知道这些方面的重要性。一般来说，卖主会特别喜欢把关注点和行动实现集中在这里。

3) 业务体系架构[或称为市场体系结构（Marketing Architecture）]：利用 SOA 并从 SOA 中获得商业利益的指导、模式以及实现的方法。而关于技术的讨论仍然会在这里出现，但更多的关注点已经转移到了人的身上。

在本文中，SOA 被定义为面向服务的应用体系架构，其作用是将异构平台上应用程序的不同功能部件(称为服务)通过这些服务之间定义良好的接口和规范,按松散耦合方式整合在一起,即将多个现有的应用软件通过网络将其整合成一个新系统。

(二) SOA 基本原理以及特点

基本的 SOA 由一组服务组成,这些服务使用服务描述来保持松散耦合,并且以消息传递作为其通信方法。这些核心特征由面向服务原理塑造和支持,它构成了服务级设计的基础。

在某种意义上,面向服务根植于一个称为"分离关注点"的软件工程理论,该理论的核心是通过将一个问题分解为一系列的单个关注点来降低复杂性,并且能够提高全体关注点的整体质量。该理论已经在不同的开发平台上以不同的方式实现了,比较著名的是 ODP 参考框架。该理论的价值在面向对象编程和基于组件编程的方法得到明显的体现,通过使用对象、类和组件成功地实现了关注点的分离。面向服务可以视为一种实现关注点分离的独特方式。面向服务原理提供了一种支持该理论的方法,同时为一种独特的架构模型,即 SOA 构建了基础范例。

虽然目前还没有就 SOA 的内容以及定义达成广泛的共识,也没有一个处于统治地位的标准机构来定义面向服务背后的原理。但是如同软件技术发展历史上所有新的技术一样,有很多种关于什么构成了面向服务的看法,它们有的来自于公共的 IT 机构,有的来自供应商和咨询公司。这些看法形成一套与面向服务相关的常见原理集。例如:

1) 服务是可复用的——不管是否存在立即复用的可能性,服务都要设计为支持潜在的复用。

2) 服务共享一份正式协议——为了使服务能够交互,它们只需要共享一个定义了信息交换术语和其他服务描述信息的正式协议。

3) 服务是松散耦合的——服务必须设计为在松散耦合的基础上进行交互,并且它们必须维护该松散耦合状态。

4) 服务将底层逻辑抽象化——服务唯一对外可见的部分是通过服务描述所公开的内容。在该描述中没有表示的底层逻辑是不可见的,并且与服务请求方没有关系。

5)服务是可组合的——服务可以组成其他服务。这允许逻辑以不同的粒度级别表示,并促进了抽象层的可复用性和创建。

6)服务是自治的——由服务管理的逻辑驻留在一个显式边界中。服务在该边界内具有完全的自治权,而不依赖于其他服务来执行这种管理。

7)服务是无状态的——不应该要求服务来管理状态信息,因为那样就会妨碍它们保持松散耦合的能力。服务的设计应该在最大程度上实现无状态性,即使这样做就意味着在其他地方拖延状态管理。

8)服务是可发现的——服务应该使它们的描述可以被人们和服务请求方发现和理解,以便服务请求方可以利用它们的逻辑。在上述原则中,自治性、松散耦合、抽象和需要正式协议等原则可以视为构建 SOA 基准基础的核心原理。

在 SOA 采用 Web Service 实现的情况下,SOA 还将具有以下特点:

1) SOA 服务采用 WSDL 描述。Web 服务描述语言 WSDL 是用于描述服务的标准语言,是具有平台独立的自我描述 XML 文档。

2) SOA 服务用消息进行通信,该消息通常采用 SOAP 作为消息机制,并使用 XML Schema(也叫做 XSD,XML Schema Definition)来定义或者验证。

在一个企业内部,SOA 服务通过一个作为目录列表(directory listing)角色的登记处(Registry)来进行维护。应用程序或者服务在该处寻找并调用某项服务的描述。统一描述、定义和集成 UDDI 是服务登记的现行的标准。

每项 SOA 服务都有一个与之相关的服务品质(quality of service,QoS)。QoS 的一些关键元素有安全需求(例如认证和授权)、可靠消息(可靠消息是指确保消息"仅且仅仅"发送一次,从而过滤重复信息)以及谁能调用服务的策略。

(三) SOA 价值以及优势

不同种类的操作系统、应用软件、系统软件和应用基础结构相互交织,这便是IT企业的现状。一些现存的应用程序被用来处理当前的业务流程,因此从头建立一个新的基础环境是不可能的。企业应该能对业务的变化做出快速的反应,利用对现有的应用程序和应用基础结构的投资来解决新的业务需求,为客户、商业伙伴以及供应商提供新的互动渠道,并呈现一个可以支持有机业务的构架。SOA凭借其松散耦合的特性,使得企业可以按照模块化的方式来添加新服务或更新现有服务,以解决新的业务需要,提供选择从而通过不同的渠道提供服务,并可以把企业现有的或已有的应用作为服务,从而保护了现有的IT基础建设投资。

一个使用SOA的企业,可以使用一组现有的应用来创建一个供应链组合应用,这些现有的应用通过标准接口来提供功能。

在具体的实行过程中,SOA吸引IT投资者、决策者以及技术人员的特点包括:

1) SOA可使IT更加关注于业务流程而非底层IT基础结构,从而获得竞争优势。

2) SOA对需要使用信息技术解决关键业务问题的企业(包括希望减少冗余架构、创建跨客户和员工系统的公司)提供了面向业务的灵活的逻辑实施以及运行策略,企业可实现具体业务目标的按需实现以及使用。

3) SOA提高业务执行效率,将业务流程从"烟囱"状的、重复的流程向维护成本较低的高度利用、共享服务应用转变。

4) SOA更快速的响应:迅速适应和传送关键业务服务来满足市场需求,为客户、雇员和合作伙伴提供更高水准的服务。通过利用现有的构件和服务,可以减少完成软件开发生命周期所需的时间。由此可以快速地开发新的业务服务,并允许组织迅速地对改变做出响应和缩短开发时间。

5) SOA对技术以及业务变化的适应性:更高效地转入转出让整个业务变得复杂性和难度更小,达到节约时间和资金的目的。

6) 系统实施的灵活性提高以及复杂性降低。基于标准的兼容性,与点到点的集成相比降低了复杂性。将基础设施和实现发生的改变所带来的影响降到最低限度。因为复杂性是隔离的。当更多的企业一起协作提供价值链时,这会变得更加重要。业务流程是由一系列业务服务组成的,可以更轻松地创建、修改和管理它来满足不同时期的需要。

7) SOA 实现更高的复用性:可以保证业务流程的质量稳定以及更高的投资回报。通过以松散耦合的方式公开业务服务,企业可以根据业务要求更轻松地使用和组合服务。

8) SOA 作为集成技术可充分利用现有的资产,包括遗留系统。方法是将这些现有的资产包装成提供企业功能的服务。组织可以继续从现有的资源中获取价值,而不必从头开始构建。

(四)SOA 的主要内容与结构

SOA 的核心是服务与架构,当与"架构"放在一起时,面向服务就体现出了一种技术性的内涵。"面向服务架构"这个术语代表了一种模型,该模型中自动化逻辑被分解成了更小的独立逻辑单元。这些单元单个来看可以是分布式的,聚集起来就组成了一个较大的业务自动化逻辑块。面向服务架构鼓励单个逻辑单元遵循一组设计原则,其中一条就是要求它独立存在。这就允许各单元独立发展,同时仍保持足够的共同性。这样也会形成一个具有不同特征和利益的业务自动化环境。

SOA 可能非常复杂。目前的开发工具和服务器平台正不断地扩大支持创建面向服务解决方案的功能集和能力。但是各种 SOA 架构的核心都是最基本的 PFB(Publishing、Finding、Binding)模型,它由三个借助特殊关系以实现自动化的基本组件构成。

(1) 服务

每个业务流程都包含了一系列的步骤。较大的流程往往包含一个或多个支持父流程的子流程。这些子流程也包含某个逻辑边界内的一系列步骤。边界封装了由子流程提供的独特任务或功能。服务代表了现实世界的行为。行为的大小和范围与被封装到服务中的任务或功能无关。有关系的是任务或功能的边界必须清晰。因此,服务可以表示流程的任何部分。这样做就使服务建立了一个到该流程的业务逻辑的标准入口点。

将这个概念扩展到一个物理实现的环境中,就建立了一种称为"自包含的处理逻辑单元"的服务。该服务也有清晰的功能边界,它被设计用来执行一个特定的任务。该任务可以是精密复杂的,也可以是有限的。例如,服务可能执行一系列牵涉到其他服务的行为。或者,服务的唯一功能可能是提供到固定资源(如一个知识库)的访问。无论如何,它最基本的特征是相对独立性,或者说与其他服务是松散耦合的。

(2) 面向松散耦合的协议

在 SOA 领域,松散耦合代表了服务之间的一个通信协议的基础。该协议由一个认知构成,即为了使服务之间相互通信,它们必须了解各自的情况。这种了解是通过使用服务描述来实现的。一个服务描述(以其最基本的格式来看)确定了服务名称、对服务所期望的数据的描述以及对服务所返回的任何数据的描述。

松散耦合协议的另外一部分是,服务之间的通信也应该是自包含的。即在服务之间传递的每一个通信单元都应该独立于其他单元而传输。实现松散耦合需要一个通信框架,该框架纯粹基于前面所提到的"独立通信单元"。

消息是 SOA 的基础技术。它们实现了许多面向服务的原理,并且构成服务间通信的基础。对于 SOA 概念本身来说,基于消息传递的通信并不是新内容,它已经在中间件产品中使用了多年。然而,SOA 中实现消息传递的首选方式是相当特别的。一旦某个服务以自己的方式发送了一条消息,此后它就失去了对该消息后续事件的控制权,这就是为什么需要用独立的通信单元来实现真正的松散耦合的原因。消息(就像服务一样)需要相对的自包含,这意味着尽可能根据需要加入足够的智能性,包括实际的结构和消息数据的键入。

消息传递为 SOA 提供了同步通信或异步通信的选项。尽管 SOA 完全支持同步消息交换,然而它对松散耦合性和通信独立性的强调表明它鼓励异步交互场景。当前的面向服务的消息传递依赖于一个复杂的架构,该架构支持大信息量消息的传输和运行时处理。消息可以装备许多可组合的功能,这些功能可用来处理从安全性和可靠发送到路由选择和策略处理等许多事件。

(3) 标准、规范

构件技术是 SOA 的技术基础。构件化以及软件工厂的本质在于提供一套统一的软件规范：包括在各个环节中的软件接口、标准或协议的制定原则、软件零件的生产规范、网络构件的下载与安全管理、软件零件的组装规则、组装完成后的运行机制、运行完成后的清理或销毁原则等。在这一机制中，标准、规范是核心内容。这部分也是目前 SOA 进展的一个关键的制约因素。

(4) PFB 机制

服务的发布、查找以及绑定是 SOA 的核心机制，它们是 SOA 运行基础模型。包括 UDDI、WSDL 以及 SOAP 等机制构成了 PFB 的核心。

(5) 服务品质

在企业中，关键任务系统（关键任务系统是指如果一个系统的可靠性对于一个组织是至关重要的，那么该系统就是该企业的关键任务系统。比如，电话系统对于一个电话促销企业来说就是关键任务系统，而文字处理系统就不那么关键了）用来解决高级需求，例如安全性、可靠性、事务等。当一个企业开始采用服务架构作为工具来进行开发和部署应用的时候，基本的 Web 服务规范，像 WSDL、SOAP 以及 UDDI 就不能满足这些高级需求。这些需求也称作服务品质（QoS，quality of services）。与 QoS 相关的众多规范已经由一些标准化组织提出，像 W3C（World Wide Web Consortium）和 OASIS（the Organization for the Advancement of Structured Information Standards）。

(6) 安全

Web 服务安全规范用来保证消息的安全性。该规范主要包括认证交换、消息完整性和消息保密。该规范吸引人的地方在于它借助现有的安全标准，例如，SAML（Security Assertion Markup Language）来实现 Web 服务消息的安全。OASIS 正致力于 Web 服务安全规范的制定。

(7) 可靠性

在典型的 SOA 环境中，服务消费者和服务提供者之间会有几种不同的文档在进行交换。具有诸如"仅且仅仅传送一次"(once-and-only-once delivery)、"最多传送一次"(at-most-once delivery)、"重复消息过滤"(duplicate message elimination)、"保证消息传送"(guaranteed message delivery)等特性的消息发送和确认,在关键任务系统(mission-critical systems)中变得十分重要。WS-Reliability 和 WS-Reliable Messaging 是两个用来解决此类问题的标准。这些标准现在都由 OASIS 负责。

(8) 服务策略

服务提供者有时候会要求服务消费者与某种策略通信。比如,服务提供商可能会要求消费者提供 Kerberos 安全标示,才能取得某项服务。这些要求被定义为策略断言(policy assertions)。一项策略可能会包含多个断言。WS-Policy 用来标准化服务消费者和服务提供者之间的策略通信。

(9) 服务控制

当企业着手于服务架构时,服务可以用来整合数据仓库(silos of data)、应用程序以及组件。整合应用意味着例如异步通信、并行处理、数据转换以及校正等进程请求必须被标准化。在 SOA 中,进程是使用一组离散的服务创建的。BPEL4WS 或者 WSBPEL(Web Service Business Process Execution Language)是用来控制这些服务的语言。WSBPEL 目前也由 OASIS 负责。

(10) 服务管理

随着企业服务的增长,所使用的服务和业务进程的数量也随之增加,一个用来让系统管理员管理所有运行在多个环境下的服务的管理系统就显得尤为重要。WSDM(Web Services for Distributed Management)规定了任何根据 WSDM 实现的服务都可以由一个 WSDM 适应(WSDM-compliant)的管理方案来管理。

(五) SOA 历史发展与技术演进

SOA 是从面向对象、构件架构等逐步发展完善,且相互依托、相互补充、又各自适应不同范围,因此在讨论 SOA 时,了解它的演化过程以及相关体系对于深入理解 SOA 具有重要的意义。

如图 5—10 所示,"软件危机"促生了"结构程序设计方法",作为面向对象设计方法的早期蓝本,结构程序设计方法侧重于解决程序正确性编程方法,以此为基础建立了软件工程这门学科,建立了编程的基础理论体系。随着人们对软件与客观世界关系的认识,面向对象的方法以更贴近自然的思维方式以及抽象、封装等方法实现的复杂性分离等特点成为代替结构化分析、设计以及开发的主流方法。然而解决大型软件的开发效率和质量除了要解决编程的正确性外,还必须解决开发周期长、复用性差、成本高、文档多以及难以适应系统演化等问题,它们十多年来仍旧困扰着这门学科,"软件危机"仍未解决。

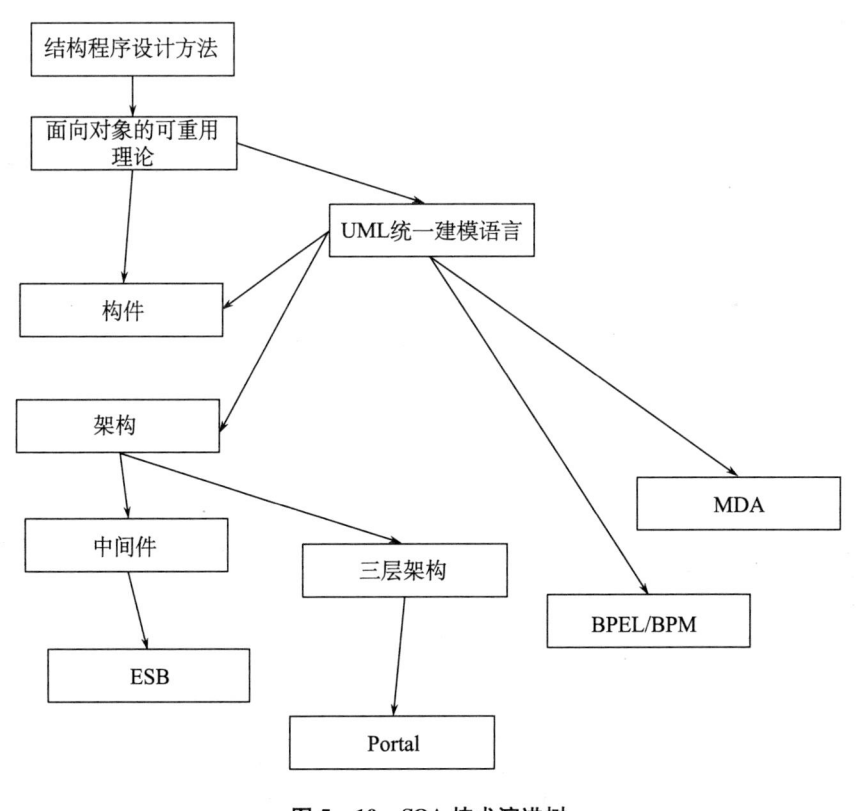

图 5—10 SOA 技术演进树

鉴于面向对象的缺陷,三位面向对象的奠基人联合起来,创建了UML统一建模语言。UML为软件开发和SOA的产生起到奠基和里程碑的作用。UML提供的对软件的抽象描述规范以及逐渐细化的描述格式对SOA具有重要意义。

由于这种方法在工程实施上缺乏规范,在技术上对开发人员的素质要求较高,最大的问题是被开发出来的软件难以演化,而软件要能适应变化是客观存在的。为此发展出单纯复用的"构件和架构"技术及其理论体系。在1998年日本京都召开的"基于构件的软件开发(CBSD)"国际专题学术会议上,一致认为软件开发技术离不开构件和体系结构。软件体系结构现简称"架构"。在此之前的软件架构都采用层次结构的架构,直到分布式系统提出了用户端/服务器模式后,才产生对架构的研究,出现了构件和架构。

卡内基·梅隆大学为软件的架构和框架建立了扎实的基础理论,软件体系结构是软件系统的高级抽象,体现了软件设计思想,反映了系统开发中最早的决策,明确了系统有哪几部分组成,它们之间是如何交互的;进一步影响到资源的配置、团队的组织以及产品的质量。系统的成败在于体系结构。

为解决分布式系统中的各种潜在复杂性,提出了中间件技术及其理论。由此SOA技术进入了快速发展阶段。中间件集群理论、企业服务总线(Enterprise Service Bus,ESB)、BPEL(业务过程执行语言)、BPM(业务过程管理平台)、三层架构和表示层的门户技术以及由UML发展的模型驱动架构MDA等技术共同促成了SOA的发展以及成熟。

三、SOA与Web Services

基本SOA模型的组件并非一定是Web Services,并且一个基于Web服务开发出来的应用也不代表就是一个基于SOA构架应用。基本的SOA是技术不可知的(technology-agnostic),在Web Services成熟之前,人们采用其他的方法或者技术(包括 MQSeries、CORBA 甚至远程过程调用技术)也在进行 SOA 的实践。然而 Web Services、WSDL 或 SOAP 等技术已经被证明是目前最好的实现 SOA 的技术体系和交付面向服务解决方案的最成功的方法。在如今的 SOA 领域,服务是以 Web Services 的形式存在的,服务描述主要是通过 WSDL 定义实现的,而消息传递是通过 SOAP 格式来标准化的。

Web 服务提供了服务实现的一个典型,是实现企业 SOA 的一个组件(非必需组件)。SOA 为基于服务的分布式系统提供了概念上的设计模式。Web 服务则是基于标准的、可经济实惠地实现 SOA 的一项技术。SOA 将 IT 资源透过服务这样一个在业务上有重要涵义的概念来提供、共享,把 IT 与业务的距离更加拉近了一步。服务涉及的层次上要比组件、函数、流程等更高,而且往往在业务上可以找到与之直接对应的概念或实体,例如报价、订单。服务打破了 IT 系统间的藩篱,就像一家公司的各个部门,平常各自扮演特定对内或对外服务的角色,但彼此间如果能有效地通过共通的语言及文字,进行良好的沟通,便能协力达成更大、更高的目标。

参 考 文 献

[1] Document Object Model (DOM) Technical Reports, http://www.w3.org/DOM/DOMTR.
[2] Doyle, A., C. Reed, J. Harrison et al. 2001. Introduction to OGC Web Services, http://ip.opengis.org/ows/010526_OWSWhitepaper.doc.
[3] Esposito, D. 2002. *Applied XML Programming for Microsoft.NET*. Microsoft Press.
[4] Esposito, D. 2003. *Programming Microsoft ASP.NET*. Microsoft Press.
[5] ESRI, http://www.esri.com.
[6] Extensible Stylesheet Language (XSL), http://www.w3.org/TR/xsl/.
[7] GeoWorld. Web Services are the Future of Geoprocessing. http://www.geoplace.com/gw/2002/0206/0206opng.asp.
[8] http://www.yzcc.com/2004/8-28/164713.html.

[9] MapPoint. Net,http：//www. mapdotnet. com.
[10] OpenGIS Consortium, Geography Markup Language（GML）Implementation Specification 3. 1. 0,2004.
[11] SuperMap,http：//www. supermap. com. cn.
[12] TerraServer,http：//terraserver. microserver. com.
[13] 曹玫："SOA：让企业与信息化困境一刀两断"，《新视角》，2004 年第 5 期,第 30 页。
[14] 柴小路：《Web Services 技术、架构和应用》，北京：电子工业出版社,2003 年。
[15] 陈争云："UML 工具在商业网站开发中的作用"，《计算机辅助工程》，2002 年第 4 期,第 41～46 页。
[16] 灯芯工作室：《网站开发新动力用 XML 轻松开发 Web 网站》，北京：北京希望电子出版社,2001 年。
[17] 邓勇、丁峰、沈钧毅："基于 UML 的 Web 应用系统建模方法研究"，《计算机工程与应用》，2000 年第 6 期,第 19～21 页。
[18] "典型的 Web Service 结构"，http：//www. ccidnet. com/tech/guide/。
[19] 董鹏："分布式空间信息的高效查询与分析系统研究"（博士论文），中科院遥感所,2003 年。
[20] 蒋慧、吴礼发、陈卫卫：《UML 设计核心技术》，北京：北京希望电子出版社,2001 年。
[21] 蒋玲："基于 XML Web Service 的 WebGIS"（硕士论文），武汉大学,2004 年。
[22] 金峰、胡运发："GIS 领域的 XML 应用研究"，《计算机应用与软件》，2004 年第 10 期,第 26～28 页。
[23] 兰小机、闾国年等："基于 GML 的空间数据转换服务研究"，《计算机系统应用》，2004 年第 11 期,第 37～39 页。
[24] 李朋、张景："XML Web Services 在电子办公中的应用"，《计算机工程与应用》，2004 年第 3 期,第 194～197 页。
[25] 林清、董占球："XML 与 HTML 在 Web 环境中的应用分析"，《计算机应用》，2001 年第 8 期,第 67～69 页。
[26] 林绍福："面向数字城市的空间信息 Web 服务互操作与共享平台"（博士论文），北京大学,2002 年。
[27] 刘宪凯、张维石："UML 在 Web 组件建模中的应用研究"，《计算机工程与应用》，2002 年第 1 期,第 96～98 页。
[28] 刘啸：《基于 XML 的 SVG 应用指南》，北京：北京科海电子出版社,2001 年。
[29] 卢亚辉："基于 Web Service 的网络地理信息系统的研究"（硕士论文），中科院遥感所,2003 年。
[30] 罗荣良、朱勇："基于模型驱动架构的 Web Services 应用开发"，《计算机应用与

软件》,2004 年第 1 期,第 110~111 页。

[31] 庞开放、李龙澍:"基于.NET 框架的 Web 应用设计与实现",《微机发展》,2005 年第 3 期,第 85~89 页。

[32] 沈静:"面向 Web Service 的 GIS 组件的开发与应用"(硕士论文),华东师范大学,2004 年。

[33] 宋玮、张铭:《语义网简明教程》,北京:高等教育出版社,2004 年。

[34] 孙昌爱、金茂忠、刘超:"软件体系结构研究综述",《软件学报》,2002 年第 7 期,第 1228~1237 页。

[35] 佟晓峰、曹代勇、李青元等:"基于 XML 的 WebGIS 研究",《矿山测量》,2004 年第 2 期,第 18~21 页。

[36] 王继梅、金连甫:"Web 服务安全问题研究和解决",《计算机应用与软件》,2004 年第 2 期,第 91~93 页。

[37] 王健:"地理空间按需计算技术研究"(博士后研究工作报告),中科院地理资源所,2006 年。

[38] 王静:"基于 XML/CORBA 的 WWW 电子商务应用研究"(硕士论文),广东工业大学,2002 年。

[39] 王明文、朱清新、卿利:"Web 服务架构",《计算机应用研究》,2005 年第 3 期,第 93~95 页。

[40] 王兴玲:"基于 XML 的地理信息 Web 服务研究"(博士论文),中科院遥感所,2002 年。

[41] 王兴玲、杨崇俊:"XML 与新一代 WebGIS 系统的构建",《计算机工程与应用》,2002 年第 12 期,第 227~230 页。

[42] 王志强:"基于 SOA 的农业信息系统研究与应用"(博士后研究工作报告),中科院地理资源所,2007 年。

[43] 王志强:"基于 XML Web Services 的农业信息系统研究与实践"(博士论文),中科院地理资源所,2005 年。

[44] "微软技术教育大会——Teched 2001 技术文档",http://www.microsoft.com/china/teched/ppt/default.asp。

[45] 吴信才、郭玲玲、白玉琪:"地理信息系统前沿技术综述",《中国计算机报》,2000 年第 35 期。

[46] 应宏、鄢沛:"基于 Web Service 的跨企业应用模型",《计算机工程》,2005 年第 1 期,第 127~129 页。

[47] 张大陆、刘畅:"Web 服务语义描述的架构",《计算机工程》,2004 年第 2 期,第 73~75 页。

[48] 张伟、苑迎春、王克俭:"DTD 与 Schema 简介",《现代电子技术》,2001 年第 6 期,第 75~79 页。

[49] 张裕益:《UML 理论与实作——个案讨论与经验分享》,北京:中国铁道出版社,2002 年。
[50] 赵晨霞、郭世民:"Web 服务及其在电子商务中的应用",《生产力研究》,2003 年第 5 期,第 272～273 页。
[51] 赵慧杰、沈建京:"基于 OWL 的 Web 服务构件研究",《计算机应用》,2005 年第 3 期,第 634～636 页。
[52] 赵霈生、杨崇俊:"Web-GIS 的设计与实现",《中国图象图形学报》,2000 年第 1 期,第 75～79 页。
[53] 郑东曦、唐韶华、黎绍发:"Web 服务统一身份认证协议",《华南理工大学学报(自然科学版)》,2005 年第 2 期,第 65～69 页。
[54] 中国 XML 论坛:"XML 初学进阶",http://bbs.xml.org.cn/。
[55] 朱渭宁、黄杏元、马劲松:"XML——WebGIS 发展的解决之道",《现代测绘》,2000 年第 3 期,第 3～5 页。

(本章执笔人:王志强、甘国辉)

第六章 农业网站协同服务虚拟访问技术

第一节 农业网站协同服务途径分析

农业网站协同服务要实现网站资源的整合，需要进行信息资源的读取并处理，而信息资源的整合需要有共同的语义模型。因此，农业网站协同服务的实现需要解决两个关键问题：一是建立农业信息分类体系，以确定语义模型；二是网站信息资源的语义转换与信息传输。信息的获取与处理是实现协同服务的关键工作，也是协同服务系统运行中占用 CPU 资源较多的一个环节，因此如何实现协同服务将影响到协同服务的效率。根据计算机对信息处理方式的不同，可以将其分为集中式信息处理方式和分散式信息处理方式。

一、集中式信息处理方式

集中式处理方式是将所有分散的农业信息读取到主服务器（信息协同服务器）上，在主服务器上统一进行信息处理工作。该实现方式要求记录下各网站信息资源的详细元数据，包括其信息分类、存储方式、访问地址。各分散的农业网站只提供信息的共享，使得信息资源可供远程访问。因此，主服务器所能获取的只是各网站资源的数据拷贝。当主服务器接受到用户的信息请求后，需要根据元数据判断哪些网站具备相关信息，并逐一读取各网站的信息，进行语义转换、整合反馈给用户。因此主服务器需要做如下工作：

1) 记录下各网站数据的元数据，该元数据包括网站资源的详细信息。包括信息分类、语义信息、数据模型、数据结构、访问接口地址等。

2）主服务器在进行元数据分析后确定需要调用的网站，然后进行远程访问读取信息。

3）将信息资源进行语义转换，将信息转换到统一的语义模型下。

4）以同样的方式访问下一网站资源，直到所有网站访问完毕。

5）进行资源的整合，并传输到用户端。

由此可见，虽然多个网站构成了一个虚拟的后台服务器，但实际的运算工作任务多由主服务器完成。这样，主服务器端需要记录下不同网站的元数据，随着网站的增加，这将是一项庞杂的工作；同时主服务器承担了大量的信息处理工作，增加了其运算负荷。而且所有任务都交由主服务器来完成，给服务器端的开发部署工作增加了负担。相应的结构示意如图6—1。

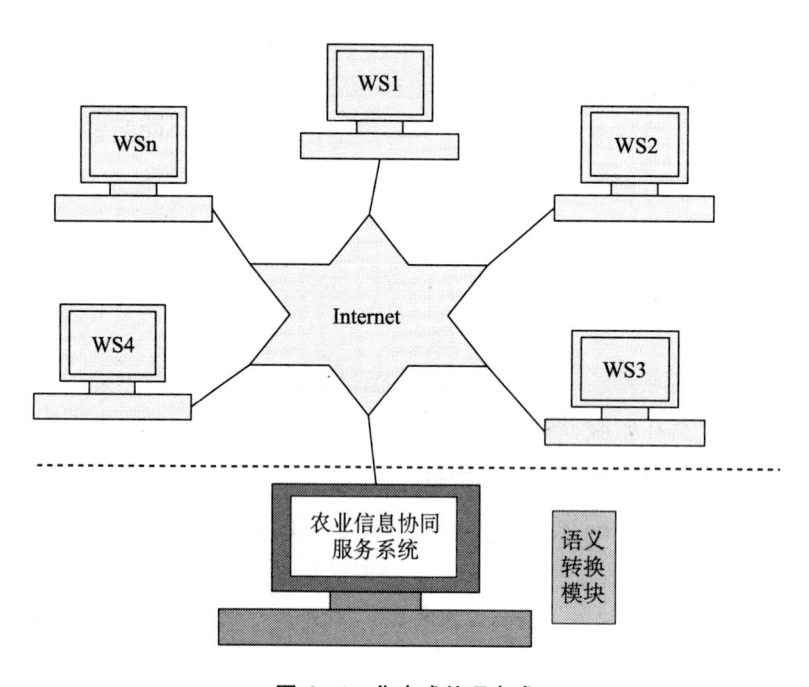

图6—1 集中式处理方式

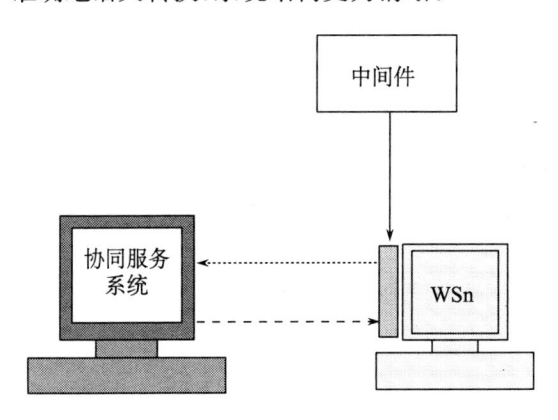

二、分布式信息处理方式

分布式信息处理方式是充分利用各个分散的服务器资源,以减轻主服务器的负担。在该方式下,协同服务系统主服务器主要负责处理来自用户的信息需求,根据用户信息请求确定需要调度的信息。而各分散资源服务器需要做的工作是建立数据视图、屏蔽本地资源的数据结构、语义,根据统一的语义模型建立接口共享本地资源。如此一来,主服务器无需关注各数据资源的内部逻辑结构。

要实现上述分布式信息处理方式,需要为各服务器建立信息协同服务共享接口,称其为虚拟访问中间件,如图6—2所示。经过中间件处理后,信息资源均以农业本体分类呈现,并利用 Web Service 技术进行远程共享。该方式减轻了主服务器的信息处理负担。但需要为各分散的农业信息服务器建立中间件,由于各服务器平台各异,会增加开发工作量。但由于各服务器的语义模型千差万别,该种方式允许各服务器处理各自信息资源,便于准确地语义转换,系统结构更为清晰。

图6—2 分布式信息处理方式

三、协同服务元数据库

协同服务元数据库用于记录各信息资源服务器所能提供的信息资源

的详细情况,包括各个服务器所能提供信息类别、访问地址等。

协同服务元数据库是进行远程信息资源调度的关键。由于信息资源的调度是一个复杂的过程,对元数据库的建立提出了更高要求。由于各信息资源的建立各自为政,服务于各自的需求,存在重复建设现象和质量上的差别,因此,元数据库在存储不同的资源分类情况时,会出现同一分类可能对应多个服务来源的情况,所以需要依据权重对其进行排序。建立科学合理的信息资源评价模型以确定其权重值是不可回避的问题。评价模型根据各类资源的详细内容进行科学的评估,并赋予权重值以表征其重要性,权重值越大的与所对应的信息分类的吻合度越高。

互联网上的信息资源数量巨大,同一分类对应的来源可能会很多,并且不断增长。因此,元数据库的记录会不断增加,需要对其进一步处理。由于元数据库记录下信息资源的排序,为避免记录的无限增长和保证信息服务的质量,元数据库可保留一定数量的记录,即特定数据量的权重较大的信息资源的元数据。

由于互联网信息资源的更新较快,农业信息资源不但时常更新,而且有新的资源出现,因此元数据库需要建立数据更新子系统和注册子系统,实现各信息资源可以更新其所对应的元数据,如权重、分类情况;新的信息资源可注册新的记录(元数据)。

第二节　农业网站虚拟访问中间件

一、中间件的作用

实现农业信息协同服务需要解决一系列关键问题,诸如多源数据模型的融合问题、不同平台文件格式的访问、数据格式交换问题。若采用分布式信息处理方式,诸多关键问题的解决将由各分散服务器分别完成,这就需要建立虚拟访问中间件。中间件是协同服务系统与各分散农业网站进行交互的枢纽，中间件用于建立数据视图，屏蔽信息资源内部逻辑结构，共享本地所存储的分类信息，为应用层提供访问接口，供其远程调用。

二、Web Service 技术与中间件

如前文所述，中间件要能够跨网络、跨平台进行信息共享，而日趋成熟的 Web Service 技术是利用 Internet 协议和 XML 格式实现通讯，可以不受任何语言和平台的限制、便于程序和数据的共享，有助于软件的重用，而且能够跨越防火墙，正逐渐成为互联网上数据共享的主要手段。Web Service 是利用简单对象访问协议进行数据传输（SOAP）。SOAP 协议是基于 XML 规范所建立，并基于 HTTP 进行传输。基于 Web Service 技术的中间件可使用 SOAP 协议实现数据的交换。Web Service 技术为协同服务中间件的实现提供了有力工具。

三、基于 Web Service 技术开发中间件

中间件的开发也即是对各个参与协同服务的网站信息资源进行 Web Service 包装。我们选取了多个网站进行实验，为其建立了中间件。建立中间件需要完成以下工作。

- 首先需要了解其信息资源的种类，即网站上存在哪些可用的农业信息资源，对其进行初步的整理分类。
- 调查其农业信息资源的存储格式。这部分要解决的主要问题是，网站的后台农业信息资源以什么格式存在的、以什么方式管理。

如果以现有主流关系型数据库进行管理，将有利于实现 Web Service 包装，例如 Oracle、MS SQL Server、Access、My SQL 等数据库平台。进行包装需要了解其数据结构以及数据库的元数据，具体包括数据库系统软件的版本、其中存储的哪些农业信息及各农业信息对应的表格（table）、各表格的属性结构及其含义（语义）。如果进行更为深入的了解，可以进一步了解其数据库中存在的各对象（如存储过程等）及各表格之间的约束关系。

如果数据库的详细结构及其元数据不完全对外公布,而只是提供接口,同样需要了解能够读取其农业数据的所有相关信息,其中应包括用于所有农业信息资源的数据结构、视图、用户权限设置等。

如果数据是以静态网页形式存储,这些信息也是难以更新和编辑的。作为实验,对其进行 Web Service 包装时,可以将这些静态网页的超文本内容进行读取,并以超文本形式对外发布,即远程调用该 Web Service 可以获取超文本形式的农业信息资源。客户端需要对该超文本进行处理并以合适的形式进行发布。

如果是以文本形式存储,需要根据文本的具体格式进行处理。若以 XML 格式的文本存在,则需要掌握关于其 XML 文件的元数据,包括 XML 文档结点的逻辑结构及其语义。同样,农业信息资源也可能以文本文件的形式存在,文本文件中存放的信息资源可以是纯文本的形式也可以是以超文本形式存在。纯文本形式的数据只要全部读取并发布即可。

由于农业信息资源是存储在各农业网站的服务器上,在进行现场调研后,具体的开发实验工作同样也需要在网站服务器上完成,并在其服务器上进行架设。

第三节 虚拟访问中间件的构建

协同服务中间件用于屏蔽农业网站信息资源的内部逻辑结构,实现语义转换,为远程应用程序提供访问接口。换而言之,提供农业信息服务的中间件,可以看做是一个个信息服务单元,为农业网站资源建立中间件的过程本文也称其为"服务化"。互联网上有大量的农业信息资源,并且语义各不相同,如果逐一为其建立中间件,则工作量巨大。

中间件是在数据视图的基础上以 Web Service 形式共享数据,所以各网站的中间件在开发工作上将存在重复性劳动。为了节省工作量,缩短开发周期,本文开发了中间件生成工具,也称其为服务化工具(Service Creating Tool,SCT)。SCT基于用户参数,生成Java源代码并编译,二次开发人员可以将编译后的文件按照特定的步骤部署在Axis2下。同时也可以在源代码的基础上做适量的修改,再进一步编译部署。如此可以大大节省中间件的开发工作。

本文的实验环境是Tomcat5.0和Axis2,即利用Axis2部署Web Service。SCT的设计目标是,当用户进行参数设置后,SCT会根据参数自动生成一个文件夹。用户只需要将该文件夹复制得到Axis2(Tomcat5.0/Axis2)下,启动Tomcat5.0即可完成部署。所以SCT完全按照Axis2的部署要求生成中间件,充分利用了Axis2这一有力的Web Service部署工具。以关系数据库为例,SCT的创建流程如下。

一、SCT工具的实现流程

SCT工具的设计思路如下:

1) SCT首先读取关系型数据库的元数据(存储在其系统表中),即数据库中的对象(表、视图等)的相关属性数据,并予以显示,供用户进行参数定义,用户可以根据中间件的需要,设置参数:选择用于数据共享的对象及其属性,SCT将参数存入xml文件当中。

2) SCT根据用户自定义的参数生成用于实现中间件的java源程序文件。SCT首先读取xml参数文件中用户自定义参数,然后根据参数生成java源程序文件。

3) 调用javac等dos编译命令,对源程序文件进行编译,从而生成用于部署中间件(Web Service)的class文件。

4) 利用Tomcat5.0+axis2进行中间件部署,需要建立特定的文件层次结构对文件进行组织,并且生成在axis2上部署Web Service所需要的services.xml文件。

最终生成的文件夹即为中间件,将其复制到Tomcat5.0/axis2下即完成中间件的部署工作。SCT工具的实现需要系统安装jdk1.4或以上

198 农业信息协同服务——理论、方法与系统

版本,同时安装部署了 Tomcat5.0、axis2-1.3 以上版本。SCT 系统的流程如图 6—3 所示。

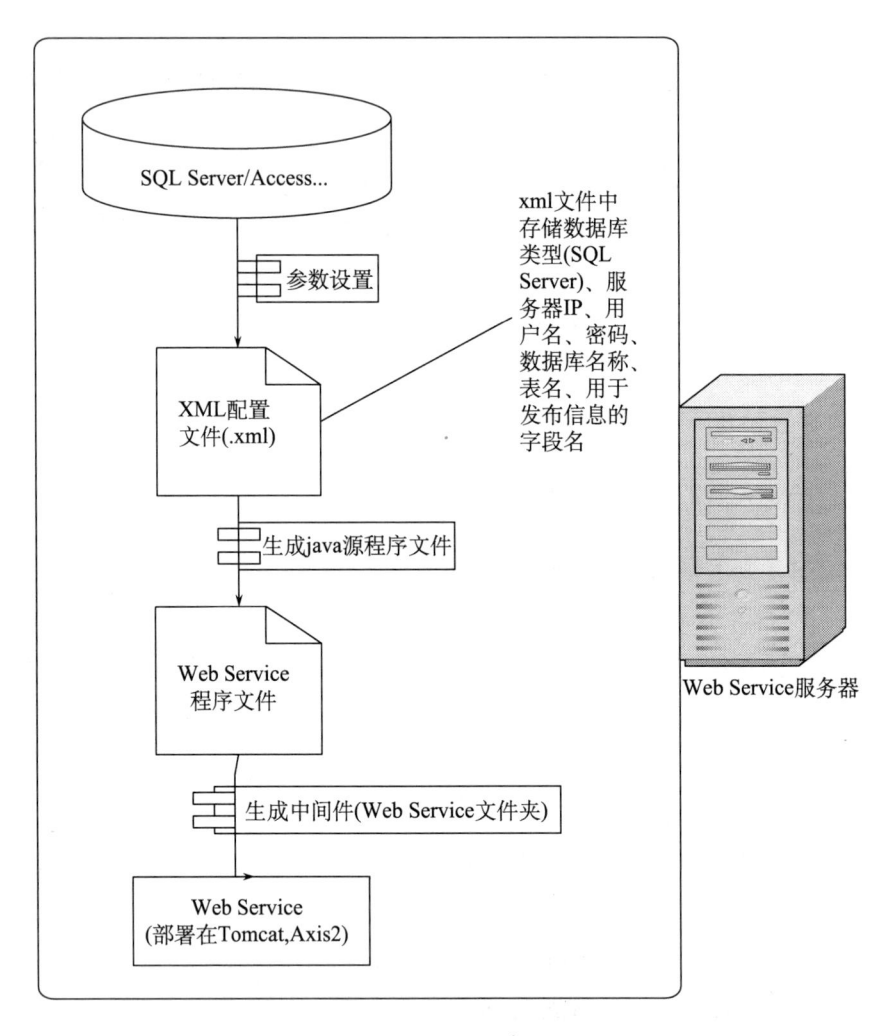

图 6—3 SCT 系统流程

究其用户利用 SCT 所要做的工作步骤如图 6—4 所示,用户只要利用 SCT 工具进行参数设置后,SCT 会自动生成协同服务中间件。最终的生成结果是一个文件夹,该文件夹的内部层次结构及文件均按照 Axis2

的要求进行设置。用户可直接将文件夹复制到 Axis2 下的 Services 目录即完成部署。

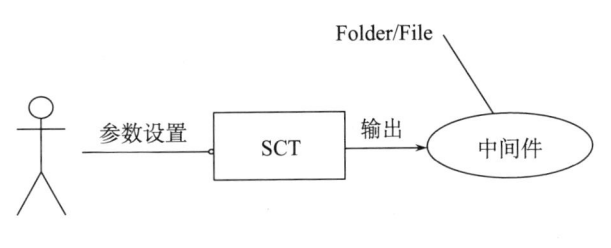

图 6—4　SCT 使用方法

由此，系统主要分为三大模块，分别用于设置参数、生成 Java 程序文件、生成 Web Service 文件夹，如图 6—5 所示。

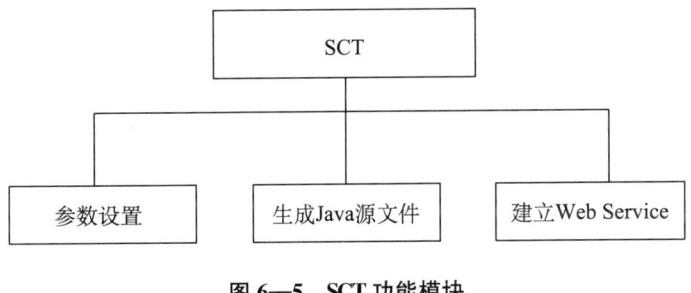

图 6—5　SCT 功能模块

二、SCT 功能模块

（1）参数设置模块

SCT 在进行不同数据库服务器参数设置时，首先要求用户输入服务器连接参数，如服务器地址、用户名、密码等，SCT 连接到数据库后会读取数据库的元数据表并进行显示，管理员（用户）根据中间件所要发布的数据信息，定义中间件所要使用的数据字段，同时还可以定义索引字段、标题字段、详细字段，分别用于标识各记录的 ID、标题、详细内容。中间件将为这些字段建立相应的接口函数,用于查询这些字段的内容。本模块的实现涉及数据库的元数据的读取并显示(如数据库名、表名、字段名等),以便用户进行参数的设定。同时要实现将用户定义参数保存到 XML 文件中,所以需要进行 XML 文件操作,参数设置模块将用户定义的参数保存到 XML 文件当中。

显示数据库中所有表名的 java 代码:

```
dbConn = DriverManager.getConnection(dbURL, userName, userPwd);
Statement stmt = dbConn.createStatement(
        ResultSet.TYPE_SCROLL_INSENSITIVE,
            ResultSet.CONCUR_READ_ONLY);
ResultSet rs;
String[] types = new String[1];
types[0] = "TABLE";
rs = dbConn.getMetaData().getTables(null, null, "%", types);
while (rs.next())
{
    jComboTables.addItem(rs.getString(3));//获取表名
}
```

其中 jComboTables 为下拉列表控件。其中关键代码是:

```
rs = dbConn.getMetaData().getTables(null, null, "%", types);
```

dbConn 为数据库连接对象,利用其 getMetaData()方法可以获取其元数据信息,而 getTables()函数可以在元数据信息的基础上获取所有的表名。

显示表中所有字段的 java 代码:

```
javax.swing.DefaultListModel leftListModel = new javax.swing.DefaultListModel();
this.jListFields.setModel(this.leftListModel);
```

```
leftListModel.removeAllElements();

try
{
   DatabaseMetaData metadata=dbConn.getMetaData();
        ResultSet rs=metadata.getColumns(null,null,tablename,null);

   while(rs.next())
   {
      leftListModel.addElement(rs.getString(4));
   }
}
catch(SQLException sqle)
{
        System.out.println("Exeption in function itemstatechanged");
}
```

代码中关键是使用了 dbConn.getMetaData()获取数据库的元数据信息,并且使用列表控件的 listmodel 属性用于行操作。

参数写入 XML 文件的 java 代码:

```
Document doc=null;
DocumentBuilderFactory dFactory=DocumentBuilderFactory.newInstance();
DocumentBuilder dBuilder=dFactory.newDocumentBuilder();
doc=dBuilder.newDocument();
Element elePara=doc.createElement("parameter");
Element eleDriver=doc.createElement("driver");
eleDriver.appendChild(doc.createTextNode(sqlserverVersion));
elePara.appendChild(eleDriver);


Element eleServer=doc.createElement("server");
```

eleServer.appendChild(doc.createTextNode(jTextServer.getText().trim()));
elePara.appendChild(eleServer);
Element elePort=doc.createElement("port");
elePort.appendChild(doc.createTextNode("1433"));
elePara.appendChild(elePort);
Element EleDatabase=doc.createElement("database");
eleDatabase.apendChild(doc.createTextNode(jTextDatabase.getText().trim()));
elePara.appendChild(eleDatabase);
Element eleUser=doc.createElement("user");
eleUser.appendChild(doc.createTextNode(jTextUser.getText().trim()));
elePara.appendChild(eleUser);

XML 文件中记录了服务器地址、端口、数据库名、用户名、密码、表名以及各个用于共享的字段的名称。生成的 XML 文件示例如下：

```
<? xml version="1.0" encoding="UTF-8"? >
<parameter>
  <driver>sqlserver2005</driver>
  <server>219.238.162.136</server>
  <port>1433</port>
  <database>animal</database>
  <user>sa</user>
  <password>123456</password>
  <table name="chick">
    <字段 name="pingtaiziyuanhao" />
    <字段 name="zhongzhiziyuan" />
    <字段 name="zhongzhiyuanchandi" />
    <字段 name="nongzuowutiaojian" />
    <字段 name="turangleixing" />
    <字段 name="pingzhongyouque" />
```

</table>
<标题字段>zhongzhiziyuan</标题字段>
<索引字段>pingtaiziyuanhao</索引字段>
<详细字段>turangleixing</详细字段>

(2) java 源程序生成模块

SCT 根据 XML 文件中记录的参数生成三个 java 源文件,三个文件分别用于:存储各查询记录的 bean 文件(a.java)、用于读取各查询数据表的 Web Service 主文件(b.java)、用于记录连接数据库所需的参数(c.java)。中间件利用 c.java 文件读取 XML 文件中关于数据库的参数,利用主文件 b.java 查询数据库表以获取数据,利用 a.java 文件记录下的查询得到的各实体数据(记录)并返回给客户端,并且能够实现用户对特定字段的搜索。其中用于读取 XML 参数的 c.java 代码,具有通用性,所以不必要每次重新生成,可重复使用同样的代码文件。

各源文件的生成是参数+代码模板的方式,如图 6—6。首先利用通用的功能代码建立 Velocity 模板,将其中非通用部分(即需要设置的部分)利用变量代替。系统在生成源代码时,将利用参数对其中的变量进行替换,从而生成不同源代码文件。

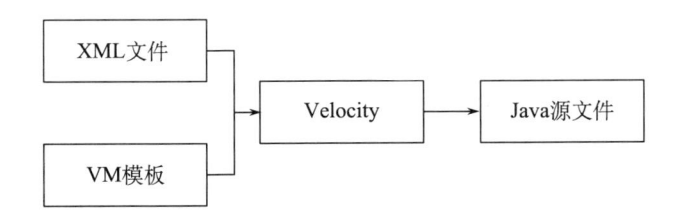

图 6—6 利用 Velocity 生成 Java 源文件系统

其中利用模板文件(*.vm)生成 Web Service 主文件的代码如下:

VelocityEngine engine = new VelocityEngine();
engine.setProperty(VelocityEngine.FILE_RESOURCE_LOADER_PATH,

```
                        C:\wstemp\template\");
engine.init();
/* 接着,获得一个模板 */
Template template = engine.getTemplate("servicevelocity.vm","gb2312");
/* 创建上下文,填充数据 */
VelocityContext context = new VelocityContext();
context.put("table", g.getTable());
/* 现在,把模板和数据合并,输出到StringWriter */
StringWriter writer = new StringWriter();
template.merge(context, writer);
WriterFile wf=new WriterFile();
wf.setFileName(g.getTable()+"Service.java");
wf.setFilePath("C:\wstemp\javacode\");
wf.setFileContent(writer.toString());
writer.flush();
writer.close();
```

其中 context.put("table", g.getTable())是用于将模板文件中的变量 table 用实际值进行替换,而 g.getTable()是用于获取一个字符串变量。

生成 java 源程序文件后,系统利用 javac 命令编译生成相应的 class 文件。

(3) 中间件(文件夹)生成模块

首先需要对各源文件进行编译,然后根据在 Axis2 上部署 Web Service 的需要,生成相应的文件夹及文件存放结构。例如下述代码所示的是名为 AgriNewsService 中间件文件夹结构,该中间件用于共享其农业新闻信息,图6—7中给出了其文件夹结构。其中 dbfolder 文件夹下是该中间件运行时所需要的 java 编译后的文件;而文件夹 META-INF 下的 Services.xml 文件是 Axis2 中用于描述 Web Service 的文件。

```
-- AgriNewsService
------ dbfolder
---------- AgriNewsService.class
---------- GetConnectionPara.class
---------- News.class
------- META-INF
---------- services.xml
```

图 6—7   Axis2 环境下 Web Service 的文件夹结构

将该文件夹复制到 Tomcat 5.0\webapps\axis2\WEB-INF\services 下即实现了中间件的部署工作。中间件运行的时候同样需要用到 XML 文件进行数据库的连接。

目前 Apache Axis 的版本已经发展到了 Axis2-1.3。根据其文档，Axis2 较之 Axis1 的功能更为强大，部署工作更为方便，所以本工作拟采用 Axis2-1.3 的版本进行实验开发。

下述代码是利用 VM 模板文件生成 service.xml 文件，并将其放在 META-INF 文件夹下：

```
public boolean createServiceXML(String className)
{
    try
    {
        VelocityEngine engine = new VelocityEngine();
        engine.setProperty( VelocityEngine.FILE_RESOURCE_LOADER_PATH,
                            "C:\wstemp\template\");
        engine.init();
        /* 接着,获得一个模板 */
        Template template = .engine.getTemplate ( "servicexml.vm",
"UTF-8");
        /* 创建上下文,填充数据 */
        VelocityContext context = new VelocityContext();
```

```
            context.put("table", className);
            /* 现在,把模板和数据合并,输出到 StringWriter */
            StringWriter writer = new StringWriter();
            template.merge(context, writer);

            WriterFile wf=new WriterFile();
            wf.setFileName("services.xml");
            wf.setFilePath("META-INF\");
            wf.setFileContent(writer.toString());
            writer.flush();
            writer.close();
        }
        catch(Exception e)
        {
            e.printStackTrace();
            return false;
        }

        return true;
    }
```

三、SCT 界面

用于 SQL Server 数据库的 SCT 程序界面如图 6—8 所示,用于 Access 数据库的程序界面如图 6—9 所示。

界面中的 Tables 选项,列举了所有数据库中的对象,这里可以是数据视图、也可以是表格。当选中对象后,系统会列举所有字段,WS Fields 部分是用于生成 Web Service 的字段,Web Service 中的函数将实现对这些字段进行搜索的功能。Index、title、detail 标识的字段是用于生成相应的函数,这些函数分别查询各信息的索引号、标题、详细信息。

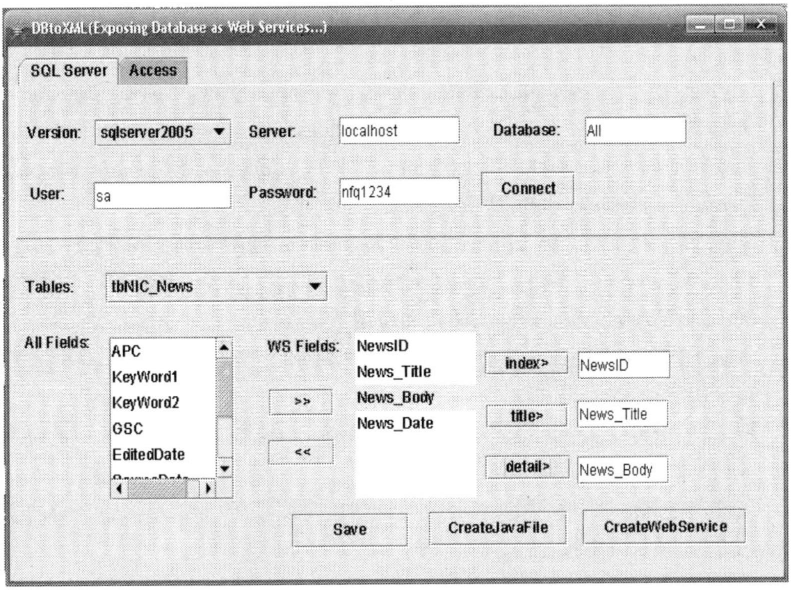

图 6—8　SCT 界面 1——用于 SQL Server 数据库

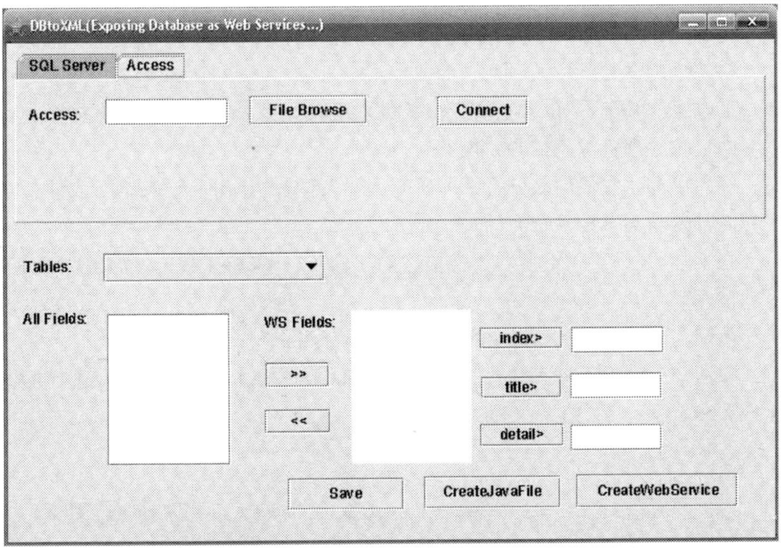

图 6—9　SCT 界面 2——用于 Access 数据库

参 考 文 献

[1] Krafzig,D.,K. Banke,D. Slama 2004. *Enterprise SOA：Service-Oriented Architecture Best Practices SOA*. Prentice Hall PTR.
[2] Poole,J.,D. Chang,D. Tolbert et al. 2003. *Common Warehouse Metamodel Developer's Guide*. John Wiley & Sons.
[3] Singh,M. P.,M. N. Huhns 2005. *Service-Oriented Computing：Semantics, Processes,Agents*. Wiley Inc.
[4] 柴小路:《Web Services 技术、架构和应用》,北京:电子工业出版社,2003 年。
[5] 灯芯工作室:《网站开发新动力 用 XML 轻松开发 Web 网站》,北京:北京希望电子出版社,2001 年。
[6] 罗荣良、朱勇:"基于模型驱动架构的 Web Services 应用开发",《计算机应用与软件》,2004 年第 1 期,第 110~111 页。
[7] 王健、甘国辉:"'十五'国家科技攻关计划项目课题'农业信息网络平台的研究与开发'项目分析报告",2002 年。
[8] 王健、甘国辉:"多维农业信息分类体系",《农业工程学报》,2004 年第 4 期,第 152~156 页。
[9] 王兴玲、杨崇俊:"XML 与新一代 WebGIS 系统的构建",《计算机工程与应用》,2002 年第 12 期,第 227~230 页。
[10] 王志强:"基于 SOA 的农业信息系统研究与应用"(博士后研究工作报告),中科院地理资源所,2007 年。
[11] 王志强:"基于 XML Web Services 的农业信息系统研究与实践"(博士论文),中科院地理资源所,2005 年。
[12] 杨邦杰等:"农情信息分析系统研究报告",国家"十五"攻关课题:农业信息资源开发与共享技术研究,2000 年。
[13] 张大陆、刘畅:"Web 服务语义描述的架构",《计算机工程》,2004 年第 2 期,第 73~75 页。
[14] 中国 XML 论坛:"XML 初学进阶",http://bbs.xml.org.cn/.
[15] 朱渭宁、黄杏元、马劲松:"XML——WebGIS 发展的解决之道",《现代测绘》,2000 年第 3 期,第 3~5 页。

(本章执笔人:牛方曲、甘国辉)

下篇 系统研发

第七章 农业信息协同服务平台

第一节 农业信息协同服务平台简介

农业信息协同服务平台是根据上述农业信息协同服务理论予以构建,是对该理论的进一步实践。农业信息协同服务平台(简称平台)为农业信息用户和农业信息化提供了各种服务。平台包括以下五部分。

图 7—1 农业信息协同服务平台主界面

(1) 农业信息协同服务部分

该部分提供共性服务,也是基础信息服务。依据农业本体分类,利用协同服务理论,充分利用不同的信息资源实现信息服务。目前平台提供的信息服务有:农业自然资源、农业生产资料、农业技术、农产品市场、农业生产力模型服务。各个服务分别提供了各自的农业本体结构。

(2) 农业行业信息协同服务系统

农业行业信息协同服务系统是针对各个农业行业而建立的信息协同服务系统,平台经过初步建设,包括以下农业行业信息协同服务系统:奶牛养殖业信息协同服务系统、苹果种植业信息协同服务系统、玉米种植业信息协同服务系统。农业行业信息协同服务系统是平台的核心部分。

(3) 综合服务系统

综合服务系统部分目前包括:专业搜索引擎(搜农网)、互联网 Web 信息协同服务、农业网站服务集成系统。搜索引擎初步实现了依据农业本体分类进行信息检索,通过搜索引擎可以获取大量以 Web 形式存在的农业信息资源。互联网 Web 信息协同服务可以智能化地获取分布在互联网上的农业资源网址,并能进行信息的搜索与获取。农业网站服务集成系统,集成了各个农业网站的远程服务:首先利用 Web Service 技术为几个典型的农业网站建立共享接口(称作服务),用于共享其信息资源,本集成系统对来自各个网站的服务进行集成应用,这样实现对多个网站资源的综合利用,同时本系统也为实现农业信息协同服务系统做了技术上的探索。

(4) 企业管理应用系统

企业管理应用系统模块致力于利用协同服务的技术与思想实现企业应用。针对农业各行业企业(如奶牛场等)的管理需求及其资源存储情况建立应用系统。采取 SOA 架构进行系统建设。

(5) 农业呼叫中心

农业呼叫中心为协同服务系统用户提供了多渠道信息服务。呼叫中心将系统提供的信息服务转换成语音,从而实现语音服务。通过语音服务,用户可以通过电话、手机等不同的设备接受信息服务。

第二节 农业信息协同服务机制

一、什么是协同机制

中间件基于统一的语义建立数据视图屏蔽信息资源的内部逻辑结构，并对外提供 Web Service 接口用于共享本地资源。各个分散的 Web Service 接口，本文称作农业信息服务。同时，平台还采用专业搜索引擎提供的信息服务。对于这些服务，需要建立相应的机制，使其之间协同工作，能够为用户提供完善的信息服务。该机制称作协同服务机制（协同机制）。本文所述的农业信息协同服务不同于通常意义下的网络化协作，这里的协同机制主要是各服务的编排组织、调配，更好的提供信息服务。

二、协同机制建立的原则

农业信息协同服务不同于通常意义的信息系统，体现在两个方面。一方面是以互联网上分散而丰富的农业信息资源作为后台"数据库"，这些分散的农业信息资源融合于统一的语义下，形成一个虚拟的数据库，这在一定程度上也体现了"协同"的思想。另一方面是，能够根据用户的信息请求，依据业务链和信息需求单元的划分，提供相关联的系列信息服务，让用户得到完整的信息服务体系，要做到这一点，需要有系统、完善的农业专业知识做指导，对农业业务深入剖析，并对各个生产经营阶段的农业信息需求进行全面的分析总结，形成完备的信息需求单元划分，据此为信息需求者提供与其请求相联系的一系列信息服务。

三、协同机制实现的两个层次

协同机制的实现分为两个层次：业务层和服务层（图 7-2）。业务层

214 农业信息协同服务——理论、方法与系统

协同机制根据用户的业务需求，组合不同的信息，为用户提供更为智能的信息服务。信息资源的自动化协作是在业务层实现的更高级别的共享。本层根据用户的业务需求，依据农业过程本体提供信息序列。本层协同机制的实现依赖于服务层的支撑。服务层指的是 Web Service 层，该层的协同机制为业务层提供支撑，以实现业务层的信息协同服务。服务层的协同机制涉及服务的调用、组合编排，跨越网络、硬件设备、通讯机制等基础设施，实现资源的有效检索、定位以及获取。服务层根据业务层的需求调用不同的远程服务获取数据。

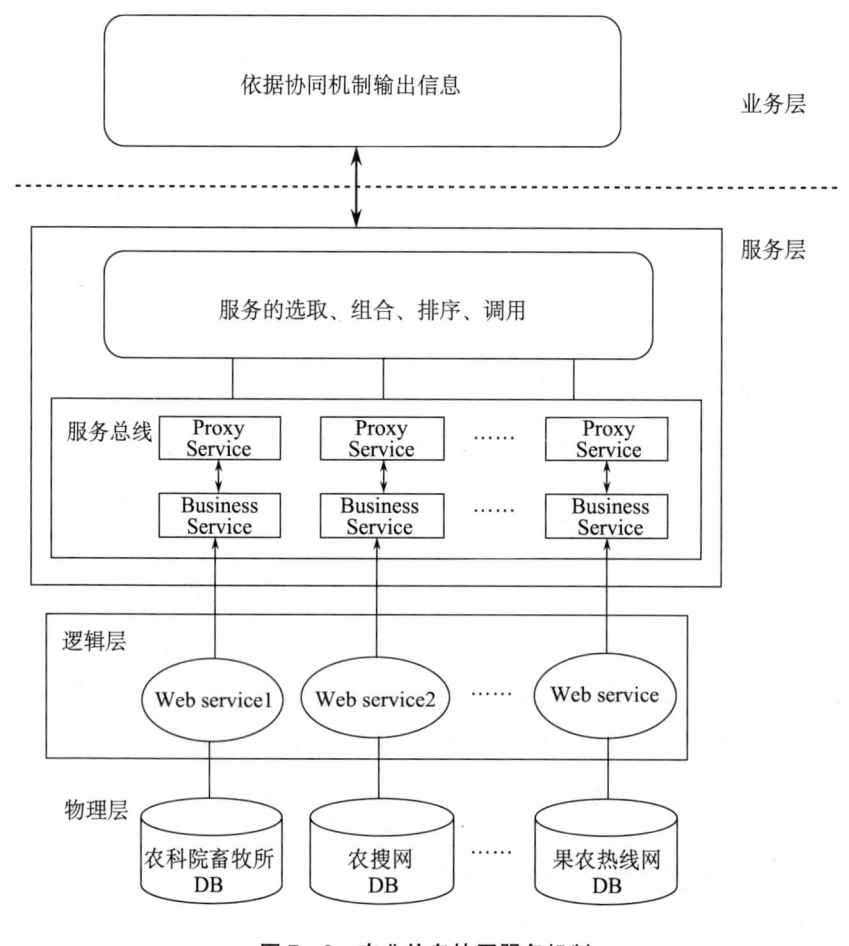

图 7—2　农业信息协同服务机制

四、协同机制的实现

(一)业务层协同机制

业务层协同机制的目标是依据农业业务专业知识,综合运用各信息服务为用户提供系统的信息服务。而本文提出的农业过程本体,是在划分农业生产经营阶段的基础上,综合各阶段的农业信息需求,进行信息需求单元划分而建立的。农业过程本体的建立过程中依据农业专业知识对农业产业过程和信息需求进行了深入的研究剖析。农业过程本体的建立为业务层的协同机制制定奠定了基础。业务层的协同服务机制依据基于农业过程本体的业务链模型制定。

协同机制实际就是系统进行信息服务时所依据的规则。如图7—3所示,农业过程本体从生产经营阶段划分到信息需求单元划分,可以分为不同的层次,对应地,信息服务内容概略程度有所不同。协同机制依据不同的层面使用不同的服务方式。以奶牛养殖业为例,当用户进行信息请求时,系统将根据请求信息的层面,依据农业过程本体提供信息服务。根据图7—3所示,协同机制可以分为四个层次。

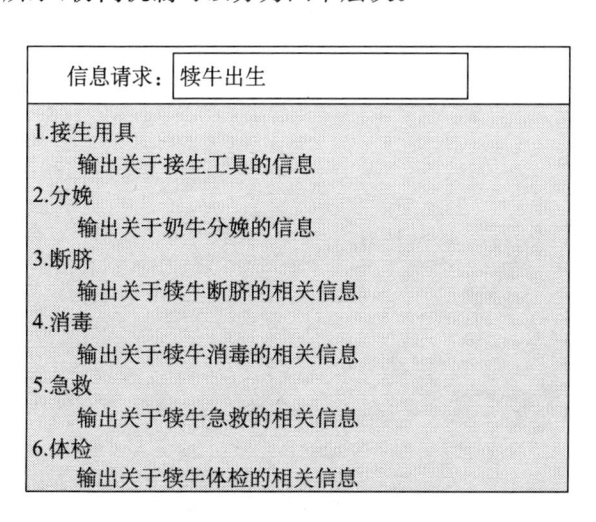

```
信息请求: 犊牛出生

1.接生用具
   输出关于接生工具的信息
2.分娩
   输出关于奶牛分娩的信息
3.断脐
   输出关于犊牛断脐的相关信息
4.消毒
   输出关于犊牛消毒的相关信息
5.急救
   输出关于犊牛急救的相关信息
6.体检
   输出关于犊牛体检的相关信息
```

图7—3 业务层协同机制实现

1)当用户请求"奶牛养殖"信息服务时,系统输出的信息分别是"奶牛成长阶段"、"奶牛成年阶段"、"奶牛淘汰阶段"三个方面的信息。

2)当用户请求"成长阶段"信息服务时,系统输出信息分别是"犊牛期"、"育成牛期"、"青年牛期"三个方面的信息。

3)如果用户请求的是"犊牛出生"信息服务,系统将提供的信息分别是"接生用具"、"分娩"、"断脐"、"消毒"、"急救"、"体检"等方面的信息。

4)而当用户请求的是信息需求单元,系统将直接给出该单元的信息服务。

根据上述协同服务机制,当用户请求"犊牛出生"的相关信息服务时,协同服务的结果输出如图7—3所示,该图简要地描述了协同服务的输出结果。

上述协同服务机制是根据奶牛养殖业过程本体实施的,所以要求首先存储奶牛养殖业过程本体的概念层次结构(见第九章)。当系统接受到用户的信息请求时,首先依据农业过程本体层次结构确定需要输出的信息类别及顺序,然后分别调用各远程信息服务,读取相应的信息,并整理输出。如图7—4所示,客户端向系统进行信息请求,系统根据用户请求读取农业过程本体结构,确定需要输出的信息系列,然后依次调用各远程服务。而其中调用远程服务,需要依据服务层的协同机制进行。

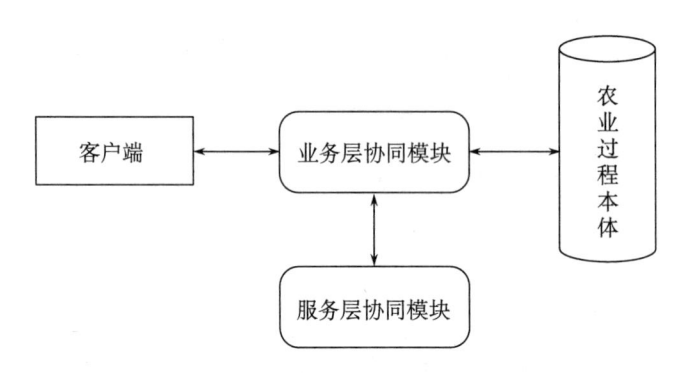

图7—4 农业信息协同服务系统模块

（二）业务层协同机制讨论

上述业务层的协同机制，可以输出完备的信息资源。但当对于某类信息，对应的服务很多时，需要进行精简（精简工作有待深入研究）。在未精简的情况下，将不同类别的各个服务所能提供的信息均输出，会造成输出信息过多。为了避免这种情况，本文探索了另一种输出方式，不改变其协同机制的思想，而允许用户自定义输出信息。

当用户进行信息请求时，系统依据农业过程本体获取与请求信息相关的信息需求序列予以显示，允许用户进行选择。该方法的实现，界面功能的设计是重要一环。实现方式简要描述如图7—5所示。

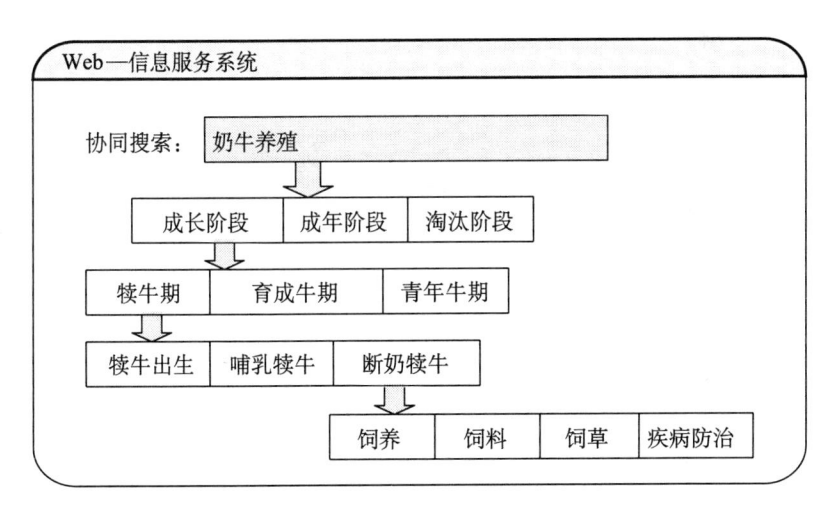

图7—5　业务层协同机制(1)

依据奶牛养殖业过程本体，奶牛养殖的生产经营阶段分为成长阶段、成年阶段、淘汰阶段。所以当用户输入关键词"奶牛养殖"，系统智能化显示出不同阶段供选择。由于成长阶段可细分为犊牛期、育成牛期、青年牛期，所以当用户将鼠标放置在"成长阶段"上时，系统依据农业过程本体，分别显示三个阶段供用户选择；而当用户的鼠标放在"犊牛期"上面时，系统会显示与"犊牛期"相关的详细阶段划分：犊牛出生、哺乳犊牛、断奶犊牛；而当鼠标指向"断奶犊牛"时，系统显示与"断奶犊牛"相关的信息需求单元:饲养、饲料、饲草、疾病防治。整个过程中农业信息需求用户可以根据自身的需求选择不同的服务。

图7—6显示的是搜索青年牛的相关信息,由于青年牛没有进一步的信息需求单元划分,所以分层显示少了一层。

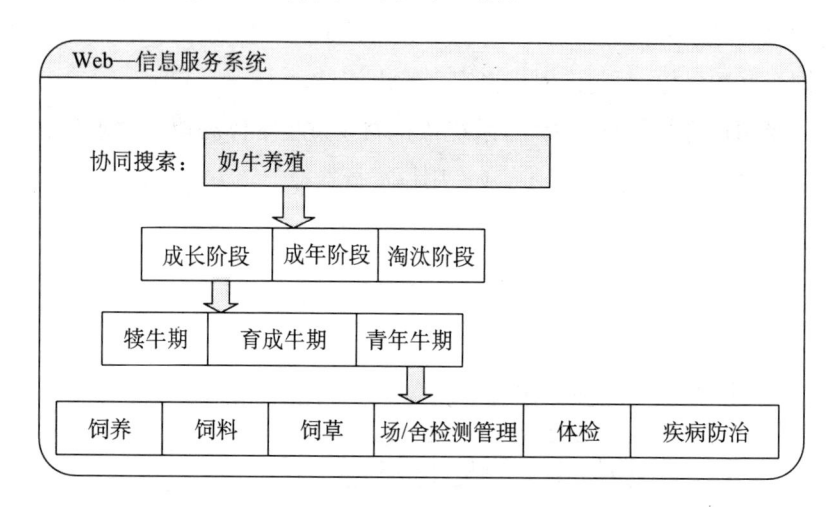

图7—6 业务层协同机制(2)

本实现方式与之前所述的协同机制不同的是同时调用的服务的数量会有所不同,这里每次只调用与某一类信息对应的服务,而前文所述协同机制每次会调用多个类别的信息服务。

不论采取什么样的方式,均依据农业过程本体实现协同服务。所以农业过程本体的构建必须有专业的知识为依据,以保证生产经营阶段划分的科学性、信息需求单元划分的合理性及全面性。这也是保证协同服务系统信息服务质量的关键所在。

(三)服务层协同机制

业务层协同机制是依据农业过程本体实现。系统根据业务层的协同机制确定了需要为用户提供的信息服务,然后需要通过服务层调用服务。由于业务层协同机制已经确定了需要调用的服务,所以服务层只需实现服务的调用。

图7—2中的服务层包括了服务总线。服务总线为服务使用者的中间层,服务总线为各应用服务设置了代理服务,而服务使用者直接可以调用代理服务,不需要了解各服务的来源和实现细节。服务层协同机制就是要依据业务需求完成各个服务的调用。首先建立服务的元数据库,用于记录各个远程服务所对应的信息分类。信息分类来源于农业过程本体。这样在农业过程本体中各个信息需求单元和生产经营阶段均可能对应有多个远程服务,各个服务需要设定权重以决定调用顺序。所以服务层的运行流程是,当业务层请求某类信息时,首先通过服务元数据库读取所有能够提供信息的远程服务的元数据,然后依据其权重进行依次调用。需要说明的是,服务的权重需能够综合反映各服务的质量,这就要求建立科学、合理的模型用于权重的评价。该模块的研究任重道远。

随着研究的深入,可以进一步将服务进行组合,在服务之上形成新的服务。利用Axis2客户端工具远程调用Web Service的简要代码如下。代码利用了CallService对象,其方法callWebService()的几个参数的含义分别是:Web Service的地址、函数名、传递的参数。

```
for(int j=0;j<businessCount;j++)
{
CallService callservice=new CallService();
String result=callservice.callWebService(serviceHttp,
"searchInfo", searchKey);
}
```

第三节 农业信息协同服务系统体系结构

农业信息协同服务系统体系结构如图7—7所示,其中系统的后台是虚拟的协同服务知识库,其架构在前文已有讨论,前台是信息的输出系统,信息的接受设备可以是浏览器、电话、手机等各种设备。

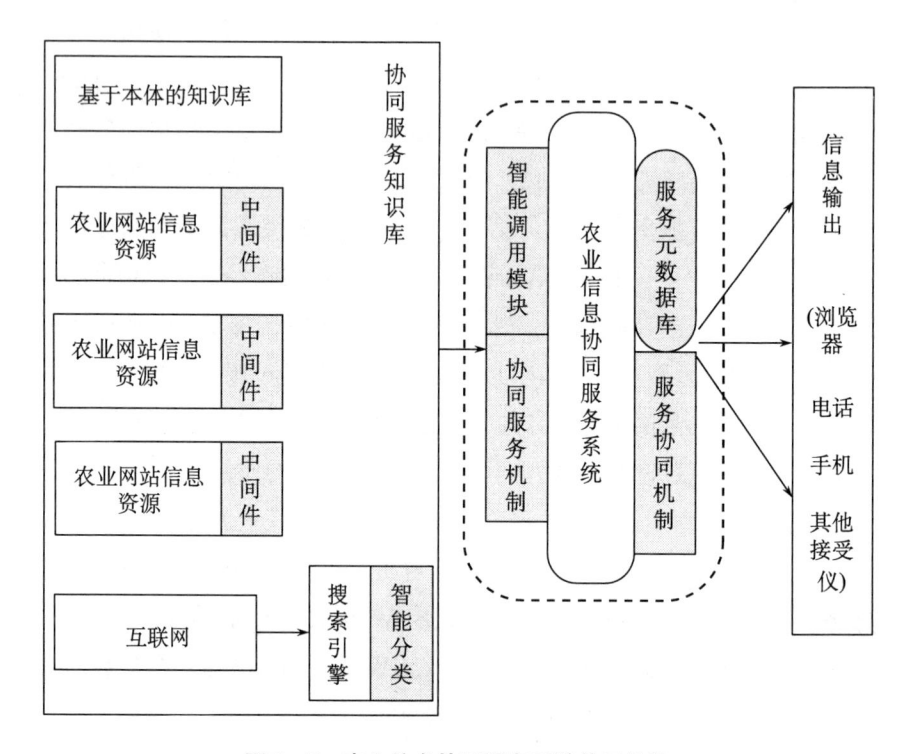

图 7—7 农业信息协同服务系统体系结构

(1) 服务元数据库

服务元数据库存储了所有远程网站资源所提供的服务接口的元数据，包括服务的地址、接口函数描述、参数类型、所提供信息分类等。系统将依据该库进行服务的调用。

(2) 智能调用模块和服务协同机制

智能调用模块根据服务协同机制进行服务的调用。协同机制在前文进行了讨论，协同服务机制包括两部分，系统将根据业务层协同机制确定提供哪些分类的信息服务以及如何对这些信息进行编排组合。而具体的服务调用，由服务层完成。服务层协同机制是对各类信息服务进行组合调用不同的服务，以获取所需信息。

(3) 客户端

客户在信息请求之后会接受到协同服务系统的信息输出。客户端可以是普通的浏览器,同时由于呼叫中心的建立,用户可以通过电话、手机等各种设备接受信息。

参 考 文 献

[1] Arpírez, J., Gómez-Pérez, A., Lozano, A. et al. 1998. (ONTO)2Agent: An Ontology-based WWW Broker to Select Ontologies Workshop on Application of Ontologies and Problems Solving Methods. ECAI'98. Brighton, ECAI'98. http://delicias.dia.fi.upm.es/REFERENCE_ONTOLOGY/.

[2] Uschold, M., Gruninger, M. 1996. Ontologies: Principles, Methods and Applications. *Knowledge Engineering Review*, Vol. 11, No. 2.

[3] 柴小路:《Web Services 技术、架构和应用》,北京:电子工业出版社,2003 年。

[4] 黄文秀:《农业自然资源》,北京:科学出版社,1998 年,第 18 页。

[5] 李朋、张景:"XML Web Services 在电子办公中的应用",《计算机工程与应用》,2004 年第 3 期,第 194~197 页。

[6] 林绍福:"面向数字城市的空间信息 Web 服务互操作与共享平台"(博士论文),北京大学,2002 年。

[7] 罗家佳、宋文:"OntoWeb:基于本体的知识管理和电子商务信息交换",《现代图书情报技术》,2006 年第 2 期,第 27~29 页。

[8] 罗荣良、朱勇:"基于模型驱动架构的 Web Services 应用开发",《计算机应用与软件》,2004 年第 1 期,第 110~111 页。

[9] 牛方曲、甘国辉、徐勇等:"基于 Web Service 构建农业信息协同服务系统",《农业网络信息》,2009 年第 9 期,第 28~32、41 页。

[10] 钱平、郑业鲁:《农业本体论研究与应用》,北京:中国农业科学技术出版社,2006 年。

[11] 苏晓路、钱平、赵庆龄等:"农业科技信息导航知识库及其智能检索系统的构建",《情报学报》,2004 年第 6 期,第 677~682 页。

[12] 王健、甘国辉:"'十五'国家科技攻关计划项目课题'农业信息网络平台的研究与开发'项目分析报告",2002 年。

[13] 鲜国建、孟宪学、常春:"基于农业本体的智能检索原型系统设计与实现",《中国农学通报》,2008 年第 6 期,第 470~474 页。

[14] 徐勇、甘国辉、牛方曲:"农业信息协同服务总体架构解析",《农业网络信息》,2009 年第 9 期,第 10~12 页。

[15] 杨邦杰等:"农情信息分析系统研究报告",国家"十五"攻关课题:农业信息资源开发与共享技术研究,2000年。
[16] 杨鸿雁、尚俊平、徐延华等:"农业专业搜索引擎建设探讨",《农业图书情报学刊》,2005年第4期,第83~84页。
[17] 赵晓枫、王志嘉、郑光耀:《精通WAP/WML》,北京:科学出版社,2002年。
[18] 郑文先:"略论本体论的当代意义",《武汉大学学报(哲学社会科学版)》,1998年第1期,第3~8页。

(本章执笔人:甘国辉、牛方曲)

第八章 农业资源信息协同服务系统

第一节 农业资源分类与农业资源本体

一、农业资源及其类型划分

农业资源属于资源利用目标约束型概念,其内涵与外延广泛,涉及资源的各个方面。回顾历史,带有"农业资源"含义色彩的提法最早可追溯到公元前亚里士多德(Aristotle)时代的哲学著作和商人小册子。到17世纪中叶,以魁奈(Quesnay F. F.)为代表的重农主义者才将富有"农业资源"具体含义的"土地"最大限度地引入经济学。威廉·佩蒂(Petty W.)的名言"劳动是财富之父,土地是财富之母"奠定了"土地"在经济学中的重要地位。之后近两个世纪,西方经济学家一直奉行土地、劳动和资本的农业生产三要素准则。20世纪60年代以来,随着管理在农业生产过程中作用的增强,农业生产要素便由三个变为四个。在西方农业生产经济学著作中,并没有"农业资源"这个词,而是用"农业生产资源"(agricultural production resources),认为一切农产品都是由各种生产资源配合而成的,并把这些生产资源概括为土地、劳动、资本和管理四大要素。在我国,富含有农业资源"顺天"、"适地"利用经验的记载更可上溯到几千年以前的古代,但均无成论流传。从能查阅到的各种文献资料看,"农业资源"一词在我国的出现是20世纪80年代后期才开始的,以前多用"农业自然资源"、"农业生物资源"、"农业生产自然条件"和"农业社会经济条件"等术语。"农业资源"一词最早见于寇有观的"农业资源信息系统的研究"一文,其含义倾向于农业自然资源。1987年刘书楷在"农业资源经济学几个基本问题的探讨"中明确地提出了"农业资源"的概念,并较为系统地论述了农业资源的含义、范围。至此,农业资源才有了较完整的定义,真正成为一个广义的概念。

```
                     气候资源
           农业自然    土壤资源
            资源      水资源
                     生物资源
                     土地资源
    农业资源
                     物化劳动
           农业社会   劳动力
           经济资源   科学技术
                     管理
                     农产品市场
```

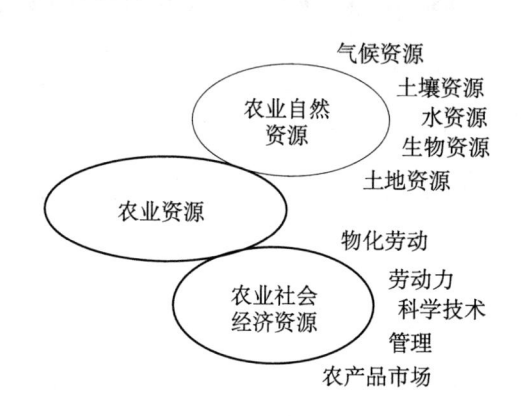

图8—1 农业资源类型划分

农业资源是指农业在自然再生产和经济再生产过程中所涉及的自然资源和社会经济资源的总称。这个定义强调农业是自然再生产过程和经济再生产过程的统一体,坚持资源分为自然资源和社会经济资源的"两分法"观点。农业自然资源是指存在于地球表层自然系统中的参与农业生产过程的物质和能量。习惯上把农业自然资源分为气候资源、土壤资源、水资源、生物资源、土地资源五大类。农业社会经济资源是指社会、经济和技术条件中参与农业生产过程的各种因素,可被概括为物化劳动(资本)、劳动力(体力、智力)、科学技术、管理和产品销售市场五个类别。农业物化劳动等同于农业资本,指投入农业生产的各种人类加工物和能量。农业管理是指人们组织经营农业生产的措施、制度和能力。

二、农业资源本体架构

农业资源本体是由描述农业生产经营活动中涉及自然和社会经济

资源的各种术语、主题词等组成的具有内在逻辑关系的概念体系。遵从农业资源分类体系架构，针对大田种植业生产经营过程的农业资源本体存在如图8—2所示的框架结构和逻辑关系，即以农作物或植物生长过程为核心，以水、土、气、肥为条件，通过投入物化劳动、劳动力、科学技术和管理，进而实现产品产出和销售为目的的自然生产和经济生产复合过程。

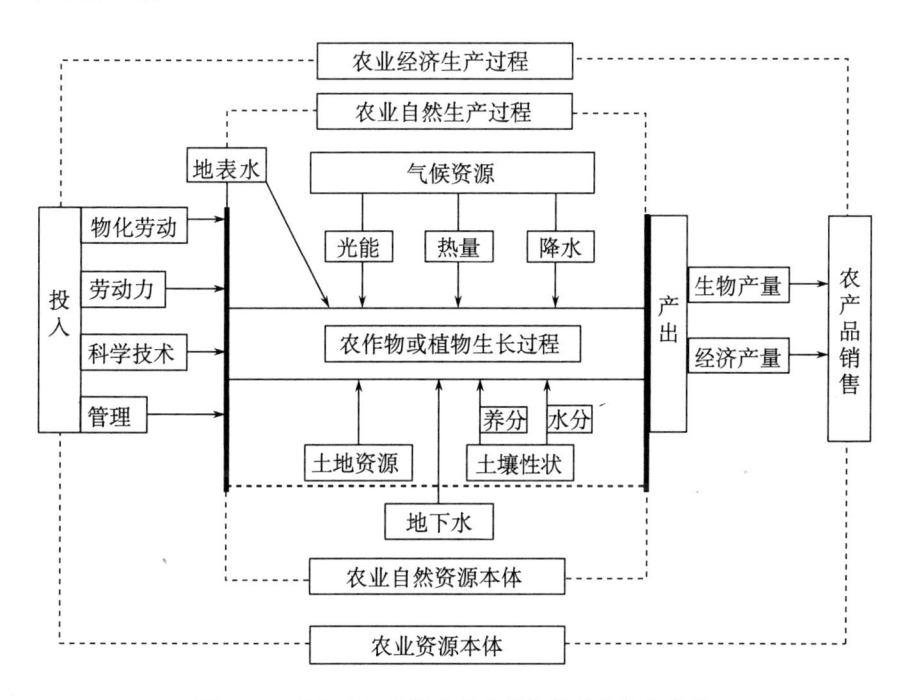

图8—2 基于大田种植业的农业资源本体框架结构

基于图8—2框架结构的农业资源本体自上而下至少可划分出三个层级的类（Class）（表8—1）：一级类包括农业自然资源、农业社会经济资源；二级类为隶属于农业自然资源的气候、土壤、水、生物、土地和农业社会经济资源的物化劳动、劳动力、科学技术、管理、农产品市场；三级类隶属于二级类，如气候资源本体类包括光能、热量、降水等，物化劳动本体类包括肥料、农药等；三级类下为本体实例（即专业上所说的底层指标、要素等），如太阳总辐射、年均温度、年降水量、土壤有机质含量、作物第一性生产力、作物经济产量等。需要特别说明的是农业社会经济资源中的物化劳动也被称为农业生产资料，目前，由钱平教授领导的研究小组已完成了农业生产资料、农业科学技术和农产品市场三个本体的构建，并已在农业专业搜索引擎和农业信息协同服务系统中得到了成效显著的应用。

表 8—1　农业资源本体构成层级

一级类	二级类	三级类	本体实例
农业自然资源	气候资源	光能、热量、降水……	太阳总辐射……
	土壤资源	养分、水分……	土壤有机质含量……
	水资源	地表水、地下水……	河川径流量……
	生物资源	农作物……	作物经济产量……
	土地资源	耕地、林地……	垦殖指数……
农业社会经济资源	物化劳动	肥料、农药……	有机肥投放量……
	劳动力	数量、质量……	受教育水平……
	科学技术	种质改良……	……
	管理	……	……
	农产品市场	……	

三、农业自然资源本体

农业自然生产是在土地、土壤、气候等自然资源因素共同作用下的作物（或植物）生长过程，土地提供作物（或植物）的生长空间，土壤提供养分和水分，气候提供光能、热量和降水补给；水资源就其存在而言，属于自然资源，但它的农业行为特征具有物化劳动性。延用惯常农业资源类型划分方法，将其划入农业自然资源。含有本体实例的农业自然资源本体架构如表 8—2 所示。

表8—2 农业自然资源本体

一级类	二级类	本体实例
气候资源	光能	日照时数、日照百分率、太阳总辐射、光合有效辐射、光能理论潜力、光能有效潜力、光合潜力、理论光能利用率、有效光能利用率、光合潜力利用率等
气候资源	热量	农业界限温度、无霜期、积温、活动积温、年平均温度、最热月平均气温、最冷月平均气温、极端最高气温、极端最低气温、临界温度、适宜温度、光温潜力、复种指数、光温利用率等
气候资源	降水	降水量、降水变率、降水季节分配、有效降水量、降水保证率、蒸发力、总蒸发量、干湿度、气候生产潜力、天然降水盈亏量、天然降水利用率、气候资源利用率等
气候资源	灾害	灾种、灾害发生次数、灾害出现时间、灾害持续时间、灾害强度、受灾面积、灾害损失率等
土壤资源	理化性状	土壤类型、土壤构型层厚度、土壤质地、土壤孔隙度、土壤酸碱度、阳离子代换量等
土壤资源	养分	土壤有机质含量、土壤全氮含量、土壤速效氮含量、土壤全磷含量、土壤速效磷含量、土壤全钾含量、土壤速效钾含量、土壤养分盈亏量等
土壤资源	水分	土壤含水量、土壤饱和含水量、田间持水量、凋萎系数、土壤有效含水量、农业自然生产潜力、农业自然潜力利用率、土壤生产衰减度等
水资源	地表水	河川径流量、河川径流年际变率、径流模数、地表水灌溉率、地表水环境质量指数等
水资源	地下水	地下水资源补给量、地下水资源储存量、地下水矿化度、地下水总硬度、地下水临界深度、地下水允许开采量、地下水开采率、地下水灌溉率、地下水位下降、地下水降落漏斗、地下水环境质量指数等
水资源	其他	水资源总量、灌溉面积、有效灌溉面积、灌溉定额、作物实际耗水量、作物理论需水量、渠系水利用系数、田间水利用系数、农业水资源利用率、农业水资源产出率等

续表

一级类	二级类	本体实例
生物资源	作物	作物品种、作物品种数、繁殖系数、作物品种改良率、木本作物、草本作物、第一性生产力、作物生物产量、作物经济产量、作物经济系数、作物秸秆利用率等
生物资源	畜	牲畜品种、牲畜品种数、牲畜存栏数、牲畜折算系数、牲畜出栏率等
生物资源	禽	禽类品种、禽类品种数、肉禽、蛋禽等
生物资源	其他	生物物种数、顶级群落物种数、特有物种数、濒危物种数、生物密度、生物量、植物优势度、生物多样性指数、生物生产力、生物经济物种数、物种经济利用率、植物栽培率、动物驯化率等
土地资源	农耕地	垦殖指数、宜农荒地面积、耕地减少速度、耕地退化程度等
土地资源	森林地	森林蓄积量、森林生长量、森林采伐量、宜林荒地面积、森林覆盖率等
土地资源	草场	草场面积、草场载畜力、宜牧荒地面积、草场利用率、草场退化程度等
土地资源	水域	水域面积、水域利用率等
土地资源	其他	土地总面积、土地覆被率、土地利用率、土地生产率等

(一)气候资源本体类

农业气候资源是指气候条件对农业生产所提供的自然物质和能源,及其对农业生产发展的潜在能力,主要包括光、热、水、气等。光能是农作物(或植物)进行光合作用、积累有机物质的能量源泉;热量是植物体内生化反应得以进行、作物生长发育的重要环境条件;水是植物生活必需的物质,参与光合作用和能量储存;空气的运动性和含碳性是作物(或植物)生存的重要因素,风促进热量和水汽的交换、土壤和植物的蒸发蒸腾;二氧化碳是光合作用必需的原料、植物体干物质中的主要组成部分。农业气候资源本体主要包括光能、热量、降水和灾害,未考虑空气,并不是空气不重要,只是因为它的存在具有极大的遍在性而已。

（二）土壤资源本体类

土壤作为农业的立地基础，在机械支撑生长作物（或植物）植株的同时，为作物（或植物）提供所需要的水分和氮、磷、钾、钙、锰、硫以及各种微量营养元素，根系呼吸所需要的氧也存在于土壤孔隙之中。土壤具有容蓄、保持、转化和供应这些物质的作用。良好的土壤性状是作物（或植物）有效地利用其他因素的关键。一般来说，土壤资源本体实例可归类为理化性状、土壤养分、土壤水分三个方面进行概念描述或含义界定。

（三）水资源本体类

水资源是农业生产不可缺少和不可替代的再生自然资源。它对农作物的作用主要体现为：将土壤中的营养物质溶解，然后把它们输送到作物体内；水从作物叶子表面蒸腾，能够调节作物体内温度，使作物不致因炎热而干枯；直接参加作物生理过程，制造碳水化合物。在我国北方，特别是西北干旱、半干旱地区，因总量有限和利用效率低下等原因，水资源问题已经成为严重制约这些地区农业乃至国民经济发展的"瓶颈"。针对水资源的农业行为特征和限制性特点，从它的存在形式和农业利用方式出发，将水资源的有关本体实例归类为地表水、地下水和其他三个部分加以描述、界定和讨论。

（四）生物资源本体类

生物资源系指地球表层系统中构成生物圈的一切植物、动物和微生物的总称。广义的生物资源概念是从生物与环境统一体的角度下定义的，即把生物群落与其周围环境组成的具有一定结构和功能的生态系统称为生物资源。不管是狭义的理解还是广义的概念，均以植物、动物和微生物这些活着的有机体为核心。农业生物资源是指作为农业劳动对象的那部分生物资源，就目前的开发利用程度而言，它仅是生物资源的一小部分，但已涉及了生物资源类别的各个方面。随着科学技术的进步和人类对生物资源可利用性认识水平的提高，农业生物资源的范围在不断扩大，今天不属于农业劳动对象的物种，明天就可能变为农业生物资源的组成部分。且生物资源物种间存在着相互依存、互为基础、共生共存等各种复杂关系,属于农业劳动对象的物种不能脱离不属于农业生物资源的某种(或某些)物种而存在。凡此种种,都使我们无法在农业生物资源与非农业生物资源之间划出明确的界限,也给本来就十分繁杂且工作力度薄弱的生物资源本体研究工作增添了不小的难度,而基此选择本体实例更显繁难。参阅国内外有关文献及研究成果,生物资源本体实例可归类为作物、畜、禽和其他四个类别加以概念描述和定义。

（五）土地资源本体类

土地资源在概念含义上有广义和狭义之分,广义的土地资源包括我们已经讨论过的气候、土壤、水资源和生物资源,余者就是通常理解的狭义土地资源所指的土地空间概念。土地空间是一定的、有限的和不可再生的,但对它的农业利用则是可以循环重复的。从土地资源的狭义概念出发,针对它的多用途性、利用排他性和在农业生产过程中固有的行为特征,将其本体实例归类为农用耕地、森林、草场、水域和其他五个方面分别加以描述和讨论。

第二节 农业资源本体知识库构建

一、农业资源本体知识库结构模式

按照农业自然资源本体分类,分别建立气候资源知识库、土壤资源知识库、水资源知识库、生物资源知识库、土地资源知识库。各类信息可再次进行归类。依据该方式建立信息资源数据库。

气候资源包括光能、热量、降水、灾害子分类,而每类资源下包括多个指标,将每一子分类资源的指标存储在一个表中,这样建立的表格会有多条记录,即每个指标对应着一条记录,气候资源库中有四张表格:光能表qihou_guangneng、降水表qihou_jiangshui、热量表qihou_reliang、灾害表qihou_zaihai。其中光能表格qihou_guangneng的模式如图8—3所示。

其他库表的结构与之类似。依据同样的方式,可以建立土壤资源知识库、水资源知识库、生物资源知识库、土地资源知识库。

列名	数据类型
id	numeric
指标名称	text
详情	text
备注	char

图8—3　农业资源本体库表结构模式

二、农业自然资源本体知识库实例

(一)气候资源

(1)光能资源

日照时数(Sh):指每天从日出到日落之间太阳直接照射到地面上的时间,以小时为单位。日照时数的多少除受昼夜长短的制约外,还受云雾、阴雨等天气条件和地面遮蔽情况等的影响。日照时数一般按年、季、月、旬农业界限温度范围及作物生育期进行统计。

日照百分率(Sper):指实际日照时数占可照射时数的百分比。可照射时数系指从日出到日落之间的小时数。日照百分率可表明天空的晴朗程度,一般可按年、季、月、旬、农业界限温度及作物生育期等时间尺度进行计算。

太阳总辐射(Sgr):是指单位时间内到达地表单位水平面积上的太阳辐射的总能量,包括太阳直接辐射(Sdr)和散射辐射(Ssr)两部分。直接辐射是指太阳直接投射到地面的辐射,散射辐射则是因天空和云层的散射作用而到达地面的辐射。太阳总辐射的单位一般采用卡/厘米^2·日、卡/厘米^2·旬、卡/厘米^2·月或卡/厘米^2·年等表示,表达式为:

$$Sgr = Sdr + Ssr \qquad (1)$$

太阳总辐射量是光能资源多寡的主要标志,对它的分析需计算统计时间序列的年、月总量及多年平均值,分析高峰值期和低峰值期;也可进行光、热、水的配合分析,分析农业界限温度期间的总辐射,进而可计算各种作物的生产潜力。关于太阳总辐射的计算是个较为繁杂的专业性问题,与多种地理、气象因素有关,已成型的计算方法或公式较多,需要时可查阅、参考有关专业文献。

光合有效辐射(Ser):是指在可见光谱 0.38～0.71 微米波长范围内能为绿色植物吸收并参加光合作用的那部分太阳辐射(竺可桢,1964)。据国内外一些已发表的观测资料,光合有效辐射约占太阳总辐射的$(50\pm3)\%$。光合有效辐射的计算目前仍采用莫尔达乌于 1963 年建立的经验公式:

$$Ser = 0.43 Sdr + 0.57 Ssr \qquad (2)$$

光能理论潜力(Stp):是与太阳总辐射密切相关的一个理论概念,指在假定没有任何损失的情况下太阳总辐射全部转化形成的生物产量或生物经济产量。单位一般采用公斤/公顷·生育期或公斤/公顷·年。表达式为:

$$Stp = \frac{Sgr}{\varepsilon} \qquad (3)$$

(3)式中,ε 表示每克干物质燃烧释放的能量,单位为千卡/克。若要计算生物经济产量,则用生物产量乘以经济系数即可求得。注意(3)式中的单位转换。

光能有效潜力(Sep):与光合有效辐射直接相关,是指无任何损失条件下光合有效辐射能量全部转化形成的生物产量或生物经济产量。单位为公斤/公顷·年或公斤/公顷·生育期,表达式为(ε 同(3)式,注意单位转换):

$$Sep = \frac{Ser}{\varepsilon} \qquad (4)$$

理论光能利用率(Stu):单位土地面积上作物(或植物)的生物产量与同期、同面积上的光能理论潜力之比,称为理论光能利用率(亦称光能利用率),一般以百分比表示,即:

$$Stu(\%) = \frac{Yo}{Stp} \qquad (5)$$

(5)式中，Yo 代表作物的生物产量。理论光能利用率也可以表达为单位土地面积上作物累积的化学潜能（$\sum \varepsilon$），与同期、同面积上的太阳总辐射（$\sum Sgr$）之比，即

$$\text{Stu}(\%) = \frac{\sum \varepsilon}{\sum Sgr} \tag{6}$$

有效光能利用率（Seu）：是指单位面积上作物（或植物）的生物产量与同期、同面积上的光能有效潜力之比，以百分比表示，即：

$$\text{Seu}(\%) = \frac{Yo}{Sep} \tag{7}$$

式中，Yo 同(5)式。有效光能利用率亦称光合有效辐射利用率，也可以表达为单位土地面积上作物累积的化学潜能（$\sum \varepsilon$），与同期、同面积上的光合有效辐射（$\sum Ser$）之比，即：

$$\text{Seu}(\%) = \frac{\sum \varepsilon}{\sum Ser} \tag{8}$$

光合潜力（Ppp）：单位时间、单位面积上，具理想群体结构的高光效作物（或植物）品种在空气中二氧化碳含量正常、其他环境因素均处于最佳状态时的最大干物质产量。单位为公斤/公顷·年或公斤/公顷·生育期。理想群体指处于生长繁时期，密度、结构、株形等都最适于接受和分配阳光；高光效植物为无光呼吸消耗的碳四植物；适于生长的最佳环境因素包括气温在最适宜范围之内，水分充足但不过多，一般以土壤田间持水量的70%为水分湿润状态，养分充足，选用优良品种，且有优良的耕作、管理水平。作物（或植物）生物产量不受其他自然条件的制约，仅由太阳辐射能量决定，即各项因素都不是产量形成的限制因素时，作物（或植物）的最大可能产量。

光合潜力的估算方法很多，国内外学者从不同角度作了大量的研究工作。概括起来主要有：利用光能利用率估算生产潜力，以竺可桢、汤佩松等为代表；利用量子效率等进行估算，以卢米斯（Loomis，1963）等为代表；按光合生产过程和限制因素计算，以威廉斯（Williams，1970）等为代

表;利用经济器官形成期的辐射收入计算,以于沪宁、李伟光(1985)等为代表。在此,我们重点介绍黄秉维院士关于光合潜力的估算方法,这种方法简单明了,结果较为保守。其表达式为:

$$Ppp = 0.219 Sgr \qquad (9)$$

式中 Sgr 为太阳总辐射(焦耳/厘米^2·年),Ppp 为光合潜力(公斤/公顷·年),0.219 是系数。系数的取得过程如下:

(a) 太阳总辐射(焦耳/厘米^2·年);

(b) 太阳总辐射中波长 0.4～0.7 微米的可见光约占 50%,(b)=(a)×50%;

(c) 投射于田间的可见光有 20% 落在土面上,扣除这部分后,(c)=(b)×0.80;

(d) 投射于植物体上的可见光有 10% 落在非光合器官上,扣除后,(d)=(c)×0.90;

(e) 投射于植物光合器官上的可见光有 14% 反射掉,扣除后,(e)=(d)×0.86;

(f) 太阳辐射中可见光平均每焦耳的量子数为 4.5 微摩尔,将(e)换算为量子数,(f)=(e)×4.5;

(g) 光合的量子需要数为 12,即合成 1 微摩尔的碳水化合物需要 12 微摩尔的光量子,因此植物光合器官所吸收的可见光所能产生的碳水化合物(g)=(f)×1/12=(f)×0.080(微摩尔/厘米^2);

(h) 光合作用形成的碳水化合物有 50% 被氧化为二氧化碳,减去这部分后,(h)=(g)×0.50(微摩尔/厘米^2);

(i) 1 微摩尔碳水化合物=30÷1 000 000 克,按此将(h)换算为每公顷公斤数,(i)=(h)×3(公斤/公顷);

(j) 干植物质中含有无机养分约 10%,将此数加进,(j)=(i)÷0.9;

(k) 植物质(包括根、茎、叶、籽粒、果实在内)以含水分 15% 计,则(k)=(j)÷0.85(公斤/公顷)。

从(a)到(k),即得出系数为 0.219。

光合潜力利用率(Spu):指单位面积上作物(或植物)的生物产量(即生物经济产量除以生物经济系数之值)与同期、同面积上的光合潜力之比,单位为百分率。

$$\mathrm{Spu}(\%) = \frac{Y_o}{P_{pp}} \qquad (10)$$

式中,Y_o 为作物(或植物)的生物产量。

(2) 热量资源

农业界限温度(Tal):指具有特定农业意义如生长发育期、农事活动的开始与终止的空气温度。这些有特定农业意义的空气温度可以组成农业气候热量指标系统。常用的农业界限温度有 0℃、5℃、10℃、15℃、20℃等。以一年内日平均气温稳定大于 0℃的时期作为适宜农耕期;以稳定大于5℃的时期作为越冬作物生长活动期(实际上麦类作物生长活动的起始温度低于5℃)和喜凉早春作物播种期;以稳定大于10℃的时期作为越冬作物生长活跃期和喜温作物开始播种与生长活动期;以稳定大于15℃的时期作为喜温作物正常生长活动期;以稳定大于20℃的时期作为喜温作物旺盛生长期。

无霜期(Tfd):指地面出现白霜的春季终日至秋季初日期间的持续天数,单位一般为天。各年天数相差有别,通常以其多年平均值表示。为农业气候热量资源的重要指标,无霜期长,作物生长期也长,热量资源丰富;反之,作物生长期短,热量资源贫乏。一般百叶箱测得的气温约比地面高2℃,可用最低气温大于 2℃的初、终日间的天数作为无霜期。

积温(Ta):指某一时段或某一界限温度期间日平均温度的总和,单位为℃。是研究作物(或植物)生长发育对热量的要求和评价热量资源的一种指标。作物(或植物)通过某一发育阶段或完成全部生长发育过程所需的积温为一相对固定值。积温常按照农业界限温度进行计算。

活动积温(Taa):积温的一种重要表达形式。指日平均温度高于某个农业界限温度持续期日平均温度总和,单位为℃。大部分农作物的生长过程在温度升至10℃以上才开始,不在此期间的温度对植物生长的意义较小。因此,≥10℃的活动积温可以认为是最简单、最直接的表现植物生长的热量资源指标。在分析活动积温时,除需计算多年平均值外,还需计算它的保证率,一般取 80% 保证率为生产实践中使用的指标。

年平均温度(Tya):指一年内温度的平均值,计算时多采用 12 个月平均温度累加值除以 12 取得。一般所说的年平均温度含有多年平均意义,是分析农业气候资源的一个参考指标。

最热月平均气温(Thm):指一年中温度最高的那个月的平均温度。

最冷月平均气温(Tcm):指一年中温度最低的那个月的平均温度。

极端最高气温(Th):指一年或数年中出现的最高气温值。

极端最低气温(Tl):指一年或数年中出现的最低气温值。

临界温度(Tc):系指温度过低或过高并开始导致植物死亡的温度,是作物(或植物)生物学下限温度和上限温度的总称。不同的作物(或植物)对温度的反应是不一样的,它们的临界温度也是不同的。因此,临界温度在农业气候资源分析中,应给予充分注意。

适宜温度(Tst):与临界温度相对应,指作物(或植物)能正常生活的温度。一般地,碳三植物的适宜温度是 15℃~25℃,碳四植物比碳三植物高 10℃ 左右。

光温潜力(Ptp):指单位时间、单位面积上,植物在其他自然条件均适宜,以光能和温度条件为决定因素时生产的干物质量。以公斤/公顷·年或公斤/公顷·生育期为单位。与光合潜力概念的不同之处在于,考虑了气温条件对植物生长的限制,即指植物临界下限温度和上限温度范围内,重点是适宜温度期间的光合潜力。光温潜力最简单的估算公式为:

$$\text{Ptp} = \beta_T \cdot Pp \qquad (11)$$

$$\beta_T = \frac{Tfd}{365} \qquad (12)$$

式(11)、(12)中,β_T 为温度有效系数,Tfd 为无霜期,365 为一年之内的天数。关于 β_T 的算法有很多种,需根据作物(或植物)种类、分布地区的特点选择不同的计算方法。如可以取日均温度持续超过 5℃ 以上的天数除以365，日均温度持续超过10℃以上的天数除以365，等等。

复种指数(MCI)：指一年内农作物总播种面积与耕地面积的百分比。从概念上看，它反映了一个地区耕地利用的程度，实则是一个衡量热量利用状况的指标。计算公式为：

$$\text{MCI}(\%) = \frac{\text{全年农作物总种面积}}{\text{耕地面积}} \tag{13}$$

光温利用率(Tur)：指单位面积上作物（或植物）的生物产量(Yo)与同期、同面积上的光温潜力(Prp)之比，单位为百分率。

$$\text{Tur}(\%) = \frac{Yo}{Ptp} \tag{14}$$

(3) 天然降水

降水量(P)：指一定时间内由云中降落到单位面积平面的液态水和固态水的量。一般用所积降水的厚度表示。如为液态水可用附有量雨杯的雨量器或雨量计测定；如为固态水，可融化为液态水后用量雨杯测定。单位一般取毫米。也可用降落在某一区域面积上的总水量体积表示，单位为立方米或亿立方米。降水量可按年、季、月、旬时间尺度分为年降水量(Pa)、季降水量、月降水量、旬降水量等。降水量是反映一个地区农业水分资源多少的重要指标。

降水变率(Pv)：指降水平均偏差与降水平均值的百分比。它是反映降水稳定程度的一个指标。降水变率也可分为年降水变率(Pav)、季降水变率、月降水变率等。降水变率是针对多年平均状况而言的。年降水变率是用某年降水量与多年平均降水量的差值除以多年平均降水量的百分比表示。

$$\text{Pav}(\%) = \frac{Pa - \overline{Pa}}{\overline{Pa}} \tag{15}$$

降水季节分配(Psd)：指一年各季节降水量占年降水量的比例，用百分比表示。

有效降水量(Pe)：指作物（或植物）生育生长期间的非灾害性降水量，即在作物生育生长期降水量中扣除掉造成洪涝或雹害的那部分降水量。

降水保证率(Par)：指一定时间内(年、季、月等)的降水量，就多年而言，超过(或不到)某一指标值的概率。一般以百分比表示。降水保证率是针对一定时间内多年平均降水量指标值在农业生产中存在的不足而提出的，是进一步了解降水保证程度的重要指标。

蒸发力(Ep)：亦称蒸发势或潜在蒸发。指在一定气象条件下水分供应不受限制时，某一固定下垫面的最大可能蒸发能力。单位为毫米/月、毫米/日等。关于蒸发力较为具体的定义，国外有多种方法。这些定义的不一致性主要源于对下垫面的不同理解。目前较为流行的有桑斯威特(C. W. Thornthwaite)法、彭曼(H. L. Penman)法、范·维克法、范·巴维尔法、布达戈夫斯基法以及布迪科(M. I. Budyko)法等。黄秉维院士(南京大学等，1980)将农田蒸发力定义为特定条件下的土面蒸发和作物蒸腾的总和。其特定条件是指：土壤含有充足的水分，土面蒸发和作物蒸腾都不致由于水分供给不足而减少；地面有完密的作物覆盖；作物高度大体一致，不超过1米左右；作物生长正常，叶片尚未衰老；周围广大面积情况相似。关于蒸发力的计算方法很多，因概念定义而异，且专业性很强，应用时请查阅有关文献。

总蒸发量(Etp)：指植物蒸腾量与株间(或棵间)土面蒸发量之和。单位为毫米/月或毫米/日等。总蒸发量也称农田总蒸发量，是一个与总蒸发(亦称蒸散发或蒸发蒸腾)密切相关的概念。总蒸发是指土壤水由植物茎、叶面和植株间土面转移到大气中生成水汽的过程。虽然总蒸发和总蒸发量都与作物种类、生育期、生长状况、土壤含水量及气象条件有密切关系，但总蒸发是一个复杂的物理和生理过程，总蒸发量是一个量的概念，两者之间存在着很大的概念差别，细析有关文献，两者在使用中存在混淆现象，希望能注意加以区别。

干湿度(AMC)：是反映或表征气候干燥或湿润程度的指标。在研究或应用时，可选用干燥度或湿润度任何一个指标代表，因干燥度与湿润度两者之间互为倒数，是同一事物的两种不同表达方法。

干燥度(ARI)：又称干燥指数或干燥因子。描述气候干燥程度的指标,与湿润度互为倒数,一般用水分的可能消耗量与收入量的比值表示。

$$\mathrm{ARI} = \frac{Ep}{P} \tag{16}$$

式中,Ep 为蒸发力,P 为同期降水量。气候学家张宝坤提出的干燥度 ARI 的计算公式为:

$$\mathrm{ARI} = \frac{0.16\sum t}{P} \tag{17}$$

式中,Σt 为日平均气温≥10℃期间的活动积温,0.16 为系数,P 为同期降水量。当(17)式计算结果的 ARI<1.0 时,为湿润;ARI=1.0~1.49 为半湿润;ARI=1.5~3.99 为半干旱;ARI≥4.0 为干旱。

湿润度(MOI):又称湿润指数、湿润系数或水热系数。一般用水分的收入量与可能消耗量的比值表示。

$$\mathrm{MOI} = \frac{P}{Ep} \tag{18}$$

式中,P、Ep 同(16)式相同。我国一些研究中常用谢良尼诺夫(1930)建议的近似计算方法,即以积温(Σt)的 1/10 来除同期降水量(Σp):

$$\mathrm{MOI} = \frac{\sum p}{0.1\sum t} \tag{19}$$

需要指出的是关于干燥度或湿润度的计算方法还有很多种,读者如需要可查阅有关专业文献。

气候生产潜力(Pcp):亦称作物—气候生产潜力或光温水潜力。指单位时间、单位面积上,土壤养分充足时农作物的最大可能产量。单位为公斤/公顷·生育期或公斤/公顷·年。主要分析不同作物品种、不同气候条件下的产量,考虑了太阳辐射、气温、降水、蒸发、作物蒸腾量、地下潜水补给等条件。与光温潜力的区别在于加入了水分平衡因素,以作物生育期中水分的供需、盈亏为限制因素,以 1 米(最大达 2 米)土层及作物活动面以上 2 米空间为研究对象。气候生产潜力简单的估算公式为:

$$\mathrm{Pcp} = \beta p \cdot Ptp \tag{20}$$

式中 βp 为水分有效系数，Ptp 为光温潜力。目前关于气候生产潜力的估算仅是粗略的，这种粗略性主要表现在 βp 值的确定。研究中 βp 一般用降水量与蒸发力的比值。当降水量大于蒸发力且其差值小于当地径流深时，取 $\beta p=1$，表示降水可以满足蒸发需要，也不过于湿润，水分因素不限制光温潜力的发挥；当降水量大于蒸发力加径流值时，$\beta p<1$，表示过于湿润；当降水量小于蒸发力时，水分不足。

天然降水盈亏量（Ppl）：亦称水分盈亏量，指单位时间内的降水量（P）与同期蒸发力（Ep）的差值，单位为毫米/月或毫米/日等，是了解一个地方水分收支数量的指标。

$$Ppl = P - Ep \qquad (21)$$

天然降水利用率（Pur）：指作物（或植物）生长发育期的总蒸发量（Etp）占年降水量（Pa）的百分比，是一个反映农业生产对天然降水利用有效性程度的指标。

$$Pur(\%) = \frac{Etp}{Pa} \qquad (22)$$

气候资源利用率（Cur）：指单位面积上作物（或植物）的生物产量（Yo）与同期、同面积上的气候生产潜力（Pcp）之比值，单位为百分率。

$$Cur(\%) = \frac{Yo}{Pcp} \qquad (23)$$

（4）气象（气候）灾害

农业气象（气候）灾害是指对农作物生长发育过程起抑制作用或破坏作用并造成一定农业损失的天气或气候。一般包括旱涝、干热风、寒潮、低温、冷害、冻害、寒害、台风和大风、寒露风、霜冻、冰雹等。这些灾害性天气或异常气候是农业生产的不利因素，限制着农业气候资源的有效利用。灾害种类在空间分布上有较强的地域性，因此，对灾害的分析研究也应视具体地区情况而定，不同的地区、不同的灾害种类有不同的分析研究指标系统。去其地区性和种类性，究其一般性，我们侧重于从灾害造成农业生产损失后果一致性的角度提出反映灾害损失的指标。

灾害发生次数（Cof）：亦称灾害发生频率，指作物生长发育期或作物生长发育某一阶段某一种灾害发生的次数。一般用一年几遇或几年一遇来表示。分析时间系列一般需达到20年以上。

灾害出现时间(Cod)：亦称灾害发生期，指某种灾害出现在作物生长发育期的某个时节或某个时段。如北方春旱、伏旱、秋涝、秋霜冻等。

灾害持续时间(Csd)：亦称灾害持续期，指在作物生长发育期发生某种灾害一次所持续的时间长短。一般用天、小时为单位。

灾害强度(Cin)：是反映某种灾害对农作物生长发育造成破坏性或抑制性程度的一个指标。一般按灾害种类的级别可分成3~5个等级。如偏旱、旱、大旱、特大旱、弱寒害、中等寒害、重度寒害等。

受灾面积(Ca)：指某种灾害在一次性成灾中所涉及的地域范围。一般以平方公里为单位。也是表征某种灾害对农业生产破坏性或抑制性程度的一个指标，与灾害强度的不同之处在于它反映的是灾害的空间尺度。

灾害损失率(Clr)：指作物生长发育期因发生某种(或某些)灾害所造成作物经济减产量与邻近年份正常年生物经济产量的百分比。习惯上多用减产成数表示，如减产三成，即指灾害损失率达30%。

气候生产逆增率(Cpgi)：是一个评判气候资源农业利用有效性状况的综合评价指标。其构建的基本思路认为：随着研究中光、温、水等气候因子的逐次加入，对应的生产潜力呈衰减趋势，而对应的利用效率呈增大趋势，这是由于利用率算式中分子(即作物生物产量)相同、分母(即对应生产潜力)逐次衰减的必然结果。对应利用率间的变化增幅恰好可反映出对应气候因子的限制程度，我们即把利用率的增长率定义为气候生产逆增率。如果把对应利用率的变化轨迹抽象为一条连续的增长曲线，即以利用率为纵坐标，气候(组合)因子为横坐标，则气候生产逆增率就是指增长曲线的斜率。

(二) 土壤资源

(1) 土壤理化性状

土壤构型层厚度(Slt)：是土层厚度、耕作层厚度和熟化层厚度等的统称。单位采用米、厘米等。土层即指土壤发生层，包括有机质层(或表土层)、淀积或聚积层、母质层;耕作层指土层中由于长期耕作形成的比较疏松、颜色比较深暗、结构比较好、养分含量比较高的层;熟化层指自然土壤在经常耕作后形成的层,其厚度可能比耕作层大,也可能小,视具体地区或土类土壤利用情况。在研究中,用耕作层指标的居多。

土壤质地(ST):亦称土壤机械组成或颗粒组成。指不同粒径的土粒在土壤中所占的相对比例或重量百分比。质地对土壤肥力具有多方面的影响,决定着土壤蓄水、供水、保肥、供肥及耕性等的能力。粒径为1毫米是土粒的上限,粒径等于0.01毫米是物理性砂粒和物理性粘粒的分界线。土粒分为砂粒、粉粒和黏粒三大类。我国的土壤颗类分级标准为:粒径>10毫米为石块;粒径在10~1毫米之间为石砾,其中又以3毫米为界分为粗砾和细砾;粒径在1~0.05毫米之间为砂粒,以0.25毫米为界分为粗砂粒和细砂粒;粒径在0.05~0.005毫米之间为粉粒,以0.01为界分为粗粉粒和细粉粒;粒径<0.005毫米为黏粒,0.001毫米以上为粗黏粒,以下为细黏粒。

土壤孔隙度(Spo):指土壤孔隙在单位容积土壤中所占的百分比。孔隙度大小取决于土壤的质地、结构以及它们彼此相对排列状况。在农业生产中孔隙度能够反映土壤的松紧状况和气体交换的程度。根据土壤比重(Suw)和土壤容量(Sbd)可计算出土壤的孔隙度。计算公式为:

$$\mathrm{Spo}(\%) = 1 - \frac{Sbd}{Suw} \tag{24}$$

土壤酸碱度(pH):土壤酸碱度是反映土壤重要理化性状的指标。它能反映土壤物质组成的基本状况,特别是盐基状况;反映土壤物质转化的方向;反映土壤空气、土壤溶液、土壤有机质及矿物质之间物质交换的动态平衡。土壤酸碱度一般以pH值表示,酸碱中和点称为中性,其pH值为7,pH值的变化范围在1~14之间。pH值愈高,表明土壤碱性愈强,pH值愈低,表明土壤酸性愈强。

阳离子代换量(Spa):亦称盐基代换量或代换性阳离子总量,指每百克干土中所含全部阳离子的总量。以毫克当量/100克土来表示。土壤阳离子代换量是反映土壤保肥能力的一个指标,决定因素主要有黏粒在土壤矿质部分中的百分比、黏粒矿物组成、有机质含量和 pH 值。

(2) 土壤养分

土壤有机质含量(Soa):土壤有机质是土壤中来源于动植物的所有非矿物质的总称。自然土壤中有机质的主要来源为动植物残体及其排泄物。耕作土壤中的有机质,除作物残体外,还有人工施用的有机肥料等。土壤有机质是土壤固相的组成部分,在成土过程,特别是肥力发展过程中起着极其重要的作用。土壤有机质包括两大类:第一类为非特殊性的土壤有机质,包括动植物残体的组成部分以及有机质分解的中间产物,它们均为有机化学中已知的有机化合物。这类物质约占土壤有机质总量的 10%～15%;第二类为土壤腐殖质,是土壤中所特有的有机物质,不属于有机化学中现有的任何一类,它占土壤有机质总量的 85%～90%。土壤有机质含量是指表土层(一般指 60 厘米厚度内)或耕作层单位重量烘干土中有机质的含量。一般用百分比(或公斤/公顷)表示。土壤有机质含量尚无法直接测定,是通过测定土壤有机碳取得。有机质含量等于土壤有机碳含量乘以有机碳与有机质换算系数,换算系数的平均值一般取 1.724。土壤有机质在作物生产中的积极作用主要表现是明显地有助于土壤团粒结构的形成和稳定,有助于土壤保肥的性能以及它本身是作物养分的来源。

土壤全氮含量(Sfna):土壤中的氮素以有机结合态和无机形态的形式存在。土壤全氮含量即指土壤中存在于这些有机结合态和无机形态中的氮素总量占单位重量烘干土的比例,一般用百分比(或公斤/公顷)表示。我国耕种土壤的全氮含量多在 0.10%～0.20% 之间,最高者可达 0.35%。

土壤速效氮含量(Sqna):是指土壤全氮量中可以被植物吸收利用的那一部分氮素量。土壤中氮素绝大部分呈有机的结合形态,约占全氮量的 95% 以上。有机态氮必须经过土壤微生物的转化作用变成无机形态的氮才能为植物吸收利用,也就是说以无机形态存在的氮素量才是土壤速效氮含量。无机态氮约占全氮的 1%～5%，主要为铵态氮、硝态氮和水解性氮。

土壤全磷含量(Sfpa)：土壤全磷指的是 P_2O_5，而非磷素。土壤全磷含量是指单位重量烘干土中所有磷含量换算为 P_2O_5 的量。单位为百分比或公斤/公顷。土壤全磷含量一般为 0.10%～0.15%，最高的可达 0.25%，低的只有 0.05%。

土壤速效磷含量(Sqpa)：也是指 P_2O_5 含量。速效磷含量是指全磷含量中能为当季作物吸收利用的 P_2O_5 量。单位为百分比或公斤/公顷。

土壤全钾含量(Sfka)：指 K_2O 含量。土壤全钾含量是指单位重量烘干土中所有钾含量换算为 K_2O 的量。单位为百分比或公斤/公顷。土壤中全钾的含量(K_2O)一般在 2% 左右，高的可达 4.0%，低的仅 0.1%。

土壤速效钾含量(Sqka)：也指 K_2O 的含量。速效钾含量是指全钾含量中能很快被植物吸收利用的那部分。单位为百分比或公斤/公顷。速效钾主要指交换性钾和水溶性钾，一般只占全钾的 1% 左右。

土壤养分盈亏量(Npl)：是一个评价土壤中某种养分含量增减情况的指标，指作物生长发育期初终（或一年年初与年终）单位面积表土层或单位重量烘干土壤中某种养分含量的增减量。单位为百分比或公斤/公顷。Npl 值实际上由投入量、收取量和流失量等决定。如果 $Npl>0$，说明土壤中某养分含量是盈余的；$Npl=0$，说明入与出相等，养分处于平衡状态；$Npl<0$，某种养分是亏损的，需要通过投入予以补充。

(3) 土壤水分

土壤含水量(Swc)：亦称土壤湿度，即土壤中所含水分的数量。一般指用烘干法在 105℃～110℃ 温度下从土壤中释放出来的水量。单位为百分比或毫米。土壤含水量有多种表示方法，主要包括：占干土重量百分比、水层厚度、占土体体积百分比、占田间持水量百分比等。其中第一种和第二种最为常用，表达式分别为：

$$Swc(\%) = \frac{Wa}{Ws} \qquad (25)$$

$$\text{Swc(mm)} = Slt \cdot \frac{Wa}{Ws} \cdot \frac{Sbd}{10} \qquad (26)$$

(25)、(26)两式中，Wa 为土体中实际所含的水分重量，Ws 为干土重量，Slt 为土壤层厚度(厘米)，Sbd 为土壤容重。

土壤饱和含水量(Ssw)：亦称全容水量、最大持水量，指土壤中全部孔隙被水占据时所保持水分的最大容量，以百分比表示。掌握饱和含水量状况即可大体了解土壤的持水特性和释水性质。饱和含水量可在实验室里测得，也可通过土壤容重(Sbd)和孔隙度(Spo)求得：

$$\text{Ssw}(\%) = \frac{Spo}{100 \cdot Sbd} \qquad (27)$$

田间持水量(Sfw)：指在地下水较深和排水良好的土地上充分灌水或降水后，允许水分充分下渗，并防止蒸发，经过一定时间，土壤剖面所能维持的较稳定的土壤含水量。田间持水量是一个理论概念，被认为是土壤所能稳定保持的最高土壤含水量，也是对作物有效的最大含水量，常用来作为灌溉上限和计算灌水定额的指标。

凋萎系数(Wcoe)：亦称永久萎蔫点，指生长在湿润土壤上的作物经过长期的土壤干旱，作物因吸水不足而使叶片萎蔫，甚至在降水或灌溉供给一些水分后也不能恢复，这时的土水势一般为 -15 巴，作物在这种情况下称为永久萎蔫，此时的土壤含水量称为凋萎系数。

土壤有效含水量(Sew)：土壤水中能被作物利用的数量，一般系指田间持水量至凋萎系数之间的那部分土壤水分含量。如果土壤含水量在田间持水量与凋萎系数之间，即 Sfw>Swc>Wcoe，那么

$$\text{Sew} = Swc - Wcoe \qquad (28)$$

农业自然生产潜力(Panp)：亦称农业生产潜力，单位面积土地上每年所能获得的最大可能产量。一般指自然条件下的农业。单位为公斤/公顷·年。农业自然生产潜力与农业气候生产潜力(Pcp)的区别在于加入了土壤因素。其简单的估算公式为：

$$\text{Panp} = \beta s \cdot Pcp \qquad (29)$$

(29)式中 βs 为土壤有效系数。βs 值的取得不像温度有效系数和水分有效系数那样易于处理。因为土壤对产量的影响很复杂,不易直接确定一个可以通用的数值,一般先进行一系列分析,然后再综合叠加成一个近似系数。在赵松乔等编著的《现代自然地理》一书中,将我国不同类型区 βs 的取值范围设定在 0.90～0.63 之间。平原、盆地和河谷地为 0.90;南方丘陵山地、大小兴安岭、黄土高原等为 0.77;云贵高原为 0.72;青藏高原最低,为 0.63。

农业自然潜力利用率(Aur):指单位面积上作物(或植物)的生物产量(Yo)与同期、同面积上的农业自然生产潜力($Panp$)的百分比。

$$\mathrm{Aur}(\%) = \frac{Yo}{Panp} \quad (30)$$

土壤生产衰减度(Spai):亦称土壤生产衰减率。由于土壤因子的影响而使农业气候潜力发生衰减,这种衰减的幅度即称土壤生产衰减度。一般用百分率表示。其表达式为:

$$\mathrm{Spai}(\%) = 1 - \beta s \quad (31)$$

(31)式中的 βs 同(29)式,为土壤有效系数。实际上,土壤生产衰减度是一个从反向的角度反映土壤肥力的综合指标。

(4)土壤侵蚀和土壤污染

土壤侵蚀模数(Sem):是描述土壤侵蚀强度的指标,指单位时间内单位面积上的土壤侵蚀量。单位为吨/平方公里·年、公斤/平方公里·年、米^3/平方公里·年等。

土壤侵蚀面积(Sea):是描述土壤侵蚀空间尺度大小的指标,等同于水土流失面积。指一个地区发生土壤侵蚀现象的面积数。单位为平方公里、公顷等。

土壤环境背景值(Sebv):指土壤环境地球化学背景值,即在未受人为污染的情况下,土壤环境要素的化学元素自然含量水平。通常以平均含量表示。

土壤环境质量标准(Seqs)：为保护人类健康和土壤环境对污染物或有害物质容许量所制定的规定，是检验土壤环境质量是否受到污染和破坏的标尺。一般分为国家标准、区域性(地方性)标准及国际标准等。

土壤环境容量(Sec)：指在人类健康与自然生态不致受害的前提下，土壤环境所能容纳污染物的最大负荷量，是土壤环境管理实行污染物总量控制的一个指标。决定土壤环境容量的主要因素有：土壤面积(或空间)的大小、污染物在土壤中的稳定性、输移条件、土壤的环境功能特征及背景状况。一般可用下面的简单表达式表示：

$$\text{Sec} = (Seqs - Sebv)Sesv + Siep \tag{32}$$

(32)式中，$Seqs$ 为土壤环境质量标准，$Sebv$ 为土壤环境背景值，$Sesv$ 为土壤环境空间的容积，$Siep$ 为 i 污染物的土壤环境净化量。

土壤环境质量指数(SEQI)：是从保护土壤、防治土壤污染出发，评价区域土壤污染状况和污染程度的土壤环境质量指标。一般以土壤环境背景值(Sebv)或土壤环境质量标准(Seqs)为评价基准，根据土壤污染物的实测浓度换算成单项土壤环境质量指数。之后将单项土壤环境质量指数通过数学处理(如加和法、权重法、矢量和法等)转换成综合土壤环境质量指数。加和法计算方法如下：

$$\text{SEQI} = \sum_{i=1}^{n} \text{SEQI}_i \tag{33}$$

$$\text{SEQI}_i = \frac{C_i}{Seqs_i} \tag{34}$$

(33)式和(34)式中，n 为污染物种数，SEQI_i 为 i 种污染物的土壤环境质量指数，C_i 为土壤中 i 种污染物的实测浓度，$Seqs_i$ 为 i 种污染物的土壤环境质量标准(也可取土壤环境背景值)。

(三) 水资源

(1) 水资源总体状况

水资源总量(Wtd)：关于水资源总量的概念，综合各种文献之观点，至少存在三种不同的理解。理论地分析，认为一个地区的水资源总量是由一定时间内的大气降水量和地质构造水量组成；一般意义上所说的一个地区的水资源总量是指一定时间内的地表水与地下水量之和，包括河川径流量、湖库坝塘蓄水量以及浅层、深层地下水储量等；从长时间系列和动态的角度看，一个地区的水资源总量是指地表径流量（不包括客水）与降水入渗地下水补给量之和。我们认为第三种定义更为符合实际。

灌溉面积(Ia)：亦称设计灌溉面积。一般把具有一定的水源和灌溉设施、可以适时进行灌溉的耕地面积称为灌溉面积。把包括灌排渠（沟）道、渠系建筑物、田间道路等在内的灌溉面积称为毛灌溉面积。灌溉面积是根据灌溉区作物种植面积结构、复种指数、灌溉方式等控制指标而确定的。

有效灌溉面积(Eia)：是和一定灌溉保证率相联系的、根据实际情况对设计灌溉面积进行修正后的灌溉面积。它大概反映了某灌溉工程目前可灌溉的耕地面积。常参考的因素有水源供水量的变化、灌溉工程的配套情况及灌溉机械设备的磨损等。

渠系水利用系数(Wduc)：渠系是指在灌区内由人工开挖或填筑的专供灌溉用的水道。可分为干渠、支渠、斗渠、农渠、毛渠等若干级。其中毛渠是临时的，其余是固定的。由于各级渠道渗漏而使毛渠渠首进水量小于干渠进水量。一般把毛渠进水量与干渠渠首进水量的比值叫渠系水利用系数。

灌溉定额(Iq)：作物整个生长发育期内单位面积上各次灌溉进入田间的水量总和。每次的灌水量称为灌水定额。

田间水利用系数(Fwuc)：进入田间的水量包括降水和灌溉补给量。灌溉补给量扣除因田间工程质量和灌溉方式产生的田间流失量和土壤下渗量后称为田间作物有效利用水量。这部分有效利用水量与田间进水量的比值即为田间水利用系数。

作物实际耗水量(Rwcc)：在作物整个生长发育期内实际消耗和利用的水量，指作物蒸腾量与株间土面蒸发量之和。

作物理论需水量(Iwcc)：在土壤水分适宜条件下，满足作物生长和能获得该地区某品种的最高产量的作物耗水量。这是农作物的基本需水参数,每种作物的理论需水量随其他自然条件的变化而变化。

农业水资源利用率(Waur):亦称灌溉水有效利用系数。作物实际耗水量与灌溉水的比值。一般用百分率表示,等于渠系水利用系数与田间水利用系数的乘积。

$$Waur(\%) = Wduc \cdot Fwuc \tag{35}$$

农业水资源产出率(Owar):亦称灌溉水产出率,是衡量灌溉水对农作物产出程度高低的综合指标。灌溉水量指干渠渠首进水量与地下水抽取量之和。一般用作物由于灌溉而增加的产量与灌溉水量的比值表示,单位为公斤/米^3。

水环境背景值(Webv):指水环境地球化学背景值,即在未受人为污染的情况下,水环境的化学元素自然含量水平,通常以化学元素平均含量表示。

水环境容量(Wec):在人类健康和自然生态不致受害的前提下,水体所能容纳污染物的最大负荷量。由于水环境存在地域差异,由人为排放的各种污染物在不同的区域水环境中具有不同的运载能力与同化能力,故允许排放到水环境中的污染物质的数量也不同。决定水环境容量的主要因素是:环境空间的大小、污染物在水中的稳定性、输移条件、水环境的功能特征及区域水环境的背景值。

水环境质量标准(Weqs):为保护人类健康和生态环境对污染物或有害物质容许量所制定的规定,是国家对环境保护要求的体现,是制定环境规划和改善环境的远期或近期奋斗目标,检验环境质量是否受到污染和破坏的标尺。分为国家标准和地方标准;国家标准适合于全国环境质量的要求,如我国颁布的《地面水环境质量标准》(GB3838—83)和《农田灌溉水质标准》等。地方标准是根据区域环境特征和区域环境保护目标而制定的。水环境质量标准的制定不仅要考虑水环境本身污染物的最大允许值,还要考虑社会、经济、技术因素;由科研、设计、生产、监测、治理、评价、法律等方面综合分析制定,由管理机关颁发,具有法律约束力。

水环境质量指数(WEQI)：定量表示水环境质量的一种形式。它是反映环境状况的无量纲的相对数。分为单项水环境质量指数和综合水环境质量指数。单项水环境质量指数表示各种污染物作用于水环境的适量状况。综合环境质量指数由单项水环境质量指数加权求和或求积等方法求得。

(2) 地表水

河川径流量(SR)：河川径流是汇集陆地表面和地下而进入河道的水流。它是水分循环的重要环节，是水量平衡的基本因素之一。通常称某一时段(年或日)内流经河道上指定断面的全部水量为河川径流量。以米^3/年或米^3/秒等为单位。河川径流量的大小及变化与流域气候等自然因素有关，同时受人类活动影响。河川径流量一般用多年平均流量表示。

河川径流年际变率(Vcar)：亦称年径流变差系数。反映河川径流量年际变化幅度特征的统计指标。在水资源开发利用中，多年平均径流量反映了某河流径流量水平。但多年平均径流量相等的两条河流某年的径流量与平均值的偏差会不同，统计学上用变差系数来反映这一差别。定义如下：

$$\text{Vcar} = \frac{1}{Asr}\sqrt{\frac{\sum(SRi - Asr)^2}{n-1}} \quad (36)$$

(36)式中，Asr 为多年径流量平均值，SR_i 为第 i 年的河川径流量，n 为计算期年数。

径流模数(Rm)：又称径流率，在排水工程中又称排水模数或排水率。流域内单位面积、单位时间产生的径流量。根据径流量的不同，有瞬时径流模数、平均径流模数、多年平均径流模数等。瞬时径流模数是每秒内单位面积流域产生的径流量，平均径流模数为单位面积、单位时间(年、月、日)流出的平均流量，多年平均径流模数为多年径流模数的平均值。

地表水灌溉率(Wesr)：指一个地区、一定时间内所用的灌溉水中引用地表水所占的百分比。

地表水环境质量指数(PEQI)：反映地表水资源质量的指标。一般根据国家或地方颁布的地表水环境质量标准,用规定的各种污染物的实测浓度值与标准相比得到分指数,对分指数进行分等定级或加权求和等方法求得。用地表水环境质量指数可定量地表示水面质量的差异,为环境治理与保护提供依据。

(3) 地下水

地下水资源补给量(Gwr):指单位时间进入地下含水层或含水系统的水量。地区地下水资源补给量包括天然补给量、开采补给量和人工补给量等。天然补给量指开采前在自然条件下存在的大气降水渗入、地表水渗入以及相邻地下水盆地的地下水流入等的水量。这部分水量是在含水层中循环流动的地下水量。开采补给量指开采地区地下水位低于周围地区从而夺取河川、泉水等的补给量。人工补给量指采用人工回灌、引渗等方式增加的补给量。

地下水资源储存量(Gws):指储存于含水层重力水的体积。按其埋藏条件可分为容积储存量和弹性储存量。容积储存量是含水层空隙中所容纳的重力水的体积,即将含水层疏干时所能得到的重力水的体积。对于潜水含水层常考虑容积储存量。对于承压含水层,除了容积储存量外,还有弹性储存量。弹性储存量是将承压含水层的水头降至底板时,由于含水层的压缩和水的弹性膨胀所释放出来的水量。

地下水允许开采量(Gwp):指通过技术经济合理的取水构筑物,在整个开采期内出水量不明显减少,地下水动水位不超过设计要求,水质和水温变化在允许范围内,不影响已建水源地正常开采,不发生危害性的工程地质现象的前提下,单位时间从水文地质单元中能够取得的出水量。

地下水开采率(Gwer):某区域实际的地下水开采量与允许开采量的比值。实际开采量指目前实际正在开采的水量或预计开采的水量,它只反映取水工程的产水能力。如果多年实际开采量超过允许开采量,会引起不同程度的环境地质灾害。

地下水灌溉率(Gwir):亦称井灌百分比。一个地区用于灌溉而抽取的地下水占该区所用的灌溉水的百分比。地下水灌溉率太高会引发环境地质灾害。

地下水矿化度(Gwmd)：地下水中各种组成盐的正负离子的总含量。通常根据一定体积的水在 105℃～110℃的温度下蒸干后所得残渣的量来确定。常用单位克/升、毫米/升。

地下水总硬度(Gwth)：单位体积水中可溶性钙盐、镁盐的质量。水的硬度太高，可在配水系统中形成水垢。

地下水位下降(DGwt)：地下水位指地下水中的自由水水面相对于基准面的高程。地下水未经开采之前基本上处于动态平衡。随着人类的生产活动，当地下水开采量不大于开采区补给量的情况下，开采的水量可得到保证，它的动水位也控制在一定深度，一般称这种水位降居于开采均衡条件下的"合理降深"。如果过量开采，地下水得不到补给恢复，必然要消耗地下水的固定储存量，并伴生大幅度的区域水位降。这种水位降称为"不合理水位降"。

地下水降落漏斗(GWdc)：过量开采地下水引起地下水位下降，形成区域性漏斗状凹面。由于地下水过量开采，地下水收支平衡遭到破坏，地下水位持续下降，形成地下水降落漏斗，一般用漏斗面积计算。

地下水环境质量指数(GEQI)：它是对地下水环境质量的定量表示。根据评价目的选择标准，然后用测定各项指标的实际浓度值与标准浓度值相比，建立各项指标的分指数，再通过加权求和或求积的方法确定综合评价指数。

地下水临界深度(CGwt)：是一个与土壤盐渍化密切相关的指标。使土壤发生盐渍化的临界潜水水位即称为地下水临界深度。因潜水蒸发，使地下水中的盐分随水分运行，借毛细管作用上升到表土。如果潜水水位高而且蒸发强烈、使盐分积累以至于发生土壤盐渍化，危害农作物生长。

(四) 生物资源

(1) 生物资源总体状况

生物物种数(Bs)：指生活在一定地域(陆地或水域)空间范围内的所

有具有生物学分类属性的植物、动物和微生物种类的总和。单位为种。通常所说的生物物种数一般只包括植物种数和动物种数。

顶级群落物种数(Bcms)：又称演替顶级群落物种数。顶级群落学说认为，具有某种同质性或相似性的地区，其生物群落演替向着同一或近似的终点会聚。顶极群落即代表该地区生物结构、功能及特征保持相对稳定的生物群落，其中的植物、动物和微生物种数和即为该地区顶级群落种数。

生物多样性指数(BDI)：生物多样性就是地球表层系统一定区域范围内所有的生物——植物、动物和微生物及其所构成的综合体。它包括遗传多样性、物种多样性和生态系统多样性三个组成部分(吴征镒，1990)，由于遗传多样性难以进行量化分析，生态系统多样性需从大尺度空间范围乃至大洲和全球角度来衡量，所以一般意义的生物多样性我们倾向于从物种多样性方面来思考。生物多样性指数有两种表示方法，一种是绝对生物多样性指数，即用生活在一定地区空间的生物物种数除以世界(或大洲、一国)总的物种数；另一种为相对生物多样性指数，可定义为生活在一定地域空间范围内的生物物种数(植物和动物数)占该地域所在地区顶极群落物种数(植物和动物种数)的百分比。即：

$$\mathrm{BDI}(\%) = \frac{Bs}{Bcms} \tag{37}$$

特有物种数(Bes)：指仅分布于某一有限区域或地区，而不在其他地区自然分布的植物、动物和微生物物种。

濒危物种数(Bsd)：曾经大量分布，由于某些自然的或人为的因素影响而导致个体数量急剧减少，若不采取有效保护对策便可能面临灭绝危险的物种，即称为濒危物种。

生物密度(Bd)：指地球表层单位面积或容积中某个物种的个体数目。植物的密度，单位为株/平方公里、株/公顷等；动物密度，单位为头(只)/平方公里、头(只)/公顷等。

生物量(Bio)：又称现存量，指某一特定时刻，单位面积或体积内所含的一个或一个以上生物种或一个生物群落中所有生物有机体物质的总量。在一个生物群落中,植物干物质总量是其植物量,动物干物质总量是其动物量,两者之和构成生物量(理论上应包括微生物量)。单位有多种表示方法,个/米^{2}或个/米^3、克/米^{2}或克/米^3、焦耳/米^{2}或焦耳/米^{3}等。

生物生产力(Bp):亦称生物生产量或生物生产率,指单位时间、单位面积上有机物质的生长量。生产力与生物量的区别在于:生产力指某一时段内的生物质增量,而生物量则指生物质的总存量。生产力通常用物质的干重表示,如克/米^2·日或公斤/公顷·年等,也可用等效的能量单位表示。

植物优势度(Bdo):按照美国植物生态学家、华盛顿州州立大学R.道本迈尔(R. Daubenmire)的定义,凡是表达每个种枝条的大小和体积同空间上的关系的任何评价,都可视为优势度的分析。优势度表示法既适于优势种,也适于从属种。道氏总结出了三种测定、表达优势度的方法,即覆盖度法、体积法和生产力法。覆盖度指单位面积上某个种群叶面积或一定部位茎干截面积总和所占的比例,如用总叶片表面除以单位土地面积表示的叶面积指数(LAI,leaf area index),用单位面积上某种植物群体等高截切横面积表示的底面积指数(在地表或近地表)或胸高截面积指数(1.3米高处,适于乔木)等。体积法适于水中浮游生物群落和土壤微生物。生产力法是从一定的期间、一定的空间内各种植物生产干物质重量比较的角度来表达优势度。

净第一性生产力(NPP):亦称净第一性生产率或净第一性生产量。系指单位时间、单位面积(或空间)内全部绿色植物生产的干物质重量(包括地上的茎、叶、花、果实、种子和地下的根、块等)。净第一性生产力实际上等于光合生产力(粗生产力)与呼吸消耗之差值。单位采用克/米^2·天或公斤/公顷·年等表示。

生物经济物种数(Becs):指一个地区已被人类开发利用的能产生某种使用价值的物种数。如可供食用、加工、观赏等均属具有使用价值之列。

物种经济利用率(Bseu)：指一个地区生物经济物种数(Bes)占生活在该地区的所有生物物种数(Bs)的百分比。表达式为：

$$\mathrm{Bseu}(\%) = \frac{Bes}{Bs} \tag{38}$$

植物栽培率(Pcr)：指一个地区已经人工培育、栽培的植物分类物种数占该地区所有植物物种数的比例。

动物驯化率(Adr)：指一个地区已经驯化和饲养的动物分类物种数占该地区所有动物物种数的比例。

(2) 农作物

作物品种数(Crv)：指具有一定经济价值、遗传性稳定的各种栽培植物种或植物种内变种以下的分类单位的总和，是一个与品种、品系关系密切的指标。

作物品种改良率(Cvir)：目前尚无确切的定义。按照作物育种学和作物良种繁育学的原理和技术，作物品种改良率可定义为：根据作物育种目标，利用野生植物种、现有作物种及其品系中发生的自然变异或人工创造的新品种数占被利用植物种或作物种品系总和(可视为作物品种数)的百分比。实践中多用以表达单物种，并具有时间相对性。如小麦品种相对于20世纪50年代初的改良率等。

作物生物产量(Yo)：指单位时间内、单位面积上作物生产的全部干物质重量。单位多采用克/米^2·生育期、公斤/公顷·年等，也可用等效能量单位表示。

作物经济产量(Yeo)：其含义视具体作物情况有所不同。就大田粮食作物而言，是指单位时间、单位面积上作物生产的籽粒重量。单位为公斤/公顷·年或公斤/公顷·生育期等。

作物经济系数(Cec)：指作物经济产量与作物生物产量之比值。表达式为：

$$\mathrm{Cec} = \frac{Yeo}{Yo} \tag{39}$$

繁殖系数(Bcs)：指单位面积上作物种子的收获量(即经济产量)同播

种量之比。如小麦每公顷播种量为 150 公斤,产量为 4 500 公斤,则繁殖系数为 30。

作物秸秆利用率(Csur):作物秸秆利用有多种方式,包括秸秆还田、用作饲料、生产沼气以及在缺能地区作为燃料用等。也就是说,作物秸秆只要未被作为无用之物而烧掉即可视为被利用。作物秸秆利用率可定义为:采用上述任何一种或多种方式利用的作物秸秆量占同面积上作物秸秆生产总量的百分比。

(3) 畜禽

畜禽品种数(Adv):指生活在一个地区内,经过长期驯化培育的、能稳定繁衍的、饲养或放养的所有牲畜和禽类品种。

牲畜存栏头数(Aan):一般指一定地区内某种牲畜存活的总头数。单位为头、只等。

牲畜出栏率(Asp):一般指一个地区在一年内出售或屠宰某种牲畜的头数占该年内该种牲畜的总头数的百分比。

牲畜折算系数(Acc):以某种牲畜为标准,将其他各种牲畜折合为该种牲畜的比率。通常以牛和绵羊为标准牲畜。在我国,一般以绵羊为标准单位。

生物经济指数(BEI):是衡量和评价生物资源农业利用有效性状况的一个综合指标。可将其定义为:在单位时间内、单位面积上,某个(或某几个)生物品种的经济产出特征值;或在单位时间内,某种生物个体(或群体)的经济产出特征值。前种定义适合于农作物,后种适合于畜禽。

(五)土地资源

(1) 土地资源总体状况

土地总面积(La):系指具有某种特定含义界线范围内的陆地表面面积和水域面积之和。一般用平方公里、公顷等表示。

土地覆被率(Lvcr):指某地区森林、草场、农田及自然保护区面积之和占该地区土地总面积的百分比。

土地利用率(Lur):反映土地开发利用程度的指标。通常采用已利用的土地占总土地面积的比例表示。可分为农业土地利用率和非农业土地利用率。农业土地利用率指一个地区或农业生产单位用于农业生产(包括农、林、牧、副、渔业)的土地占土地总面积的比例。非农业土地利用率指一个地区非农业用地(包括城镇居民点、工矿、交通、旅游、军事等的用地)占土地总面积的比例。

土地生产率(Lp)：亦称土地生产力，是反映土地生产能力的指标。一般以一定生产周期中(一年或多年)单位土地面积的产量或产值表示。单位为公斤/公顷、元/公顷等。一个地区土地生产率的高低，受光、热、水、土、气等自然因素和土地集约化(包括劳动力、资金、技术)水平，耕作、轮作制度，施肥、灌溉制度，土地利用方式，经营管理水平等社会技术经济因素的制约和影响。

(2) 农耕地

垦殖指数(CI)：指一地区已开垦种植的耕地面积占其土地总面积的比例，是衡量一个地区土地资源农业开发利用程度的指标，通常以百分比表示。

宜农荒地面积(Alsc)：指一个地区宜于耕种而尚未开垦种植的土地和虽经耕垦利用，但荒废而停止耕种不久的土地面积。前者为生荒地，后者为熟荒地，两者均是农业用地中的一项重要后备土地资源。

耕地减少速度(Frr)：指一个地区由于城镇规模的扩大、工矿、交通等建设占地的增加，而导致的农用耕地在单位时间(一年)减少的快慢程度。一般以百分比或公顷/年表示。

耕地退化程度(Frd)：是描述一个地区由于对耕地的不合理使用，从而引起耕地沙化、土壤盐碱化及水土流失等土壤肥力明显下降现象的指标。一般采用公顷或平方公里表示。

(3) 森林

森林覆盖率(Fcp)：亦称森林覆被率，通常指有林地面积占土地总面积的百分比，是反映一个地区森林资源丰富程度及绿化程度的指标。我国森林覆盖率系指郁闭度 0.3 以上的乔木林、竹林、国家特别规定的灌木林地、经济林地的面积以及农田林网和村旁、宅旁、水旁、路旁林木的覆盖面积的总和占土地总面积的百分比。

森林蓄积量(Fs)：亦称木材蓄积量、木材蓄积或蓄积量，指一定面积森林中现存各种活立木的材积总量，以米^{3}为单位。

森林生长量(Fp)：亦称森林生产力或森林生长率，指单位面积森林在单位时间内活立木的生长增量。一般以米^3/公顷·年为单位。

森林采伐量(Fc)：指一定面积的森林在单位时间内被采伐的木材材积量。一般以米^3/年、米^3/月等表示。

宜林荒地面积(Alsf)：指适合于种植林木的荒地面积。通常包括采伐迹地、火烧迹地、林中空地等无林地和不利于农作物种植，而宜于林木生长发育的一切荒山荒地，以及农村大量的"四旁"地和城市中适于植树造林绿化的空隙地等。

(4) 草场

草场面积(Gla)：指一个地区所有天然草地和人工草地的面积和。

草场载畜力(Gcc)：亦称草场载畜量、草原载畜量等。指在一定时期内放牧适度的前提下，单位面积草场上所能放养的牲畜头数。亦可表达为在单位面积草场上，可供一头牲畜放养的天数，或在一定时间内一头牲畜所需要的草场面积。通常用每公顷草场上放养的羊单位数表示，或用放养牲畜的头日数表示。

草场利用率(Gur)：是衡量草场利用程度的指标。一般指一个地区已利用的草场面积占草场总面积的百分比。

宜牧荒地面积(Ass)：指宜于开辟为畜牧业使用的荒地或尚未利用的天然草地面积。一般宜牧地海拔高度在4 400米以下，地面坡度小于35度，有足够的饮用水源，植被覆盖度在15%以上，特别是牧草种类较多，并有足够的营养价值。

草场退化程度(Gdg)：即指草场植被衰退的程度。通常用优良牧草类减少、各类牧草质量变劣等导致单位面积产草量下降的面积表示。

(5) 水域

水域面积(Wa):泛指一个地区内江河、湖库、洼塘等的水面面积。单位为公顷或平方公里。

渔业生产力(Fp):指一定水域单位面积(或单位体积)单位时间内所能生产出的各种渔获量的干重总和。一般用公斤/公顷·年或公斤/米^3·年表示。

水域利用率(Wur):一般指一个地区已利用水域面积占水域总面积的百分比,是衡量水域渔业利用程度的指标。

第三节 农业资源信息协同服务系统简介

一、农业资源信息协同服务中间件及系统运行流程

(一) 中间件

中间件建立用于共享各实验网站农业资源信息,即基于 Web Service 技术建立接口共享各农业网站的农业资源方面的信息。

首先,基于农业资源本体分类,为各网站的农业资源信息建立数据视图,使数据以农业资源本体语义呈现。

其次,在数据视图基础上建立 Web Service 共享接口,实现数据的远程访问。如此不但实现了农业资源的数据共享,同时也实现了农业语义的转换。

另外,需要将接口的元数据注册到协同服务元数据库中,包括接口的调用地址、所能提供的信息分类、参数等。

(二) 系统运行流程

当用户进行信息请求时,系统需要到不同的远程服务器上通过中间件进行信息检索,并归类进行显示。系统需要按顺序调用各个中间件的 Web Service 接口。图 8—4 给出了系统调用远程 Web Service 实现其之

间协同服务的框架图。

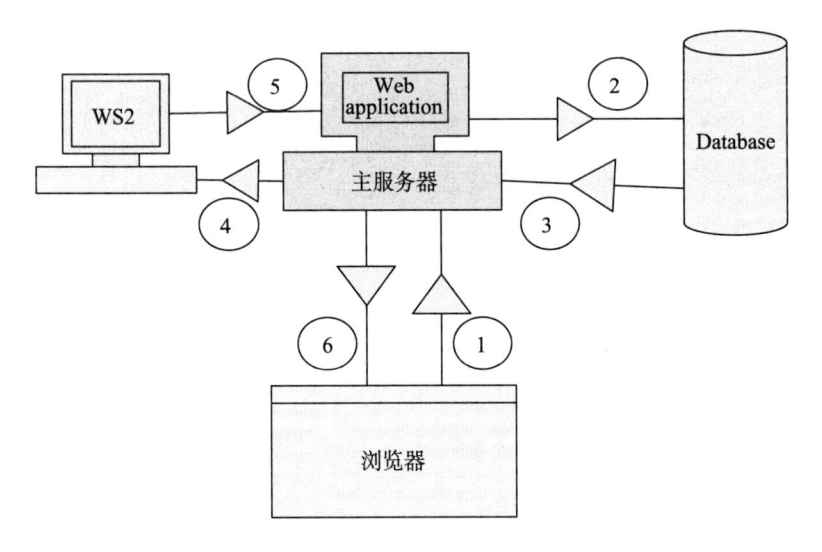

图 8—4 Web Service 调用流程

1) 信息协同服务系统所在的服务器称为主服务器。当用户通过浏览器向协同系统进行信息请求时，系统首先分析用户的信息请求，根据用户的信息请求确定需要提供的信息分类及其组合方式。

2) 系统根据1)的分析结果，到协同服务元数据库当中查询可用的远程农业信息服务的元数据，确定可用的信息服务单元。

3) 然后根据元数据信息调用远程信息服务(中间件)。

4) 远程农业信息服务(中间件)在接收到系统的请求后，读取本地的分类信息。

5) 中间件将本地查询到的信息传输给协同服务系统。

6) 协同服务系统将来自各信息服务的分类信息进行组合，返回给浏览器端。

二、农业资源信息协同服务系统开发

实验中，我们利用Java语言开发了农业资源信息协同服务系统。系统的开发环境是：Windows Server 2003＋Tomcat5.0，开发工具使用 Eclipse_WTP，知识库使用了 SQL Server2000。系统的总体架构如图 8—5 所示。

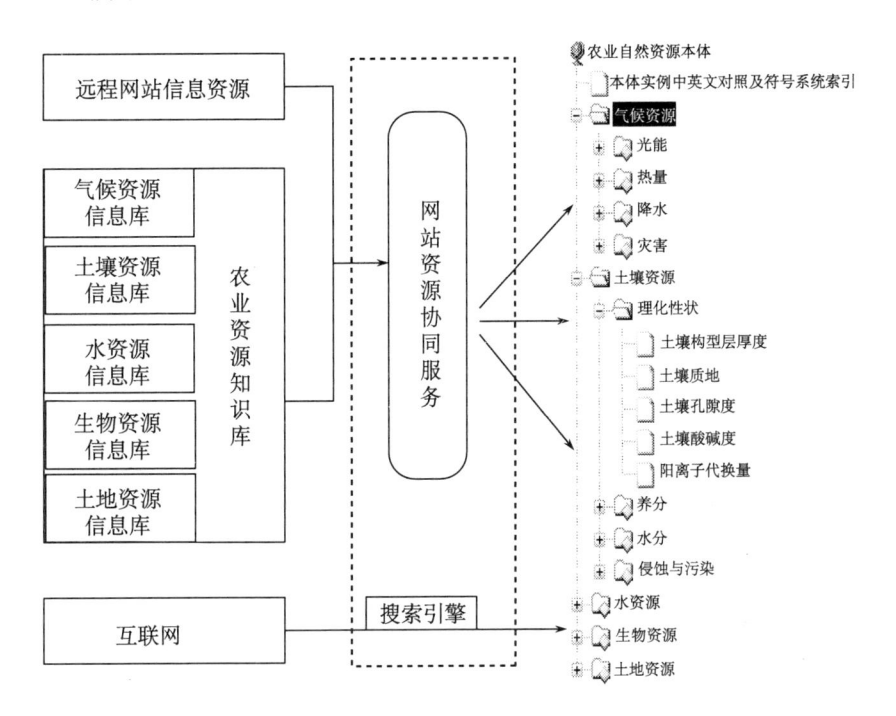

图 8—5　农业资源信息协同服务系统架构

图 8—5 为原形系统的架构图。系统的后台信息来源分为两大部分：能扩展信息来源的搜索引擎和能进行虚拟访问的网站协同构成。图中所示的网站协同服务中"远程网站信息资源"模块是借助中间件实现远程各网站信息的协同服务。网站协同服务的另一组成部分"农业资源知识库"是本地网站对应的数据库。该库是根据前文所讨论的奶牛养殖业过程本体及信息分类所构建，因此该知识库的数据模型依据本体分类信息建立，可以直接提供信息服务，不需要使用中间件视图进行数据语义的转换。知识库是协同服务系统的核心和基础，也是衡量协同服务系统效能和质量高低的基本标准，其设计和构建遵循以下原则：一是充分体现农业信

资源的分类特征；二要充分考虑与已有数据库、知识库等的兼容性；三是所构建的信息库具有可扩展性。农业资源知识库由气候资源信息库、土壤资源信息库、水资源信息库、生物资源信息库、土地资源信息库构成。

专业搜索引擎是协同服务系统外源性信息扩展的有效工具。与谷歌（www.google.com）、百度（www.baidu.com）等搜索引擎不同，专业搜索引擎的最大特点在于其有较强的专业针对性。目前，我国已投入运行的农业专业搜索引擎主要有搜农（www.sounong.net）和农搜（www.sdd.net.cn）两种。近年，搜农与农业本体结合，已基本具备作为农业信息协同服务系统专用搜索引擎的条件；农搜见长于中文网站的发现、识别和网页搜索，可以作为网站协同服务的搜索工具。原形系统将使用搜农作为扩展使用互联网信息的工具。

图中的另一部分是依据农业资源本体并按知识库的分类结构建立的树状目录结构图。该结构图将作为前台用户进行信息检索的操作接口。树状目录结构图体现了过程本体的概念层次结构，同时依据知识库将信息分为五大类：气候资源、土壤资源、水资源、生物资源、土地资源。

三、系统操作简介

农业资源信息协同服务系统以农业自然资源本体为索引实现与农业自然资源知识相关的信息服务。其信息服务来源有两部分：网站协同、农业搜索。其中网站协同是调用了多个网站的信息资源；农业搜索是通过"搜农"搜索引擎实现网络 Web 资源的获取。

系统界面分为三大模块，顶部可以选择不同的服务：网站协同、农业搜索；左侧是以树状目录的形式显示的农业自然资源本体，用户可以点击不同的结点进行信息请求；右侧窗口是信息结果反馈窗口。如图8—6 所示，用户请求的是"气候资源—光能—日照时数"的相关信息，而顶部选择的是"网站协同"服务，右侧信息窗口中显示的是反馈结果，结果中第一部分是中科院地理所网站信息资源，而第二部分信息是调用各个远程的农业信息网站的信息资源，但由于各网站不具备相关信

第八章 农业资源信息协同服务系统

息,故没有相应的返回结果。

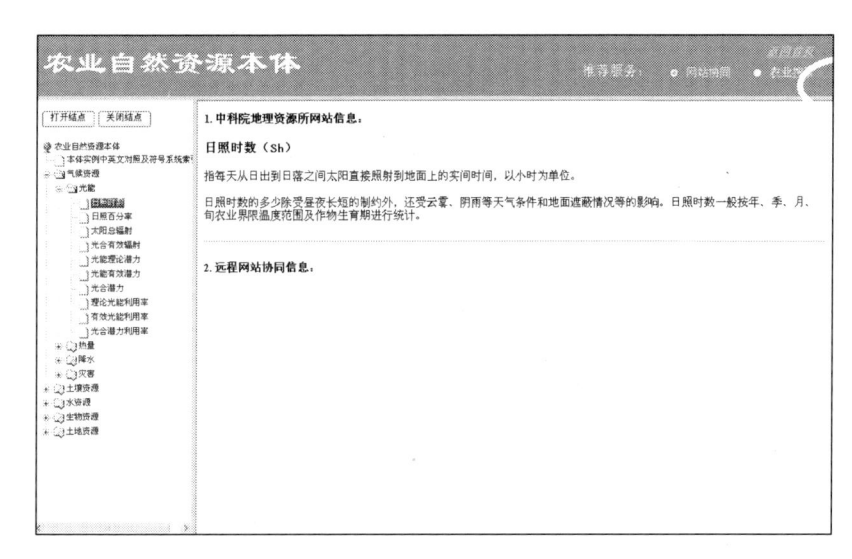

图 8—6 农业资源信息"网站协同"服务示例

当用户选择了"农业搜索"服务时,系统调用农业专业搜索引擎搜索结果如图 8—7 所示。

图 8—7 农业资源信息"农业搜索"服务示例

界面中左侧窗口中本体树结构的上面有两个按钮"打开结点"、"关闭结点",分别用于展开树状目录的所有结点、关闭树状目录的所有结点。

界面右上角的"返回首页"可以回到首页。

参 考 文 献

[1] (美)Rexford Daubenmire 著,陈庆诚译,李世英校:《植物群落——植物群落生态学教程》,北京:人民教育出版社,1982 年。

[2] 曹万金:《地下水资源计算及评价》,北京:水利电力出版社,1985 年。

[3] 辞海编辑委员会编:《辞海(修订稿)》(农业分册),上海:上海辞书出版社,1978 年。

[4] 戴旭、任鸿遵等:《节水管理与节水技术——以位山灌区为例》,北京:气象出版社,1995 年。

[5] 黑龙江省水文总站主编:《区域水资源分析计算方法》,北京:水利电力出版社,1985 年。

[6] 黄秉维:"自然地理综合工作六十年自述",《黄秉维文集》,北京:科学出版社,1993 年。

[7] 黄秉维:"自然条件与作物生产:光合潜力",《黄秉维文集》,北京:科学出版社,1993 年,第 183~196 页。

[8] 黄秉维:"自然条件与作物生产:水分",《黄秉维文集》,北京:科学出版社,1993 年,第 213~256 页。

[9] 黄秉维:"自然条件与作物生产:土壤与肥源",《黄秉维文集》,北京:科学出版社,1993 年,第 235~256 页。

[10] 寇有观:"农业资源信息系统的研究",《自然资源学报》,1987 年第 1 期,第 84~91 页。

[11] (美)H. 里思、R. H. 惠特克等著,王业蘧等译:《生物圈的第一性产力》,北京:科学出版社,1985 年。

[12] 李天杰、郑应顺、王云编:《土壤地理学》,北京:人民教育出版社,1979 年版,1982 年第 4 次印刷。

[13] 刘书楷:"农业资源经济学几个基本问题的探讨",《自然资源学报》,1987 年第 4 期,第 310~320 页。

[14] 卢良恕:"21 世纪的农业和农业科学技术",《科技导报》,1996 年第 12 期,第 3~8 页。

[15] 毛汉英:"社会经济资源",《现代地理学辞典》,商务印书馆,1990 年,第 506~507 页。

第八章 农业资源信息协同服务系统

[16] 南京大学等合编:《土壤学基础与土壤地理学》,北京:高等教育出版社,1980年版,1984年第3次印刷。
[17] 南京农学院主编:《土壤农化分析》,北京:中国农业出版社,1980年版,1985年第5次印刷。
[18] (日)浅居喜代治等著,赴汝怀译:《模糊系统理论入门》,北京:北京师范大学出版社,1982年。
[19] (美)萨缪尔森著,高鸿业译:《经济学》,北京:商务印书馆,1982年版,1986年第4次印刷。
[20] 汤佩松:"从植物的光能利用效率看提高单位面积产量",《人民日报》,1963年11月12日。
[21] 佟凤勤、娄治平:"我国野生动植物资源利用的现状与保护",《世界科技研究与发展》,1995年第1期,第34~39页。
[22] 王祖望、万玉玲、王小清等:"中国生物资源持续利用发展战略",《科技发展战略研究报告》,中国科学院计划局,1995年,第141~165页。
[23] 吴征镒主编:《云南生物资源开发战略研究》,云南:云南科技出版社,1990年。
[24] 于凤兰、钱金平等:《海滦河水资源及其开发利用》,北京:科学出版社,1994年。
[25] 于光远:"资源、资源经济学、资源战略",《自然资源学报》,1986年第1期,第1~2页。
[26] 于沪宁、李伟光:《农业气候资源分析和利用》,北京:气象出版社,1985年。
[27] 张瑞、吴林高:《地下水资源评价与管理》,上海:同济大学出版社,1995年。
[28] 赵松乔等编著:《现代自然地理》,北京:科学出版社,1988年,第200~219页。
[29] "中国生物多样性保护行动计划"总报告编写组:《中国生物多样性保护行动计划》,北京:中国环境科学出版社,1994年。
[30] 朱炳海主编:《气象学词典》,上海:上海辞书出版社,1985年。
[31] 竺可桢:"我国气候的几个特点及其与粮食作物生产的关系",《地理学报》,1964年第1期,第3~15页。
[32] 左大康主编:《现代地理学辞典》,北京:商务印书馆,1990年。

(本章执笔人:徐勇、牛方曲、刘艳华)

附录：农业自然资源本体实例中英文对照及符号系统索引

中文	缩写	英文
日照时数	Sh	Sunshine hours
日照百分率	Sper	Sunshine percentage
太阳总辐射	Sgr	Solar global radiation
光合有效辐射	Ser	Effective radiation of photosynthesis
光能理论潜力	Stp	Theoretical potentialities of solar energy
光能有效潜力	Sep	Effective potentialities of solar energy
理论光能利用率	Stu	Utilization ratio of theoretical sunlight energy
有效光能利用率	Seu	Utilization ratio of effective sunlight energy
光合潜力	Ppp	Photosynthetic potential productivity
光合潜力利用率	Spu	Utilization ratio of photosynthetic potential productivity
农业界限温度	Tal	Temperature of agricultural limits
无霜期	Tfd	Frost-free period/days
积温	Ta	Accumulated temperature
活动积温	Taa	Active accumulated temperature
年平均温度	Tya	Annual average temperature
最热月平均气温	Thm	The highest monthly average temperature
最冷月平均气温	Tcm	The coldest monthly average temperature
极端最高气温	Th	The highest temperature
极端最低气温	Tl	The lowest temperature
临界温度	Tc	Critical temperature
适宜温度	Tst	Suitable temperature
光温潜力	Ptp	Photosynthesis-temperature potential productivity

附录:农业自然资源本体实例中英文对照及符号系统索引

复种指数	MCI	Multiple crop index
光温利用率	Tur	Utilization ratio of photosynthesis-temperature
降水量	P	Precipitation
降水变率	Pv	Precipitation variation ratio
降水季节分配	Psd	Seasonal distribution of precipitation
有效降水量	Pe	Effective precipitation
降水保证率	Par	Assured ratio of precipitation
蒸发力	Ep	Evaporative power
总蒸发量	Etp	Evapo-transpiration
干湿度	AMC	Aridity & moisture capacity
干燥度	ARI	Aridity
湿润度	MOI	Moisture capacity
气候生产潜力	Pcp	Climatic potential productivity
天然降水盈亏量	Ppl	Profit and loss of natural precipitation
天然降水利用率	Pur	Utilization ratio of natural precipitation
气候资源利用率	Cur	Utilization ratio of climatic resources
灾害发生次数	Cof	Calamities occurrence frequency
灾害出现时间	Cod	Calamities occurrence duration
灾害持续时间	Csd	Calamities sustained duration
灾害强度	Cin	Calamities intensity
受灾面积	Ca	Calamities area
灾害损失率	Clr	Calamities loss ratio
气候生产逆增率	Cpgi	Growth inversion ratio of climatic production
土壤构型层厚度	Slt	Soil structural layers thickness
土壤质地	ST	Soil texture
土壤孔隙度	Spo	Soil porosity
土壤酸碱度	pH	Soil acidity & alkalinity
阳离子代换量	Spa	Soil positive ion amount
土壤有机质含量	Soa	Soil organic matter amount
土壤全氮含量	Sfna	Soil full nitrogen amount

土壤速效氮含量	Sqna	Soil quick-acting nitrogen amount
土壤全磷含量	Sfpa	Soil full phosphate amount
土壤速效磷含量	Sqpa	Soil quick-acting phosphate amount
土壤全钾含量	Sfka	Soil full potassium amount
土壤速效钾含量	Sqka	Soil quick-acting potassium amount
土壤养分盈亏量	Npl	Profits and loss of soil nutrient
土壤含水量	Swc	Soil water content
土壤饱和含水量	Ssw	Saturated soil water content
田间持水量	Sfw	Field moisture capacity
凋萎系数	Wcoe	Wilting coefficient
土壤有效含水量	Sew	Soil effective water content
农业自然生产潜力	Panp	Natural potential productivity of agriculture
农业自然潜力利用率	Aur	Utilization ratio of agricultural potential productivity
土壤生产衰减度	Spai	Attenuation intensity of soil production
土壤侵蚀模数	Sem	Soil erosive modulus
土壤侵蚀面积	Sea	Soil erosive area
土壤环境背景值	Sebv	Soil environmental background value
土壤环境质量标准	Seqs	Soil environmental quality standards
土壤环境容量	Sec	Soil environmental capacity
土壤环境质量指数	SEQI	Soil environmental quality index
水资源总量	Wtd	Total deposits of water resources
灌溉面积	Ia	Irrigation area
有效灌溉面积	Eia	Effective irrigation area
渠系水利用系数	Wduc	Utilization coefficient of water in ditch system
灌溉定额	Iq	Irrigation quota
田间水利用系数	Fwuc	Utilization coefficient of field water
作物实际耗水量	Rwcc	Real water consumption by crop
作物理论需水量	Iwcc	Ideal water consumption by crop
农业水资源利用率	Waur	Utilization ratio of agricultural water resource
农业水资源产出率	Owar	Output ratio of agricultural water resource

附录:农业自然资源本体实例中英文对照及符号系统索引

水环境背景值	Webv	Water environmental background value
水环境容量	Wec	Water environmental capacity
水环境质量标准	Weqs	Water environmental quality standards
水环境质量指数	WEQI	Water environmental quality index
河川径流量	SR	Stream runoff
河川径流年际变率	Vcar	Variation coefficient of annual runoff
径流模数	Rm	Runoff modulus
地表水灌溉率	Wesr	Irrigation ratio of water on earth surface
地表水环境质量指数	PEQI	Environmental property index of water on earth surface
地下水资源补给量	Gwr	Ground water replenishment
地下水资源储存量	Gws	Ground water storage
地下水允许开采量	Gwp	Permitted workable reserves of ground water
地下水开采率	Gwer	Exploitation ratio of ground water
地下水灌溉率	Gwir	Irrigation ratio by ground water
地下水矿化度	Gwmd	Mineral degree of ground water
地下水总硬度	Gwth	Total hardness of ground water
地下水位下降	DGwt	Depression of ground water table
地下水降落漏斗	GWdc	Depression cone of ground water
地下水环境质量指数	GEQI	Environmental property index of ground water
地下水临界深度	CGwt	Critical ground water table of soil salinization
生物物种数	Bs	Biotic species
顶级群落物种数	Bcms	Biotic species of climax
生物多样性指数	BDI	Biotic diversity index
特有物种数	Bes	Biotic endemic species
濒危物种数	Bsd	Biotic species in danger
生物密度	Bd	Biotic density
生物量	Bio	Biomass
生物生产力	Bp	Biological productivity
植物优势度	Bdo	Dominance
净第一性生产力	NPP	Net primary productivity

生物经济物种数	Becs	Biotic economic species
物种经济利用率	Bseu	Economic utilization proportion of biotic species
植物栽培率	Pcr	Cultivated plant ratio
动物驯化率	Adr	Animal domestication ratio
作物品种数	Crv	Crop varieties
作物品种改良率	Cvir	Improvement ratio of crop varieties
作物生物产量	Yo	Biotic yield of crop
作物经济产量	Yeo	Economic yield of crop
作物经济系数	Cec	Economic coefficient of crop
繁殖系数	Bcs	Breeding coefficient of seeds
作物秸秆利用率	Csur	Utilization ratio of crop stalks
畜禽品种数	Adv	Domestic animals varieties
牲畜存栏头数	Aan	Amount of livestock
牲畜出栏率	Asp	Proportion of livestock on sale
牲畜折算系数	Acc	Conversion coefficient of livestock
生物经济指数	BEI	Biotic economic index
土地总面积	La	Land area
土地覆被率	Lvcr	Vegetation-covered ratio of land
土地利用率	Lur	Land use ratio
土地生产率	Lp	Land productivity
垦殖指数	CI	Cultivation index
宜农荒地面积	Alsc	Arable land suitable for cultivation
耕地减少速度	Frr	Farmland reduction rate
耕地退化程度	Frd	Farmland retrograde degree
森林覆盖率	Fcp	Percentage of forest cover
森林蓄积量	Fs	Forest storage
森林生长量	Fp	Forest productivity
森林采伐量	Fc	Forest cut
宜林荒地面积	Alsf	Arable land suitable for forest
草场面积	Gla	Grassland area

草场载畜力	Gcc	Carring capacity of grassland
草场利用率	Gur	Utilization ratio of grassland
宜牧荒地面积	Ass	Arable land suitable for stock raising
草场退化程度	Gdg	Grassland degeneration degree
水域面积	Wa	Water area
渔业生产力	Fp	Fishery productivity
水域利用率	Wur	Utilization ratio of waters

第九章 奶牛养殖业信息协同服务系统

第一节 奶牛养殖业信息协同服务业务链模型

一、奶牛业生产经营过程阶段划分

养殖业因饲养对象和提供产品的不同,其生产经营过程在阶段划分方面存在两种不同的类型:一种是能被划分为产前、产中和产后三个阶段,另一种则没有明显的产前、产中、产后阶段划分特征。前者如鱼、虾、肉鸡、肉猪等养殖业,其特点都是以动物躯体为被经营的目标产品;后者则是以动物生产或再生产过程中的后代、某些代谢物或派生物等为目标产品,如奶牛、母猪、蛋鸡、长毛兔养殖等。奶牛养殖业的经营目标首先是产奶,其次为繁育后代。根据奶牛的养殖特点,结合山东东营市等奶牛养殖基地实地调查情况,奶牛的生产经营过程大致可划分为如图9—1所示的成长、成年、淘汰三大阶段和若干细小时段。

奶牛成长阶段:是指从犊牛出生到能够配种所需要的成长发育时间,一般又可被细分为犊牛、育成牛和青年牛三个亚阶段。0~6月龄期间为犊牛,7~12月龄期间为育成牛,12月龄到配种前为青年牛。需要特别说明的是本研究将青年牛的结束期提前到了即将开始配种的时间,即奶牛成长阶段与成年阶段的划分标志是第一次开始配种,配种前属于成长阶段,配种后为成年阶段。

奶牛成年阶段:是指从第一次配种(注意:通常所说的起点多从产犊

后算起)到将要被淘汰之间的时间。成年阶段是由多个循环的生产期构成,每个生产期又可细分为配种、临产、围产、泌乳和干奶等彼此联系密切的时期。

奶牛淘汰阶段:是指不能进行有效再生产而被淘汰出生产过程的时段。一般来说,老、弱、病、残、生产性能低和长期不孕的奶牛容易被淘汰。

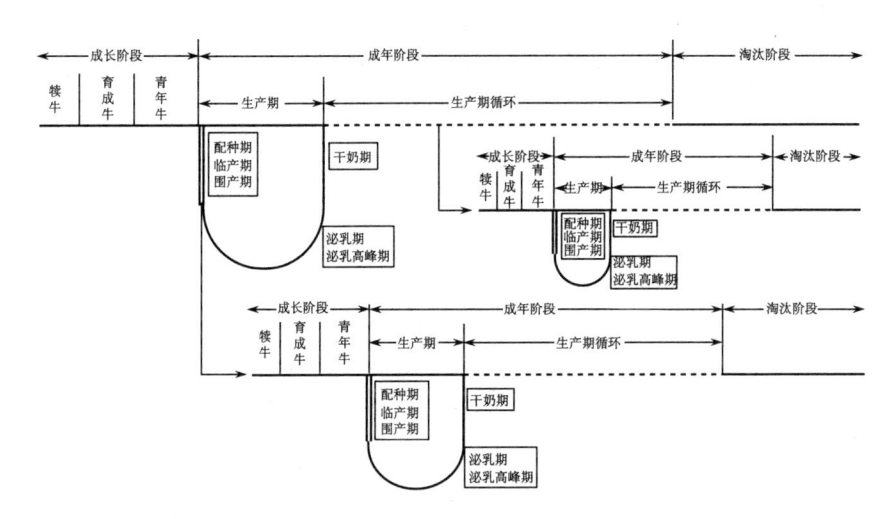

图 9—1　奶牛业生产经营过程阶段划分

二、奶牛业生产经营过程信息需求单元划分

奶牛业生产经营过程中需要获取的信息不仅种类繁多,而且构成极为复杂。从信息需求类型看,一般可划分为饲养、管理、饲料、繁殖、育种、疾病防治、牛场/牛舍环境、奶牛监测记录以及牛奶采集、储运、加工和销售等不同方面。从奶牛业生产经营过程看,不同种类的信息有着不同的过程需求特点,如疾病防治类型的信息需求贯穿整个过程;繁殖、育种等类型的信息需求仅存在于特定的阶段或时段;而饲养、饲料等类型的信息需求虽贯穿整个过程,但不同阶段或时段有着不同的内容。奶牛业生产经营过程信息需求单元划分结果如图 9—2 所示。

274 农业信息协同服务——理论、方法与系统

信息需求单元		信息需求
成长阶段	犊牛	犊牛出生、分娩、断脐、消毒、急救、体检、犊牛哺乳、犊牛断奶、饲养、喂奶、疾病防治等
	育成牛	饲养、饲料配方、场/舍监测、场/舍管理、常规体检、疾病防治等
	青年牛	饲养、饲料配方、场/舍监测、场/舍管理、常规体检、疾病防治等
成年阶段 生产期	配种期	繁殖育种、选种、选配、发情、配种时间、怀孕、空怀间隔、饲养、饲料配方、场/舍监测、场/舍管理、常规体检、疾病防治等
	临产期	大牛：饲养、配方饲料、场/舍监测管理、体检、疾病防治等
	围产期	犊牛：接生、分娩、断脐、消毒、体检、喂奶、哺乳、断奶等
	泌乳期	饲养、饲料配方、场/舍监测、场/舍管理、常规体检、疾病防治；挤奶、鲜奶储存、鲜奶运输、鲜奶销售、奶产品加工、奶产品销售等
	干奶期	饲养、饲料配方、饲草、场/舍监测、场/舍管理、常规体检、疾病防治等
生产期循环		
淘汰阶段		隔离、饲养、体检、疾病防治、宰杀等

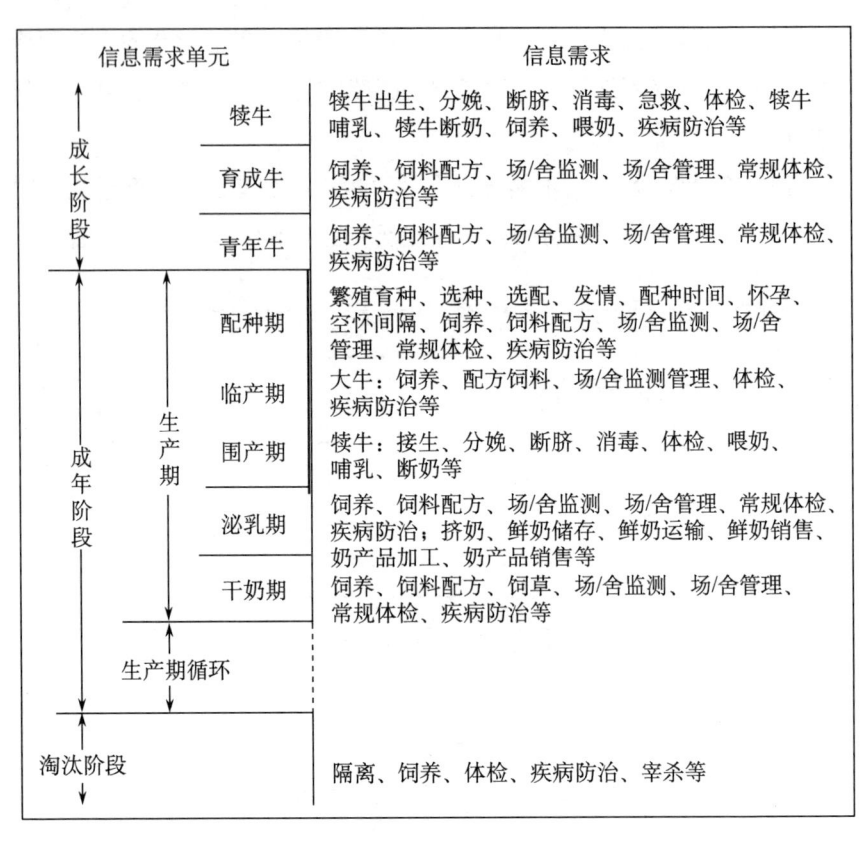

图 9—2　奶牛业经营过程信息需求单元划分

三、奶牛业信息协同服务业务链模型

奶牛养殖过程本体是指描述奶牛生长发育过程中所体现的固有属性和与之有密切关系的外部要素属性的概念体系。按照奶牛生长发育固有属性与外部要素属性,可将奶牛养殖过程本体分为狭义本体和广义本体。狭义本体指描述奶牛在生长发育过程中所体现的固有属性的概念体系；广义本体指描述与奶牛生长发育固有属性有密切关系之外部要素属性的概念体系。构建奶牛业信息协同服务业务链模型的理论依据是奶牛生长发育过程中所体现出的固有属性,即狭义本体。基于这种固有属性的业

务链模型在内容表达方面将主要由表述生产经营阶段、信息需求单元、信息协同组以及信息协同链等具有内在逻辑关系的奶牛养殖过程本体构成;在架构设计方面将主要以奶牛生命周期内存在的阶段性特征为基础,划分生产经营阶段和信息需求单元,进而筛选组建信息协同组和信息协同链。根据上述思路设计的基于过程本体的奶牛业信息协同服务业务链模型架构如图9—3所示。

奶牛养殖过程本体				业务链
狭义本体		广义本体		
生产经营阶段	信息需求单元	信息协同组		
成长阶段	犊牛期	犊牛出生	接生用具、分娩、断脐、消毒、急救、体检	信息协同链
^	^	哺乳犊牛	喂奶、哺乳、饲养、疾病防治	^
^	^	断奶犊牛	饲养、饲料、饲草、疾病防治	^
^	育成牛期	育成牛	饲养、饲料、饲草、场/舍监测管理、体检、疾病防治	信息协同链
^	青年牛期	青年牛	饲养、饲料、饲草、场/舍监测管理、体检、疾病防治	^
成年阶段	成年牛期	配种期 发情周期 不孕症	选种、发情时间、配种时间、怀孕天数、配种时间、饲养、饲料、场/舍监测、场/舍管理、体检、疾病防治	信息协同链
^	^	临产期 围产期	饲养、饲料、饲草、场/舍监测管理、体检、疾病防治	^
^	^	泌乳期 泌乳高峰期	饲养、饲料、场/舍监测、场/舍管理、体检、疾病防治	^
^	^	干奶期	饲养、饲料、场/舍监测、场/舍管理、体检、疾病防治	^
淘汰阶段	淘汰牛期	淘汰牛	隔离、饲养、饲料、饲草、体检、疾病防治、宰杀	

图9—3 基于过程本体的奶牛业信息协同服务业务链模型架构

第二节 奶牛养殖业过程本体知识库构建

一、奶牛养殖业过程本体知识库结构模式

根据农业过程本体的定义,奶牛养殖业过程本体由狭义本体和广义

本体构成,与狭义本体对应的是奶牛生长发育属性知识库,而与广义本体对应的知识库则由与奶牛生长发育有密切关系的饲养管理、饲料配方、疾病诊断防治、牛奶销售等子库构成。

奶牛养殖业过程本体知识库基本上是按照犊牛出生、哺乳犊牛、断奶犊牛、育成牛、青年牛、发情配种、临产、围产、泌乳、干奶、淘汰等奶牛的生长发育阶段来组织的。显然,无论是狭义本体还是广义本体,它们与奶牛的不同的生长发育阶段有着不同的对应关系,有些是一对一的关系,有些是多对一的关系,理清本体与生长发育阶段的对应关系是构建过程本体知识库的关键问题之一。奶牛生长发育属性知识库结构如图 9—4 和图 9—5 所示;奶牛疾病诊断防治知识库结构如图 9—6 所示。另外,奶牛饲养管理知识库结构与生长发育属性知识库结构类似,奶牛饲料配方知识库结构是按照饲料分类方式进行组织的。

id	生长阶段
1	犊牛出生
2	哺乳犊牛
3	断奶犊牛
4	育成牛
5	青年牛
6	发情配种
7	围产临产
8	泌乳期
10	干奶期
11	淘汰阶段
12	妊娠前期
13	妊娠后期

图 9—4 奶牛生长发育阶段知识库结构模式

列名	数据类型
id	int
生长阶段	char
年龄	char
营养需求	text
体重	text
体检	text
生殖生理	text
发情	text
人工授精	text
妊娠	text
分娩	text
繁殖障碍	text
产奶	text
体况	text
备注	char

图 9—5 奶牛生长发育属性知识库结构模式

列名	数据类型
id	int
生长阶段	char
病名	text
类别	char
病因	text
症状	text
诊断	text
防治	text
备注	text

图9—6　奶牛疾病诊断防治知识库结构模式

二、奶牛养殖业过程本体实例举例

(一) 奶牛繁殖

发情周期：发情周期21天(18～24天发情一次)

发情持续时间：发情持续时间一般为18小时(12～25小时)

最佳配种时间：发情开始后的12～18小时

怀孕天数：一般约280天(平均)

产后最佳配种时间：一般为45～90天

最佳空怀间隔期：一般为60～90天

不孕症：一般90天以上不怀孕(高产牛110天)即为不孕症

情期受胎率：情期受胎率＝(受胎数/配种情期数)×100％

受胎率：受胎率＝(受胎牛数/配种牛头数)×100％

年内总受胎率：年内总受胎率＝(受胎数/配种总头数)×100％

年内繁殖率：年内繁殖率＝(繁殖犊牛数/年初成年牛数)×100％

繁殖成活率：繁殖成活率＝(成活犊牛数/繁殖犊牛数)×100％

配种指数：配种指数＝(年内怀孕牛数/年内用细管数)×100％

不再发情率：不再发情率＝(不再发情牛数/受配牛数)×100％

空怀指数：空怀指数＝空怀总天数/繁殖母牛数

(二) 奶牛饲养

犊牛(0～6月龄)：出生 0.5 小时内喂上初乳，20 天内喂奶量按体重的 8%～10%/天、头，分三次饲喂，12 天后开始补喂精料、饲草，喂奶量逐步减少，45 天断奶，全程用奶量 380 公斤。犊牛断奶后，开始饲喂青贮＋干草＋精料，精料量由 1 公斤逐步增加。

育成牛(7～12 月龄)：到 7 月龄时，精料量到 2.5 公斤/天、头，精料蛋白含量 16%，饲草不限量青贮干草比为 5:1，需优质干草。

青年牛(12 月龄到配种前)：喂料量逐步增加，16 月龄体高 125 厘米以上、体重 350 公斤以上开始配种。

成年牛(凡是配种后的牛)：配种后精料逐步增加，到产犊前 7 天增加到 4.5 公斤/天、头。

临产期/围产期：分娩前 15 天为临产期，分娩前 7 天到分娩后 7 天为围产期，产犊前 6 天到分娩精料逐步减少到 3 公斤，乳房水肿的要减少青贮量。对分娩的母牛产后饮用 5% 的红糖水 15 公斤，并加少量麸皮、食盐和益母草粉。

泌乳期：分娩后进入泌乳期饲料量视乳房水肿消失状况决定，水肿消失增加青贮及精料，青贮量每天由 10～15 公斤逐步增加到 25 公斤，干草每天不少于 3 公斤，精料量由 3 公斤逐步增加到产奶需要量(奶料比 2:1)，但不要超过 28 公斤/天、头，三次饲喂。

泌乳高峰期：分娩后 15 天到约 3 个月内为泌乳高峰期，产奶量高膘情下降时增加全棉籽(1～3 公斤)，产奶量超过 35 公斤/天、头，可考虑用过瘤胃脂肪。泌乳高峰期过后产奶量逐步下降，精料逐步减少按奶料比 1.8～2:1 供给。

干奶期：母牛分娩后 45～90 天内配种，到分娩前 60 天停奶进入干奶期，从干奶第一天开始，减少精料喂量至 3 公斤以内、青贮减少到 15 公斤以内，如果乳房肿胀厉害可以去掉青贮仅喂干草。乳房水肿消失后精料逐步增加到 4.5～5 公斤，青贮喂量 15 公斤，干草不限。进入临产期精料逐步减少到 3 公斤，乳房水肿的要减少青贮量。又进入产犊、泌乳。

淘汰牛:对老、弱、病、残、生产性能低和长期不孕牛进行淘汰。

(三) 奶牛管理

犊牛出生:犊牛出生时要有人看管,铺上垫草,准备好接生用具。一般正常分娩不需要助产,当难产时需要助产。对出生后犊牛首先断脐消毒,清除鼻、口腔内的黏液,当出现窒息时,应马上进行人工呼吸。擦干被毛,测量体尺、体重,编号后将犊牛移入犊牛舍(岛)。

哺乳犊牛:管理要点为定时、定量、定温。定时按每天三次,时间应固定;喂奶量按体重的 8%～10%/天、头;定温是指喂奶的温度 37℃～39℃。喂奶用具每次清洗消毒,牛床和垫草每天清扫、消毒。12～20 天去角并开始补喂精料、饲草,喂奶量逐步减少,45 天断奶。

断奶犊牛:根据月龄适当分群,保持牛床、运动场干燥卫生。

青年牛:16 月龄到配种,16 月龄体高 125 厘米以上、体重 350 公斤以上开始配种。

成年牛:配种后的牛,配种后饲养密度不能过大,不喂霉烂变质和冰冻饲草、饲料。分娩前 7～15 天调入产房饲养。对分娩后的母牛在半小时内肌肉注射催产素、破伤风抗毒素,必要时补充一些钙剂,7 天内每天测量体温,注意采食变化和肢体变化,给易消化的饲草、饲料。特别注意牛床及运动场的卫生和消毒。夏季注意通风,冬季注意保温。

泌乳期:分娩后进入泌乳期应保证饲料量和水的供应,保持良好环境,夏天运动场设有凉棚,牛舍有降温设备。

泌乳高峰期:分娩后 15 天到约 3 个月内为泌乳高峰期,应三次挤奶,挤奶完毕药浴乳头,注意乳房变化,防止发生乳房炎。详细记录每头牛每天三次的产奶量,每月的产奶量都记录在档案中。母牛分娩后 45～90 天内配种,饲养人员注意观察母牛发情时间。在泌乳高峰期饲草、饲料、环境等应尽量不变化,以防应急。

干奶期:到分娩前 60 天停奶进入干奶期,从干奶第一天开始,注意乳房变化,乳房肿胀厉害可以去掉青贮仅喂干草,出现乳房炎应再次挤奶并治疗,恢复后再次干奶。干奶后乳房水肿消失,精料、青贮可逐步增加,干草不限。之后进入下一个生产期。

（四）奶牛疾病防治

- **疾病控制目标**

  年总淘汰率：25%。

  年死亡率：3%以内。

  乳房炎发病率：3%以内。

  育成牛死亡率、淘汰率：小于3%。

  全年怀孕母牛流产率：低于8%。

- **疾病预防**

  消毒：各自岗位按规定消毒。

  免疫：主要包括口蹄疫、破伤风、病毒性腹泻等。

  口蹄疫：每4个月进行一次免疫。

  破伤风：产后12小时内肌肉注射破伤风抗毒素。

  病毒性腹泻：犊牛、所有配种前的牛都可应用"牛病毒性腹泻弱毒疫苗"。

  驱虫：应对焦虫、肝片吸虫、球虫和皮肤寄生虫进行驱虫，按各自要求进行。

  疾病诊断：将牛的异常变化、症状记录在病历中，综合分析进行确诊。

  治疗：针对疾病正确用药，所用药物和用药方法应准确记录。

- **检疫**

  口蹄疫：防疫注射20天后进行抗体检测，抗体小于规定值时要重新防疫。

  布病、结核：每年春、秋两季进行检疫，凡有带毒者一律淘汰。

  检疫记录：检疫结果记录在档案。

  乳房炎检测：每年1、3、6、7、8、9、11月份进行隐性乳房炎监测，凡阳性反应超过15%时应找出原因，制定相应解决措施。每次检测记录在档。

  蹄病检测：当蹄病发病率超过15%时应视为群发性问题，要找出原因，制定相应解决措施。每次检测记录在档。

代谢病检测：产前一周进行尿 pH 值、尿酮体、产后每 3 天进行尿 pH 值、尿酮体和乳酮体监测，凡 pH 值呈酸性、酮体呈阳性着抓紧采取相应措施。

三、奶牛养殖业过程本体结构描述与存储

奶牛养殖业过程本体的存储结构应能很好地描述其概念之间的层次关系，本研究利用可扩展标记语言 XML（Extensible Markup Language）对其进行描述和存储。

XML 作为数据传输和交换标准，已经在 Web 上得到了广泛的应用，并在一定程度上发挥了数据库的作用。XML 技术可以用于存储参数，作为一种资源描述语言，因其灵活、通用、丰富的结构化信息表达，而被广泛接受。XML 允许用户根据需要，自行定义标记及属性名，从而使 XML 文件的结构能够复杂到任意程度。XML 的扩展性和高度结构化特点为农业过程本体结构的存储提供了便利。本研究利用 XML 在自定义结点的基础上实现了对农业过程本体结构体系的描述与存储。下述 XML 代码所示的是奶牛养殖业部分本体描述结构，该描述结构为树状目录结构。结构的建立是在对信息需求单元进行分类基础上完成，其分类是依据生产经营阶段划分。生产经营阶段划分根据是奶牛养殖业在生产经营过程中表现出的明显的阶段特征。生产经营阶段的划分具有不同的粒度，在大的阶段划分的基础上，根据需要可以进行再次划分。在完成生产经营阶段划分后，进一步总结出各阶段的信息需求单元。下述 XML 代码中最内层结点为信息需求单元，对应于树状结构的叶子结点。

```
<? xml version="1.0" encoding="utf-8"? >
<nodes>
    <node id="30101" url="" text="成长阶段">
        <node id="3010101" url="" text="犊牛">
            <node id="301010101" url="" text="犊牛出生">
                <node id="30101010101" target="right" text="年龄"/>
```

```xml
        <node id="30101010102"  target="right" text="营养需求"/>
        <node id="30101010103"  target="right" text="体重"/>
        <node id="30101010104"  target="right" text="体检"/>
        <node id="30101010105"  target="right" text="生殖生理"/>
        <node id="30101010106"  target="right" text="体况"/>
      </node>
      <node id="301010102" url="" text="哺乳犊牛">
        <node id="30101010201"  target="right" text="年龄"/>
        <node id="30101010202"  target="right" text="营养需求"/>
        <node id="30101010203"  target="right" text="体重"/>
        <node id="30101010204"  target="right" text="生殖生理"/>
        <node id="30101010205"  target="right" text="体况"/>
      </node>
      <node id="301010103" url="" text="断奶犊牛">
        <node id="30101010301"  target="right" text="年龄"/>
        <node id="30101010302"  target="right" text="营养需求"/>
        <node id="30101010303"  target="right" text="体重"/>
        <node id="30101010304"  target="right" text="生殖生理"/>
        <node id="30101010305"  target="right" text="体况"/>
      </node>
    </node>
    <node id="3010102" url="" text="育成牛">
        <node id="301010201"  target="right" text="年龄"/>
        <node id="301010202"  target="right" text="营养需求"/>
        <node id="301010203"  target="right" text="体重"/>
        <node id="301010204"  target="right" text="生殖生理"/>
        <node id="301010205"  target="right" text="发情"/>
        <node id="301010206"  target="right" text="妊娠"/>
        <node id="301010207"  target="right" text="人工授精"/>
        <node id="301010208"  target="right" text="体况"/>
```

</node>
　　<node id="3010103" url="" text="青年牛">
　　　　<node id="301010301" target="right" text="年龄"/>
　　　　<node id="301010302" target="right" text="营养需求"/>
　　　　<node id="301010303" target="right" text="体重"/>
　　　　<node id="301010304" target="right" text="生殖生理"/>
　　　　<node id="301010305" target="right" text="体况"/>
　　</node>
</node>
<node id="30102" url="" text="成年阶段">
　　<node id="3010201" url="" text="成年牛">
　　　　<node id="301020101" url="" text="发情配种期">
　　　　　　<node id="30102010101" target="right" text="年龄"/>
　　　　　　<node id="30102010102" target="right" text="营养需求"/>
　　　　　　<node id="30102010103" target="right" text="体重"/>
　　　　　　<node id="30102010104" target="right" text="体检"/>
　　　　　　<node id="30102010105" target="right" text="生殖生理"/>
　　　　　　<node id="30102010106" target="right" text="发情"/>
　　　　　　<node id="30102010107" target="right" text="妊娠"/>
　　　　　　<node id="30102010108" target="right" text="体况"/>
　　　　</node>
　　　　<node id="301020102" url="" text="临产期/围产期">
　　　　　　<node id="30102010201" target="right" text="年龄"/>
　　　　　　<node id="30102010202" target="right" text="营养需求"/>
　　　　　　<node id="30102010203" target="right" text="体重"/>
　　　　　　<node id="30102010204" target="right" text="体检"/>
　　　　　　<node id="30102010205" target="right" text="生殖生理"/>
　　　　　　<node id="30102010206" target="right" text="妊娠"/>
　　　　　　<node id="30102010207" target="right" text="分娩"/>
　　　　　　<node id="30102010208" target="right" text="繁殖障碍"/>

```xml
        <node id="30102010209"  target="right" text=" 体况 "/>
      </node>
      <node id="301020103" url="" text=" 泌乳期/泌乳高峰期 ">
        <node id="30102010301"  target="right" text=" 年龄 "/>
        <node id="30102010302"  target="right" text=" 营养需求 "/>
        <node id="30102010303"  target="right" text=" 体重 "/>
        <node id="30102010304"  target="right" text=" 体检 "/>
        <node id="30102010305"  target="right" text=" 生殖生理 "/>
        <node id="30102010306"  target="right" text=" 体况 "/>
        <node id="30102010307"  target="right" text=" 产奶 "/>
      </node>
      <node id="301020104" url="" text=" 干奶期 ">
        <node id="30102010401"  target="right" text=" 年龄 "/>
        <node id="30102010402"  target="right" text=" 营养需求 "/>
        <node id="30102010403"  target="right" text=" 体重 "/>
        <node id="30102010404" target="right" text=" 体检 "/>
        <node id="30102010405" target="right" text=" 生殖生理 "/>
        <node id="30102010406" target="right" text=" 体况 "/>
      </node>
    </node>
  </node>
  <node id="30103" url="" text=" 淘汰阶段 " >
    <node id="3010301"  target="right" text=" 年龄 "/>
    <node id="3010302"  target="right" text=" 营养需求 "/>
    <node id="3010303"  target="right" text=" 体重 "/>
    <node id="3010304"  target="right" text=" 体检 "/>
    <node id="3010305"  target="right" text=" 生殖生理 "/>
    <node id="3010306"  target="right" text=" 体况 "/>
  </node>
</nodes>
```

第三节 奶牛养殖业信息协同服务中间件及系统运行流程

一、中间件

奶牛养殖业信息协同服务中间件用于共享远程各农业网站的奶牛业信息资源。基于 Web Service 技术建立接口，实现各网站奶牛养殖的相关信息的语义转换和共享。首先，基于奶牛养殖业本体分类体系为各网站的农业资源信息建立数据视图，使数据以农业资源本体语义呈现。其次，在数据视图基础上建立 Web Service 共享接口，实现数据的远程访问。如此不但实现了农业资源的数据共享，同时也实现了农业语义的转换。另外，需要将接口的元数据注册到协同服务元数据库中，包括接口的调用地址、所能提供的信息分类、参数等。

二、元数据库

元数据库用于存储各远程服务的相关数据，称作农业信息服务元数据库。元数据库存储的信息包括：服务名称、服务的 URL、信息类别、服务权重、注册日期、所属单位、联系方式等。其中 URL 标识了远程 Web Service 的地址；而权重信息标识该服务的重要性；信息类别 ID 标识该服务能提供哪类信息服务，对应着另外一个表格的主键，该字段在这里是外键。用于记录所有信息类别的表格如图 9—7 所示，其中 ID 为主键，表中记录下了所对应信息类别。图 9—7 所示的"奶牛养殖"业务编号 id 为 1。当元数据表中记录的某服务的"信息类别 ID"为 1 时，表示该服务能够提供"奶牛养殖"类信息服务。

表 9—1 农业信息网站协同服务元数据库模式

元数据
服务名称
URL
信息类别 ID
服务权重
注册日期
服务状态
所属单位
联系方式

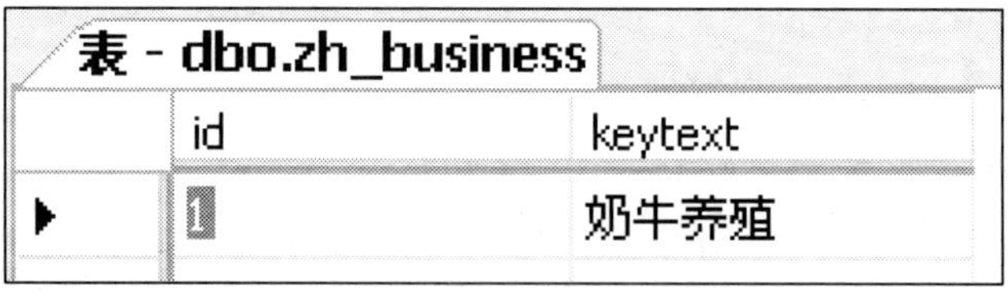
表 - dbo.zh_business

id	keytext
1	奶牛养殖

图 9—7 元数据库记录信息类别的格式

三、系统运行流程

当用户进行信息请求时，系统根据用户的信息请求确定需要提供的信息组合，然后到不同的远程服务器上通过中间件进行信息检索，并归类进行显示。系统需要按顺序调用各个中间件的 Web Service 接口。Web Service 的部署利用 Tomcat5. 0＋Axis2. 0 实现。系统的运行流程图参见第八章相关表述。

第四节 奶牛养殖业信息协同服务系统简介

一、系统架构设计与原型系统开发

建立在信息协同服务业务链模型基础上的奶牛业信息协同服务系统

(图 9—8)由知识库、能扩展信息来源的搜索引擎和能进行虚拟访问的网站协同构成。按照图 9—8 系统架构的设计思路,奶牛养殖业信息协同服务系统的网站协同服务功能是基于奶牛生长发育属性、奶牛饲养管理、奶牛饲料配方、奶牛疾病诊断防治四个专业信息库实现的;农业搜索服务功能是通过嵌入专业搜索引擎"搜农"来达成;网站协同服务功能的实现是先给分别隶属于中国农业科学院、中国科学院地理科学与资源研究所、中国农业大学等六个独立涉农网站加载虚拟访问中间件(DB2WS——将原网站数据库格式转换为 Web Service 格式的工具),之后通过对六个网站的相关参数进行设置、定义和储存,进而即可在信息协同服务系统下对不同网站的数据库信息进行无障碍共享。

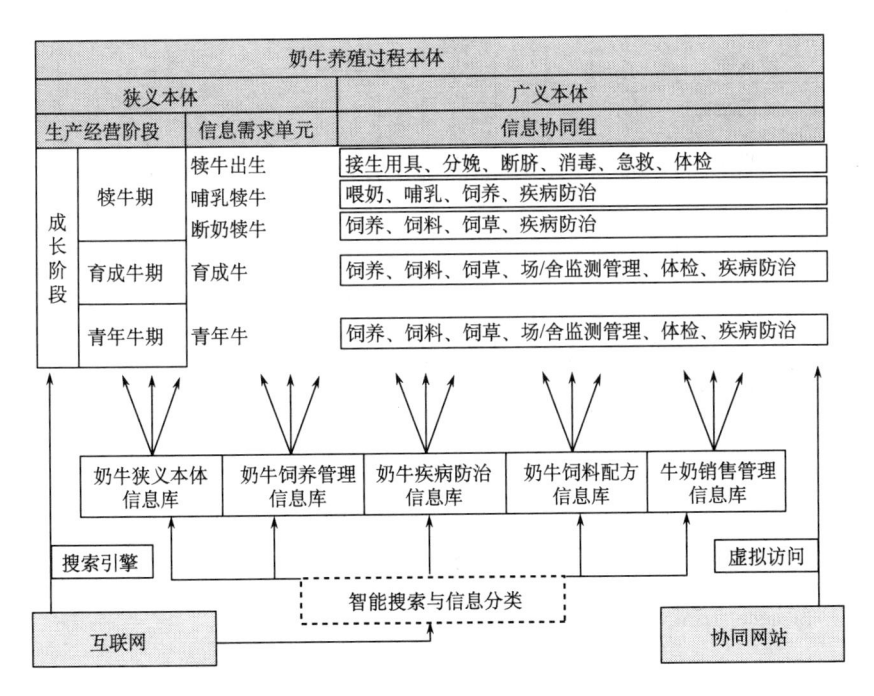

图 9—8 奶牛养殖业信息协同服务系统架构

按照图 9—8 系统架构的设计思路,利用 Java 语言示范性地开发了一个具有网站协同和农业搜索服务功能特点的奶牛养殖业信息协同服原型系统。原型系统按知识库的分类结构建立树状目录结构图，作为前台用户进行信息检索的操作接口。树状目录结构图体现了过程本体的概念层次结构（图9—9）。原型系统的开发环境是 Windows Server 2003＋Tomcat5.0，开发工具使用 Eclipse_WTP，知识库构建使用的是 SQL Server2000。

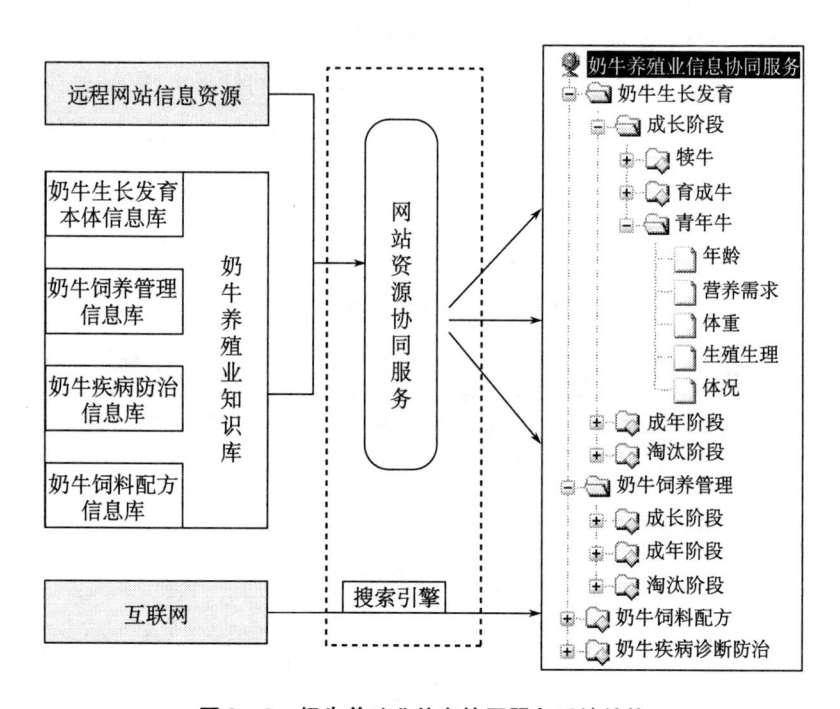

图9—9　奶牛养殖业信息协同服务系统结构

网站协同服务的部分关键代码：

String　strInf=" 奶牛;"+jieduan+";"+colName;
//调用 Web Service
FunctionOfXietong funcxietong=new FunctionOfXietong();
String callResult=funcxietong.callWebservice(strInf);
//读取本地数据库的内容
sql="select ＊ from bentishuxing where 生长阶段 like '"+jieduan+"'";

第九章 奶牛养殖业信息协同服务系统

```
Statement stmt=dbConn.createStatement();
ResultSet rs=stmt.executeQuery(sql);
if(!rs.next()) return;
String colValue=new String(rs.getString(colName));
//远程、本地结果合并
callResult="<b>1.中科院地理资源所网站信息:</b><br>"+colValue
    +"<p><p><br>"+"<font size=2 color=#9900FF>---注.
本网站信息来源:王加启.现代奶牛养殖科学.北京:中国农业出版社,2006</font
>"+"</p></p>"
    +"<hr><br><b>2.远程网站信息:</b><br>"+callResult;
siliaobean.setPresentPageResult(callResult);
String toFile="queryresult/siliaoresult.jsp";
RequestDispatcher dispatcher=request.getRequestDispatcher(toFile);
dispatcher.forward(request,response);
stmt.close();
rs.close();
```

上述代码首先利用 FunctionOfXietong 类的 callWebservice() 方法调用远程 Web Service 服务,然后读取本地网站的数据库信息,并将二者的查询结果进行合并输出。其中 siliaoresult.jsp 文件用于结果的输出。类 FunctionOfXietong 的 callWebservice() 方法的代码如下:

```
public class FunctionOfXietong
{
    Connection dbConn;
    public String callWebservice(String searchkey)
    {
        try {
            StringBuffer strResult=new StringBuffer();   //the total search result
            int serviceCount;    //initionalized by data read from database
```

```
int businessId;
String[] serviceHttp;
strResult.append("");
try    //sql server 2000
{
    String driverName="com.microsoft.jdbc.sqlserver.SQLServerDriver";
    String dbURL="jdbc:microsoft:sqlserver://159.226.112.12:1433;Databasename=AII";
    Class.forName(driverName);
    dbConn=DriverManager.getConnection(dbURL,"sa","igsnrr13579");
}
catch(Exception e)    //sql server 2005
{
    e.printStackTrace();
}
Statement stmt=dbConn.createStatement(ResultSet.TYPE_SCROLL_INSENSITIVE,ResultSet.CONCUR_READ_ONLY);
ResultSet rs;
String sql;
sql="select id,keytext from zh_business where keytext like '%"+
                                    searchkey+"%'";
rs=stmt.executeQuery(sql);
if(!rs.next())    //没有找到相应的业务
{
    rs.close();
}
else
{
    businessId=Integer.parseInt(rs.getString("id"));
```

```
rs.close();
//找出所有相关的Web service
sql="select business_id,webservice_http from zh_webservice where business_id="+businessId;
rs=stmt.executeQuery(sql);
rs.last();
serviceCount=rs.getRow();
serviceHttp=new String[serviceCount];
rs.first();
for(int i=0;i<serviceCount;i++)  // 如果有多个web service 提供服务
{
    serviceHttp[i]=new String();
    serviceHttp[i]=rs.getString("webservice_http");
}
rs.close();
for(int i=0;i<serviceCount;i++)   //分别利用各web service 搜索信息.
{
    CallService callservice=new CallService();
    //System.out.println(requestContent);
    String result=callservice.callWebService(serviceHttp[i],
                "searchInfo",searchkey);
    strResult.append(result);
}
}
return strResult.toString();
}
catch(Exception e){
```

```
            e. printStackTrace();
            return "";
        }
    }
```

上述代码首先从数据库中读取用户检索的信息所对应的所有远程服务,然后逐一对其进行调用,并将结果进行合并。

调用搜索引擎实现信息服务的部分代码:

```
String  strInf=" 奶牛;"+jieduan+";"+colName;
strInf=URLEncoder.encode(strInf,"GBK");
String url="http://www.sounong.net/SOUNONG/gq.jsp? q="+strInf;
response.sendRedirect(url);
```

在调用搜索引擎时,须将关键词作为参数进行传递,并将关键词进行编码转换,避免出现乱码。

二、系统操作简介

奶牛养殖业信息协同服务系统以奶牛养殖业过程本体为索引实现与奶牛养殖业知识相关的信息服务。其信息服务来源有两部分:网站协同、农业搜索。其中网站协同是调用了多个网站的信息资源;农业搜索是通过"搜农"搜索引擎实现网络 Web 资源的获取。

系统界面分为三大模块,顶部可以选择不同的服务:网站协同、农业搜索;左侧是以树状目录的形式显示的奶牛养殖业过程本体,用户可以点击不同结点进行信息请求;右侧窗口是信息结果反馈窗口。如图 9—10 所示,用户请求的是"奶牛生长发育—成长阶段—犊牛—犊牛出生—生殖生理"的相关信息,而顶部选择的是"网站协同"服务,右侧信息窗口中显示的是反馈结果。

当用户选择了"农业搜索"服务时,系统调用农业专业搜索引擎搜索结果如图 9—11 所示。

第九章 奶牛养殖业信息协同服务系统 293

  界面中左侧窗口中本体树结构的上面有两个按钮"打开结点"、"关闭结点",分别用于展开树状目录的所有结点、关闭树状目录的所有结点。
  界面右上角的"返回首页"可以回到首页。

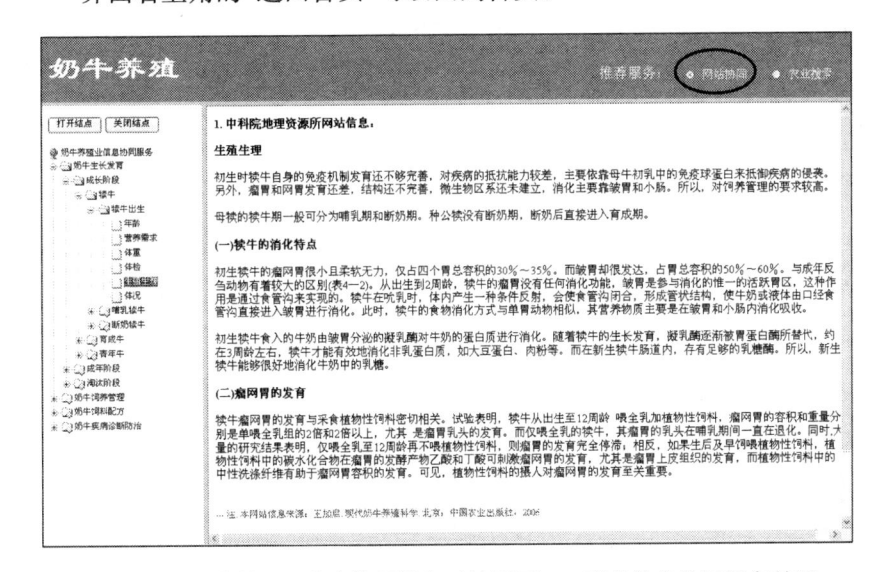

图 9—10 奶牛养殖业信息协同服务系统界面——网站信息协同服务结果

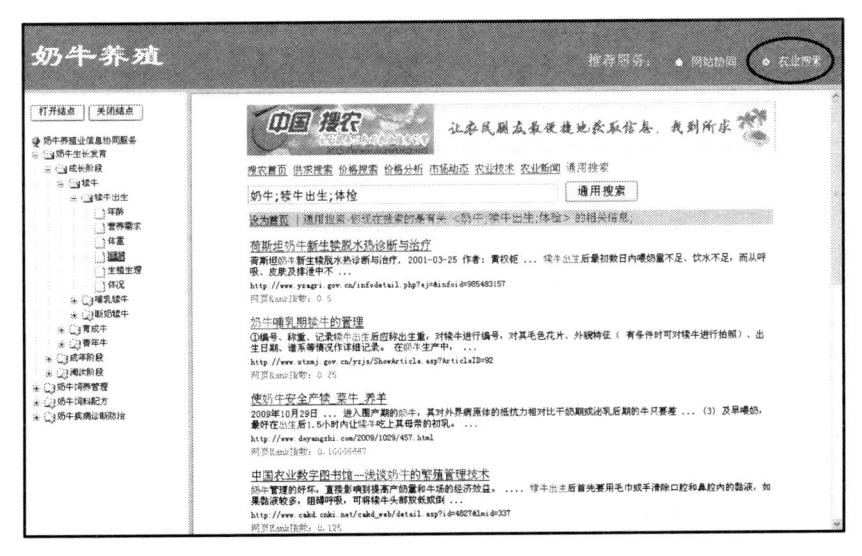

图 9—11 奶牛养殖业信息协同服务系统界面——搜索引擎服务结果

参 考 文 献

[1] Bechhofer,S.，I. Horrocks,C. Goble et al. 2001. OILEd：A Reasonable Ontology Editor for the Semantic Web. Proceedings of KI2001, Joint German/Austrian conference on Artificial Intelligence, September 19-21, Vienna. Springer-Verlag LNAI,Vol. 2174,pp. 396-408.
[2] Bharat,K.，A. Broder 1998. A Technique for Measuring the Relative Size and Overlap of Public Web Search Engines. *Computer Networks and ESDN System*,Vol. 30,pp. 379-388.
[3] Guarino,N. 1995. Formal Ontology：Conceptual Analysis and Knowledge Representation. *International Journal of Human-Computer Studies*,Vol. 43, No. 2/3,pp. 625-640.
[4] 常春："联合国粮食与农业组织 AOS 项目",《农业图书情报学刊》,2003 年第 2 期,第 14~15、24 页。
[5] 贺纯佩、李思经："农业本体论——农业知识组织系统的建立",《农业图书情报学刊》,2004 年第 10 期,第 41~44 页。
[6] 贺纯佩、李思经："农业叙词表在中国的发展和农业本体论展望",《农业图书情报学刊》,2003 年第 4 期,第 16~19 页。
[7] 刘慧涛、李会龙、刘金铜等："网络农业信息资源共享与开发利用研究",《农业工程学报》,2005 年第 6 期,第 105~109 页。
[8] 刘鹏、孙瑞志："基于消息中间件的快递业务系统适配器的设计与实现",《计算机应用研究》,2008 年增刊,第 651~652 页。
[9] 刘艳华、徐勇："不同搜索引擎在农业领域的应用效果对比",《农业网络信息》,2009 年第 8 期,第 25~29 页。
[10] 倪金卫、施正香、王朝元等："信息技术在奶牛业中的应用：精确饲养奶牛业",《农业工程学报》,2001 年第 7 期,第 12~16 页。
[11] 牛方曲、甘国辉、徐勇等："基于 Web Service 构建农业信息协同服务系统",《农业网络信息》,2009 年第 9 期,第 28~32、41 页。
[12] 彭隽、朱德海："农业信息系统在不同平台上性能的比较",《农业工程学报》,2006 年第 9 期,第 254~256 页。
[13] 钱平："我国农业信息网站建设的现状与分析",《中国农业科学》,2001 年增刊,第 78~81 页。
[14] 钱平、郑业鲁:《农业本体论研究与应用》,北京：中国农业科学技术出版社,2006 年。
[15] 苏晓路、钱平、赵庆龄等："农业科技信息导航知识库及其智能检索系统的构

建",《情报学报》,2004 年第 6 期,第 677~682 页。
[16] 王家启:《现代奶牛养殖科学》,北京:中国农业出版社,2006 年。
[17] 王健、甘国辉:"多维农业信息分类体系",《农业工程学报》,2004 年第 4 期,第 152~156 页。
[18] 王忠、周士波:"Internet 英文搜索引擎评析",《情报学报》,1999 年第 18 期,第 492~498 页。
[19] 鲜国建、孟宪学、常春:"基于农业本体的智能检索原型系统设计与实现",《中国农学通报》,2008 年第 6 期,第 470~474 页。
[20] 徐建军、梁邦勇、李涓子等:"基于本体的智能 Web 服务",《计算机科学》,2002 年第 12 期,第 92~94 页。
[21] 徐勇、甘国辉、牛方曲:"农业信息协同服务总体架构解析",《农业网络信息》,2009 年第 9 期,第 10~12 页。
[22] 徐勇、高雅、刘艳华:"农业过程本体及其构建方法——以玉米为例",《农业网络信息》,2009 年第 11 期,第 8~11 页。

(本章执笔人:徐勇、牛方曲、高雅)

第十章　苹果种植业信息协同服务系统

第一节　苹果种植业信息协同服务业务链模型

一、苹果业经营过程阶段和信息需求单元划分

作为经济林果业的苹果业，以苹果产品生产为主体的苹果业经营过程可划分为产前、产中和产后三个阶段，其中产前阶段又可细分为以苗木繁育为主体的产前、产中、产后和建园栽培等亚阶段。根据苹果栽培特点以及苹果业经营过程中的信息需求特征，结合延安市洛川、富县等苹果基地县实地调查情况，苹果业经营过程阶段和信息需求单元划分结果如图 10—1、图 10—2 和图 10—3 所示。

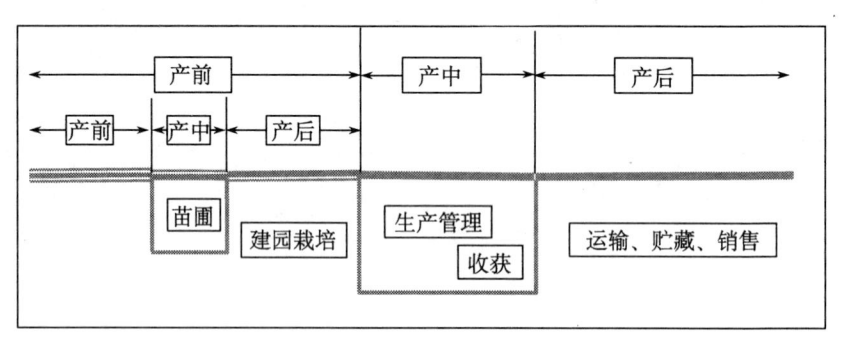

图 10—1　苹果业经营过程阶段划分

二、苹果业信息协同服务业务链模型

构建苹果种植业信息协同服务业务链模型的理论依据是果树生长发

第十章 苹果种植业信息协同服务系统

苗木繁育阶段	信息需求单元
产前	乔化砧苗、矮化中间砧苗、矮化砧自根苗、无毒苗木
	种子采购、种子筛选、种子消毒、种子沙藏
	土壤处理、苗床设置
	播种时期、播种量、播种方法
产中（苗木繁育）	播后管理、移栽时期、苗圃整地、炼苗、移栽方法
	栽后管理、灌水追肥、幼苗摘心
	嫁接时期、嫁接方法、乔木苗、矮化苗
	矮化中间砧、嫁接品种
	苗木检疫、掘苗、苗木出圃
产后	假植、分级
	销售、运输

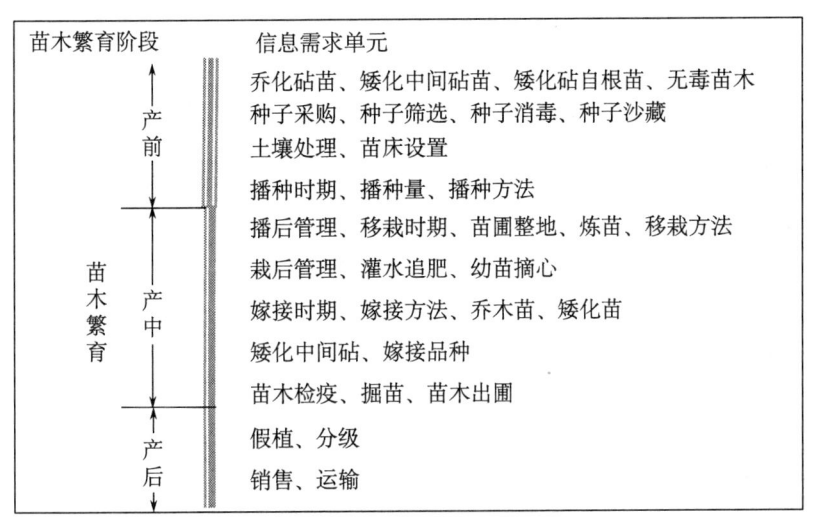

图 10—2 苹果苗木繁育阶段信息需求单元划分

生产经营阶段		信息需求单元
产前	建园栽培	园地选择、园地规划、土地平整、挖定植沟、苗木选择
		品种选择、授粉品种、定植时间、苗木处理、田间定植
		灌水、防寒、除土扶苗、覆盖地膜、定秆
产中	生产管理	土壤管理、营养带、合理间作、果园复草、中耕除草
		深翻改土、改土施肥、施基肥、土壤追肥、根外追肥
		整形修剪、疏枝、摘心、拉枝、环切
		疏花、疏果、保花、授粉、保果
		除畸形果、摘叶转果、套袋、摘袋
		病虫综合防治
	收获	采收、成熟度确定、底色、颜色、硬度
		采收工具、采集袋、纸箱、塑料周转箱
		采收方法、采收顺序
		分级、分级方法、大小分级、色泽分级
产后		包装、包装箱、衬垫物、包果纸、装箱方法
		运输、贮藏保鲜、棚窖贮藏、土窑洞贮藏
		砖石结构果库、庭院地下果库、预冷入贮
		果库管理、果库通风、库温管理、果品出库、销售

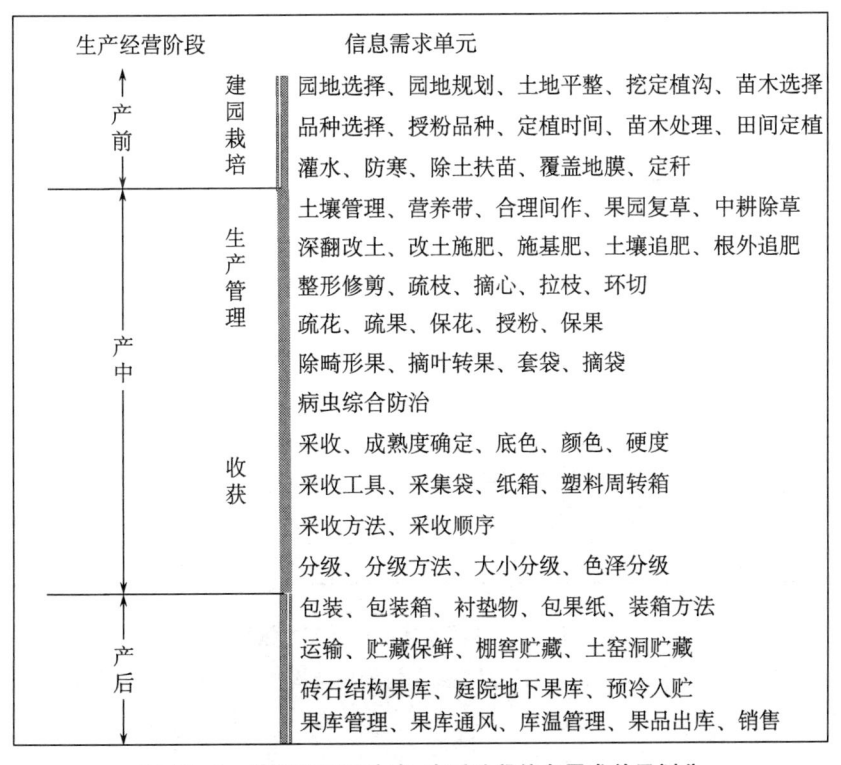

图 10—3 苹果建园及产中、产后阶段信息需求单元划分

育过程中所体现出的固有属性。基于这种固有属性的业务链模型在内容表达方面将主要由表述生产经营阶段、信息需求单元、信息协同组以及信息协同链等具有内在逻辑关系的苹果种植业过程本体构成；在架构设计方面将主要以果树生命周期内存在的阶段性特征即生产经营阶段和信息需求单元为基础，进而筛选组建信息协同组和信息协同链。根据上述思路设计的基于过程本体的苹果种植业信息协同服务业务链模型架构如图10—4和图10—5所示。

农业狭义本体		农业广义本体	业务链
生产经营阶段		信息需求单元组(信息协同组)	
苗木繁育	产前	乔化砧苗、矮化中间砧苗、矮化砧自根苗、无毒苗木	信息协同链
^	^	种子采购、种子筛选、种子消毒、种子沙藏	^
^	^	土壤处理、苗床设置	^
^	^	播种时期、播种量、播种方法	^
^	产中	播后管理、移栽时期、苗圃整地、炼苗、移栽方法	信息协同链
^	^	栽后管理、灌水追肥、幼苗摘心	^
^	^	嫁接时期、嫁接方法、乔木苗、矮化苗	^
^	^	矮化中间砧、嫁接品种	^
^	^	苗木检疫、掘苗、苗木出圃	^
^	产后	假植、分级	信息协同链
^	^	销售、运输	^

图10—4 基于过程本体的苹果苗木繁育信息
协同服务业务链模型架构

农业狭义本体		农业广义本体	业务链
生产经营阶段		信息需求单元组(信息协同组)	
苹果种植	产前	建园栽培	园地选择、园地规划、土地平整、挖定植沟、苗木选择 品种选择、授粉品种、定植时间、苗木处理、田间定植 灌水、防寒、除土扶苗、覆盖地膜、定秆	信息协同链
	产中	生产管理	土壤管理、营养带、合理间作、果园复草、中耕除草 深翻改土、改土施肥、施基肥、土壤追肥、根外追肥 整形修剪、疏枝、摘心、拉枝、环切 疏花、疏果、保花、授粉、保果 除畸形果、摘叶转果、套袋、摘袋 病虫综合防治	信息协同链
		收获	采收、成熟度确定、底色、颜色、硬度 采收工具、采集袋、纸箱、塑料周转箱 采收方法、采收顺序 分级、分级方法、大小分级、色泽分级	信息协同链
	产后		包装、包装箱、衬垫物、包果纸、装箱方法 运输、贮藏保鲜、棚窖贮藏、土窑洞贮藏 砖石结构果库、庭院地下果库、预冷入贮 果库管理、果库通风、库温管理、果品出库、销售	信息协同链

图 10—5 基于过程本体的苹果种植业信息协同服务业务链模型架构

第二节 苹果种植业过程本体知识库构建

一、苹果种植业过程本体

根据农业过程本体的定义,建立在生产经营过程阶段和信息需求单元划分基础上的苹果种植业过程本体架构至少可划分出三个层级的类(表10—1)。不同于大田种植业的习惯划分方法,苹果种植业过程本体可按苗木繁育、建园栽培和果园生产管理三个一级类进行组织,产前、产中和产后可设定为二级类。产前类具有生产经营准备特点,产中类集中反映了苹果树生长发育的生物学过程,产后类重点在于表述苗木或苹果的收益特征。苗木繁育从苗木选种到苗木销售,具有独立的生产过程循环特点,可由产前、产中和产后三个二级类构成;建园栽培和果园生产

表10—1 苹果种植业过程本体的类和等级体系架构

一级类	二级类	三级类	本体实例
苗木繁育	产前	苗木选种	乔化砧苗、矮化中间砧苗、矮化砧自根苗、无毒苗木等
		种子处理	种子筛选、种子消毒、种子沙藏等
	产中	播种	苗床设置、播种时期、播种量、播种方法等
		播后管理	……
		移栽	移栽时期、苗圃整地、炼苗、移栽方法等
		栽后管理	松土、除草、灌水、追肥、幼苗摘心等
		嫁接	嫁接时期、乔化苗、矮化苗、补接、去萌蘖、追肥、灌水、摘心等
		苗圃病虫防治	……
	产后		出圃时期、掘苗、分级、假植、销售、运输等
建园栽培	产前	建园	园地选择、园地规划、土地平整、挖定植沟、苗木选择等
		定植	定植时间、苗木处理、田间定植等
		栽后管理	灌水、埋土防寒、除土扶苗、覆盖地膜、定秆等
果园生产管理	产中	土壤管理	营养带、树行覆盖、间作、中耕除草、深翻改土、施基肥、土壤追肥、根外追肥等
		整形修剪	树形、夏剪、冬剪、疏枝、摘心、拉枝、环切、保花保果、疏花疏果、除畸形果、套袋、摘袋、摘叶转果等
		病虫害防治	清除病源、药剂防治等
		采收分级	底色、硬度、大小分级、色泽分级等
	产后	贮藏保鲜	棚窖贮藏、土窑洞贮藏、砖石结构果库、果库管理等
		销售	价格、市场选择、果品加工企业等
		包装运输	包装箱、衬垫物、包果纸、装箱方法、运输等

管理共同构成独立的生产过程循环,建园栽培具有产前类特点,果园生产管理具有产中类和产后类特点。关于苹果种植业过程本体的三级类划分需要有坚实的专业知识作支撑。表10—1给出的三级类和本体实例尚不完整,仍需进一步深入研究。

二、苹果种植业过程本体知识库结构模式

根据农业过程本体的定义,苹果种植业过程本体由狭义本体和广义本体构成,与狭义本体对应的是苹果生长发育属性,而与广义本体对应的知识库则由与苹果生长发育有密切关系的种植管理、水肥管理、病虫害防治等知识构成。

无论是狭义本体还是广义本体,它们与苹果不同的生长发育阶段有着不同的对应关系,有些是一对一的关系,有些是多对一的关系,理清本体与生长发育阶段的对应关系是构建过程本体知识库的关键之一。苹果种植业过程本体知识库是按照苗木繁育(产前、产中、产后)、苹果种植阶段的建园栽培、生产管理、收获及产后处理等苹果的生长发育阶段来组织的。而对于诸多与苹果种植业特定阶段无直接联系的属性知识(往往贯穿于整个生产过程),将其进行分类组织建立知识库。

苹果苗圃繁育知识库结构如图10—6所示,分别为苗圃繁育时期产前、产中、产后的属性结构。

苹果种植业的生产管理本体知识库结构的建立同样依据产前、产中和产后进行信息的组织,其知识库结构模式与苗圃繁育类似,这里不再给出。而其他大量的属性贯穿于苹果种植业的整个生产过程,对于这些属性知识我们将其分为几大类:土水肥管理、病虫害防治、农药施用管理。土水肥管理中的土壤属性知识库模型如图10—7所示。而病虫害防治是按照病害和虫害分类进行组织,农药施用管理主要是按照药品进行分类组织。二者的知识库结构模式不再一一列举。

产前

列名	数据类型
id	int
乔化砧苗	ntext
矮化中间砧苗	ntext
矮化砧自根苗	ntext
无毒苗木	ntext
种子采购	ntext
种子筛选	ntext
种子消毒	ntext
种子沙藏	ntext
土壤处理	ntext
苗床设置	ntext
播种时期	ntext
播种量	ntext
播种方法	ntext
备注	ntext

产中

列名	数据类型
id	int
播后管理	ntext
移栽时期	ntext
苗圃整地	ntext
炼苗	ntext
移栽方法	ntext
栽后管理	text
灌水追肥	ntext
幼苗摘心	ntext
嫁接时期	ntext
嫁接方法	ntext
乔木苗	ntext
矮化苗	ntext
矮化中间砧	ntext
嫁接品种	ntext
苗木检疫	ntext
掘苗	ntext
苗木出圃	ntext
备注	ntext

产后

列名	数据类型
Id	int
假植	ntext
分级	ntext
销售	ntext
运输	ntext
备注	ntext

图 10—6　苹果苗圃繁育属性知识库结构模式——产前、产中、产后

三、苹果种植业过程本体实例举例

（一）苗木繁育

（1）苗木繁育产前阶段

乔化砧苗：以山定子类型为根砧，嫁接普通型或短枝型品种，东北、华

列名	数据类型
Id	int
通气性	ntext
含水量	ntext
温度	ntext
养分	ntext
Ph值与盐量	ntext
备注	ntext

土壤条件需求

列名	数据类型
Id	int
深翻熟化	ntext
穴贮	ntext
果园覆盖	ntext
果园生草	ntext
备注	ntext

土壤管理

图 10—7 苹果种植管理知识库结构模式——土壤管理

北部较普遍；以海棠果类（怀来海棠、黄海棠等）作根砧，嫁接普通型品种，全国大部分产区应用；以湖北海棠（甜茶、泰山海棠）类型为根砧，可嫁接普通型或短枝型品种，中部各省应用较多；以营养系矮化砧木为根砧，可嫁接普通型或短枝型品种。

矮化中间砧苗：以山定子为根砧，以 M26、MAC9、S63、CX4 等为中间砧，嫁接优新品种，具有抗寒性强、早实丰产、树体半矮化等优点。

种子采购：确定适生砧木，采集或购买砧木种子。延安的适砧木为楸子。

种子筛选：选用当年产的楸子种，除去杂志、枇种、破碎种子，纯度达 95% 以上。

种子消毒：种子沙藏前，用 0.3% 的高锰酸钾水溶液浸泡 5 分钟消毒，之后用清水冲洗三次。

种子沙藏：播种前 60～80 天，将消毒后的种子与湿沙（沙子的湿度以手捏成团而不滴水，往下放立即松散为宜）以 1∶4～5 的比例混合搅拌均匀，放在温度为 0℃～5℃ 的地方（果库或地窖），厚度不超过 40 厘米。沙藏期间，前期每隔 15 天翻动一次，如果沙子失水过干，可洒水补充，洒水后搅翻均匀。播种前 20 天，每 5 天检查一次，种子露白时立即播种。

土壤处理：播前用 500 倍 50% 对硫磷乳油＋400 倍退菌特进行土壤处理。

苗床设置：选背风向阳、土质肥沃的地方，整长10米，宽1米，埂高15～20厘米的条畦作苗床（畦埂做实），施腐熟农家肥20公斤/平方米，然后浅翻整平、压实，灌水40～50公斤/平方米。每亩需育3～4畦。

播种时期：3月中下旬。

播种量：亩播种量 $=\dfrac{\text{亩计划留苗数}}{\text{每公斤种子粒数}\times\text{发芽率}\times\text{纯洁率}}$；一般1～1.5公斤/亩。

播种方法：水下渗后落水撒播，每畦用种0.4～0.5公斤，覆0.5～1厘米厚的过筛洗粪土，随即撑弓覆膜，弓棚顶端距苗床面为50厘米。

(2) 苗木繁育产中阶段

移栽时期：床内幼苗长到6～8片真叶时进行，一般在5月上旬，以阴天或雨天移栽较好。

苗圃整地：苗圃地提前20天耕、翻、耙磨、收墒，移栽前整成宽1米、长20米的大畦，每亩以4 000公斤腐熟有机肥撒施畦内，浅翻入土，耙碎，整平。

炼苗：床内小苗，在移栽前一星期趁阴天或下午揭去塑料薄膜炼苗。

移栽方法：移栽前先给床内灌水，起苗时尽量使根多带土。采用16×20×50厘米宽窄行栽植，每亩移苗10 000株，使子叶与地面平齐，扶直幼苗，压实，随即用壶点浇护苗，全部栽植后灌小水一遍。

松土除草：灌水或雨后适时松土，铲除杂草。

灌水追肥：天旱时及时灌水。栽后30天至7月底给幼苗喷0.3%的尿素液2～3次，6、7月份，在窄行中间开沟浅施尿素两次，每次每亩施5公斤，8月份可喷0.3%磷酸二氢钾或10%草木灰浸出液。

幼苗摘心：当幼苗长到25厘米时进行摘心，一般摘除顶端3～5厘米。

嫁接时期：一般在7～9月份进行，以8月份为宜。

乔化苗：在砧木苗地上部10厘米左右的光滑面处嫁接，采用丁字形芽接，翌春剪砧，秋季出圃。

矮化苗：砧穗组合；中间砧嫁接；品种嫁接；嫁接时间。

补接：接后10天左右检查成活，并及时用同一品种补接，接后15天解缚。翌年4月份对仍未成活者采用劈接法补接。

去萌蘖：剪砧后及时抹掉砧上新萌生的芽子。

追肥：剪砧后追施尿素一次，10公斤/亩，6～7月叶面喷0.3％尿素液2～4次，8月份喷0.3％磷酸二氢钾或10％草木灰浸出液。

灌水：剪砧后灌水一次，5～6月份遇天旱再灌水一次。

摘心：8月下旬摘去苗木嫩梢。

(3) 苗木繁育产后阶段

检疫：苗木出圃时，申报植保植检部门和园艺站产地检疫检验，经确认无检疫病虫并取得检疫证后出圃。检疫对象有：苹果棉蚜、苹果小吉丁虫、梨园蚧、苹果锈果病、苹果黑心病、苹果蠹蛾、苹果花叶病等。

出圃时期：在秋季土壤结冻前、苗木落叶后进行，一般在10月下旬～11月上旬。

掘苗：掘苗时，除去叶片，远挖远起，保持根系完整。

假植：起苗后泥浆蘸根，按50株一捆、分级、分品种、分砧木挂标签；运输中用草袋或其他包装物包装，以保水、防晒、防冻，快速运回，立即假植。

(二) 建园栽培(产前)

园地选择：要选择交通便利、接近水源、海拔在800～1200米，坡度矮化在20度以下、乔化在25度以下，年平均温度9℃～11℃，降雨量500毫米以上的地区作为适宜区。尽量避开冰雹线，土层在1米以上，避风向阳—半向阳的地块建园。

园地规划：不论国营、集体或专业户建园，均要事先进行园地规划。以户为单位建园时，要以村民小组或自然村为基础，进行土地调整，使园地相对集中连片，道路统一规划，骨干路线以3～5米为宜。多风的地方，配置防风林带。要统一放线打点，分户施工。

土地平整：5度以下的坡地修筑水平梯田，田面宽8米以上；5度以上的坡地修隔坡反坡梯田，其面宽2米以上，外塄比内沟高0.6米，隔坡宽度与行距相同。

挖定植沟：定植沟沟宽、沟深均达 80～100 厘米，表土与底土分放两边，沟底垫入 20～30 厘米厚的农作物秸秆。每株施入 25 公斤有机肥，2～2.5 公斤过磷酸钙，有条件时可加入 1～1.5 公斤油渣。先填表土，后填底土，使土与肥均匀混合。

苗木选择：基砧、矮化中间砧、品种选择。

定植时间：10 月中旬到结冻前进行。就地育苗也可于 9 月中下旬带叶移栽。因故春栽时，南部原区宜晚，于 4 月上旬定植，定植后不埋土，北部宜早，一解冻即定植。秋栽或北部春栽后都要随即曲苗埋土保护，4 月底 5 月初出土。

苗木处理：栽前修根、受伤根端剪截 1～2 厘米，超过 20 厘米的主侧根剪留 20 厘米长，然后清水浸泡一昼夜，并用混有 3％～5％的过磷酸钙泥浆蘸根。

田间定植：按定植要求先排苗于栽植的位置，栽时使纵横行对齐，偏矮型中间砧入土中 2/3，半矮化砧入土 1/2，短枝型品种和乔化苗接口与地面平，苗秆与地面垂直。踏实后整修漏斗状灌水穴。

灌水：每株灌水 15～30 公斤，水源困难的地方酌情减少灌水量。水入渗后结合扶正苗木复土保障。

埋土防寒：先在苗基部同方位堆 20～30 厘米土堆，然后将苗秆顺土堆方向顺斜压倒，再在苗秆上培 20～30 厘米厚的土层，保护越冬。

除土扶苗：延安以南 4 月上中旬除土，延安以北 4 月下旬至 5 月初除土，扶直苗木。出土时尽量小心，严防碰伤苗秆。

覆盖地膜：苗木除土扶直后、重修漏斗状灌水穴，每株补水 7.5～15 公斤，待水入渗后整平树盘或营养带，随即覆盖地膜。膜的边缘埋入约一寸深的浅沟内并用土压紧，苗秆基部围 3 寸直径的小土堆。从定植起，幼树最好连续覆膜 3 年。

定秆：覆膜后及时定秆，矮化中间砧及短枝型苗，乔化砧苗均于 70 厘米高处定秆，剪口涂漆或接蜡。

(三) 果园生产管理

(1) 产中

营养带:1年生树留营养带1米宽,2年生留1.5米宽,3~4年生留2.5米宽,5年生以上全园清耕休闲。

树行覆盖:1~3年生幼树于早春覆地膜。亩栽55株以上带状覆膜,55株以下只覆树盘。4~5年生于夏季在树行覆盖农作物秸秆或杂草,厚度20厘米以上,塌下去后随时补覆至20厘米。

合理间作:营养带以外的行间间作豆、薯、瓜、菜米低秆作物,禁种小麦、油菜、玉米烤烟等。矮化密植4年生,乔化5年生后即不再间作。

中耕除草:果树生长期要对株行间及间作物中耕松土,及时拔去膜下杂草,雨后合墒浅锄,全年中耕除草3~4次。

深翻改土:从定植后第二年秋季起,沿定植沟外缘逐年或隔年向外扩放树盘。要求沟宽60~80厘米,沟深80~100厘米,沟底分层填入20~30厘米厚的作物等号秆、枯枝落叶等有机物质。结合施入厩肥、油渣、过磷酸钙等。遇0.5厘米以上的根系应尽量保护。要求4年内全园深翻改土一遍。

施基肥:结合深翻改土施入或采取环状沟、放射沟、挖穴等方式施入,开沟深度50~70厘米4年生前每株每年施入25~50公斤的厩肥、堆肥等有机肥,加入1~1.5公斤过磷酸钙或0.3~0.4公斤二铵,或15公斤人粪尿。4年生以后以产量定肥,每生产1公斤果施有机肥2公斤。施基肥时间以果实采收前后早秋施入最好。

土壤追肥:定植当年新梢形始旺长时(5~6月间)每株施入尿素0.05公斤,定植后第二年,在果树发芽前及6月上旬,每株每次追施尿素0.1~0.15公斤,定树后3~5年在上述两个时期每株每次施尿素0.25~0.5公斤。放射状沟施或穴施,最好以水溶液灌入。5年以后依产量定肥,每100公斤果施纯氮1.5公斤,折合施尿素3.3公斤。氮、磷、钾之比为1:1:0.5。

根外追肥:每年从果树展叶开始至7月底,一个月喷一次0.3%~

0.5%的尿素液,8月以后喷1~2次0.3%~0.4%的磷酸二氢钾。可结合喷药混喷,也可单独喷布,单喷时选晴天的早晨、傍晚或阴天进行。

树形:矮化密植园。选用细长纺锤形树形,杆高50厘米,树高2~3米,小主枝(实为大型结果枝组)12~18个,基部3个小主树临近,均匀分布在20厘米范围内,3个小主枝以上的小主枝呈螺旋形上升,均匀排列在中央主干上,小主枝形张角度80~90度,中央主干始终保持绝对优势。乔化中密园。宜用自由纺锤形树形。干高50厘米,树高3米左右,小主枝10~15个,向四周伸展,无明显层次,主枝角度70~90度,中央干较直立。

定干及当年夏剪:覆膜后于70厘米处剪定。20厘米整形带以下的萌枝,采取连续摘心,使其长度始终在10厘米以下。同时摘心控制整形带以内的竞争枝和过旺小主枝,使中央领导枝占绝对优势,主枝间长势均衡。8~9月份拉开小主枝,使与中心枝吃不开80~90度(细长纺锤形)或70~80度(自由纺锤形)夹角,竞争枝则拉水平。

第一年冬剪:时间春季发芽前,对生长健壮幼树的中央领导枝及选定的小主枝均于枝条三分之二饱满芽处智短裁,小主枝剪口芽留外下芽。竞争枝的长、粗若相近或超过选留的骨干枝均予去除。30厘米以下的弱枝不剪。长势过弱树一律保留顶芽不剪,过早形成的花芽待花蕾期疏除花序。

第二年夏剪:萌芽期,在缺枝部位的芽眼上方目伤,刺激发枝;拉开小主枝使达80~90度(细长纺锤形)或70~80度(自由纺锤形),并注意调节小主枝方位,使均匀分布在中央主干上;及时对背上直立枝重摘心,待半木质化后,对小主枝上着生的30厘米以下的直立及侧生枝重扭使下垂,保持小主枝延长枝单技延伸,按相互间距20厘米(细长纺锤形)或25厘米(自由纺锤形)选好新的小主枝,摘心调节使小主枝间均衡;8月下旬9月上旬继续对一年生新梢拉枝,辅养枝拉平。

第二年冬剪:对夏剪遗漏的直立枝、竞争枝和小主枝基部20厘米以内的枝疏除外,其余枝条不剪,任其延伸,但要重视拉开角度。

第三年夏剪：唯应特别注意控制下层小主枝，以确保中央骨干枝的优势。

第四年以后：继续通过修剪调节小主枝间与中央枝的从属关系并维持小主枝之间的均衡；对因结果而衰弱的辅养枝应注意及时回缩和疏除过量花芽；树高超过3米，于3米处斜生枝上落头。小主枝延伸过长也应适当回缩。

疏枝：过密的直立枝、并生枝、竞争枝、锯口萌条尽早疏除。

摘心：5、6月份对沿有空间的直立、并生枝重摘心5～10厘米，促发二次枝，难座果品种也应对果台副梢摘心。

拉枝：重点抓5月、6月底、8月底3次。使骨干枝方位、角度适宜，直立枝、旺长的辅养枝拉平。密植园小主枝更新后萌生的新条也于8月底拉平。

环切：春季环切基部光秃的骨干枝促发新枝。夏季环切花果量少的枝促均衡结果。8月下旬环切过旺枝抑制生长，改善光照。

保花保果：对座果率较低的帅系品种在花期喷0.2%～0.3%的硼砂一次。

疏花疏果：脱苞至花蕾期疏除过多花序，回缩成串花枝。花蕾分记期疏留中心花，以花定果。小果型15厘米左右留一果，大果型20厘米左右留一果。

除畸形果：6月下旬，全园普查，随手摘除形状不端正的畸形果。

摘叶转果：9月初，对细色品种摘除遮盖果面的丛生叶片，同时转果180度，使背光面充分接受阳光。

清除病源：秋冬落叶后，及时清除枯枝落叶，结合改土施肥深埋。

药剂防治：萌芽期注意防治金龟子、卷叶虫、星毛虫等。药剂用1 500倍对硫磷溶液。先年叶螨发生严重的园注意监测虫情，必要时喷0.5度石硫合剂一次。5月中、下旬山楂叶螨繁衍迅速，必要时喷800倍三氯杀螨醇，同时喷一次800～1 000倍甲基托布津预防早期落叶病。先年有产量的园，注意桃小食心虫、苹小食心虫的危害。如有蚜虫发生，喷1 000倍的氧化乐戈防治。

底色：从果实萼洼处观察，果面由绿转变成黄绿。

颜色：红色品种着色面 80% 以上，且种子变褐。

硬度：中熟品种 17 磅/厘米^2 以上；晚熟品种 20 磅/厘米^2 以上。

采收工具：采果梯、采集袋、纸箱、塑料周转箱等。

采收顺序；先外后内、自下而上。

采收方法：手掌托果，手指靠住果梗轻轻上翘或扭动，使果梗与果台分离，遇双果时，双手同时采摘，保持果柄完整。采果要轻拿轻放，切忌日晒雨淋。

(2) 产后

包装箱：要质轻坚固，不易变形，能承受一定压力，无异味，价廉，每纸箱装果以 17 公斤为宜。

衬垫物：要清洁、干燥、无异味，柔软而不易破裂。常用纸板、泡沫塑料型材料等。

包果纸：选柔软、坚韧、干净、无异味的普通白纸。

棚窖贮藏：窖身宽 2.5~3 米，长度随贮量而定，深 1~1.3 米，高出地面 0.6~1 米，顶部覆 2~3 米。窖顶设天窗，四周设通风口，一侧设窖门。外备覆盖物(如草帘)等，窖内挂干湿球温度计一支。

土窖洞贮藏：选择土质坚实、坐南朝北的山丘或台地作为库址。

果库管理：果库通风、库温管理、果品出库。

预冷入贮：采果、粗分级、装袋、装箱一次性完成后，预冷一夜立即入库贮藏。从采收到入库的时间不得超过 48 小时。

第三节　苹果种植业信息协同服务系统简介

一、苹果种植业信息协同服务中间件及系统运行流程

(一) 中间件

苹果种植业信息协同服务中间件用于共享远程各农业网站的苹果种

植业信息资源。基于 Web Service 技术建立接口，实现各网站苹果种植业相关信息的语义转换和共享。首先，基于苹果种植业本体分类体系为各网站的信息资源建立数据视图，使数据以苹果种植业本体语义呈现。其次，在数据视图基础上建立 Web Service 共享接口，实现数据的远程访问。如此不但实现了苹果种植业的数据共享，同时也实现了农业语义的转换。另外，需要将接口的元数据注册到协同服务元数据库中，包括接口的调用地址、所能提供的信息分类、参数等。

（二）元数据库

远程信息服务（中间件）的元数据库用于存储各远程服务的相关数据，称作农业信息服务元数据库。元数据库存储的信息包括：服务名称、服务的 URL、信息类别、服务权重、注册日期、所属单位、联系方式等。其中 URL 标识了远程 Web Service 的地址；而权重信息标识该服务的重要性，当多个信息服务对应同一个信息类别（如多个远程中间件均可以提供苹果种植业的信息服务）时，依据该权重进行取舍；信息类别 ID 标识该服务能提供哪类信息服务，对应着另外一个表格的主键，该字段在这里是外键（参见第十章对应部分）。

表 10—2　农业信息网站协同服务元数据库模式

元数据
服务名称
URL
信息类别 ID
服务权重
注册日期
服务状态
所属单位
联系方式

(三) 系统运行流程

当用户进行信息请求时,系统根据用户的信息请求确定需要提供的信息组合,然后分别访问不同的远程服务器,通过中间件进行信息检索,并归类进行显示。系统需要按顺序调用各个中间件的 Web Service 接口进行数据查询读取,实际开发中,Web Service 的部署是利用 Tomcat5.0＋Axis2.0 实现。系统的运行流程图参见第八章相关内容。

二、系统架构设计与原型系统开发

建立在信息协同服务业务链模型基础上的苹果种植业信息协同服务系统(图 10—8)由知识库、能扩展信息来源的搜索引擎和能进行虚拟访问的网站协同服务构成。按照图 10—8 系统架构的设计思路,苹果种植业信息协同服务系统的网站协同服务功能是基于苹果种植业苗圃管理、玉米种植生产管理、土水肥管理、病虫害防治、农药施用管理五个专业信息库实现的;农业搜索服务功能是通过嵌入专业搜索引擎"搜农"来达成;网站协同服务功能的实现是先给分别隶属于中国农业科学院、中国科学院地理科学与资源研究所、中国农业大学等六个独立涉农网站加载虚拟访问中间件(DB2WS——用于将原网站数据库格式转换为 Web Service 格式),之后通过对六个网站的相关参数进行设置、定义和储存,进而即可在信息协同服务系统下对不同网站的数据库信息进行无障碍共享。

按照图 10—8 系统架构的设计思路,利用 Java 语言示范性地开发了具有网站协同和农业搜索服务功能特点的苹果种植业信息协同服务原型系统。原型系统按知识库的分类结构建立树状目录结构图,作为前台用户进行信息检索的操作接口。树状目录结构图体现了过程本体的概念层次结构(图 10—9),并依据知识库将信息分为五大类:苗圃管理、生产管理、土水肥管理、病虫害防治、农药施用管理。系统的开发环境是 Windows Server 2003＋Tomcat5.0,开发工具使用 Eclipse_WTP,知识库构建使用的是 SQL Server 2000。系统的关键代码与第九章类似,详细内容请参考第九章对应部分。

第十章 苹果种植业信息协同服务系统

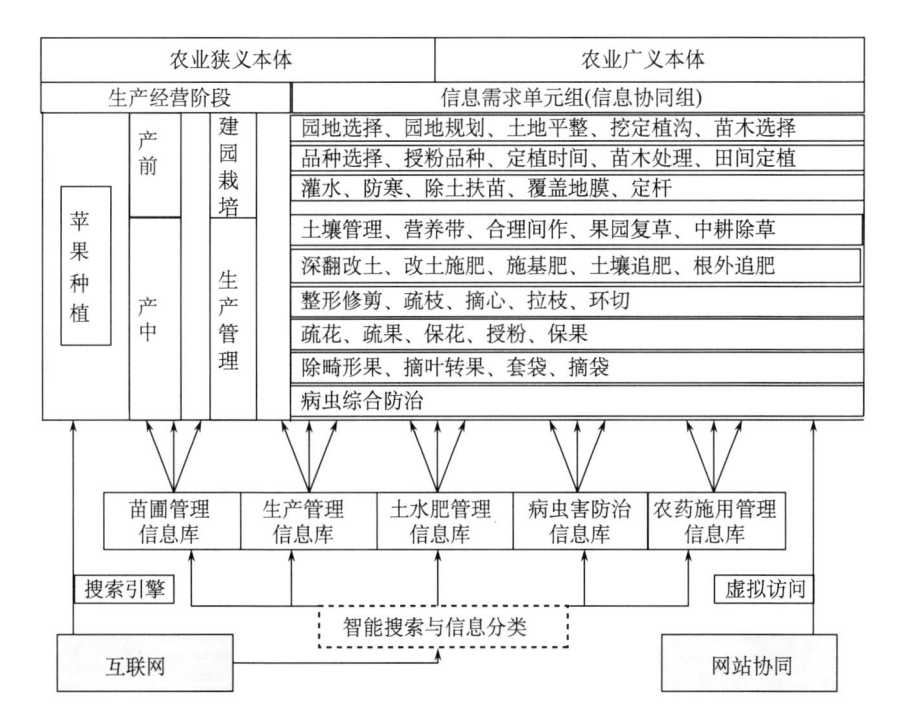

图 10—8 苹果种植业信息协同服务系统架构

三、系统操作简介

苹果种植业信息协同服务系统以苹果种植业过程本体为索引实现与其相关的信息服务。该部分信息服务来源有两部分：网站协同、农业搜索。其中网站协同是调用了多个网站的信息资源（包括本地网站的后台数据库资源）；农业搜索是通过搜索引擎（搜农）实现网络 Web 资源的获取。

系统界面分为三大模块，顶部可以选择不同的服务：网站协同、农业搜索；左侧是以树状目录的形式显示的苹果种植业过程本体，用户可以点击不同的结点进行信息请求；右侧窗口是信息结果反馈窗口。如图 10—10 所示，用户请求的是"苗圃管理—产前—无毒苗木"的相关信息，而顶部选择的是"网站协同"服务，右侧信息窗口中显示的是反馈结果。当用户选择了"农业搜索"服务时，系统调用农业专业搜索引擎搜索结果如图 10—11 所示。

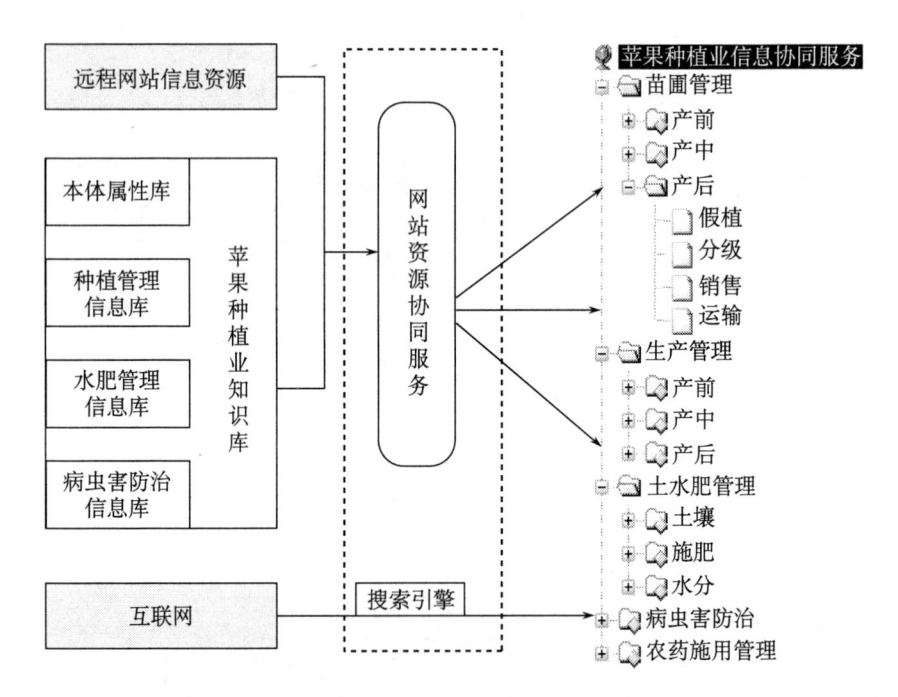

图 10—9　苹果种植业信息协同服务系统结构

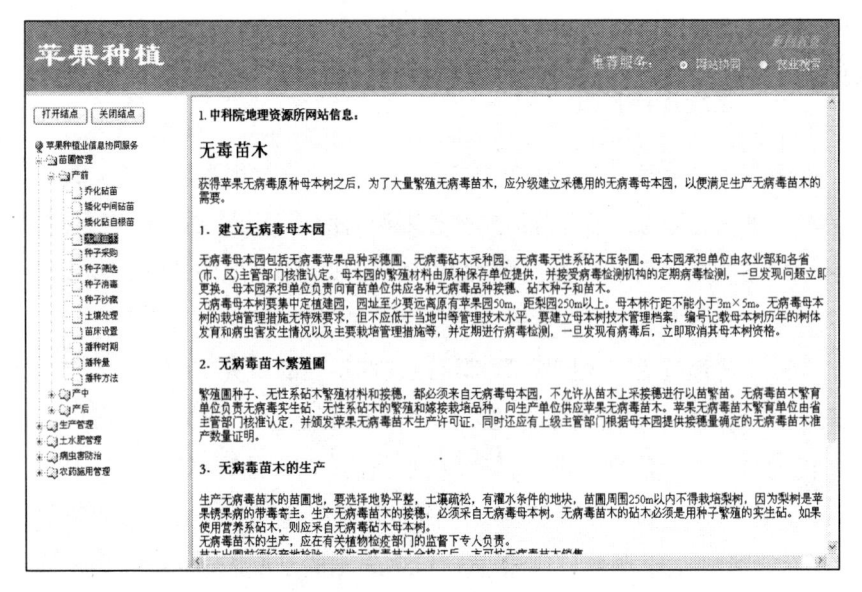

图 10—10　苹果种植业信息协同服务系统界面——网站信息协同服务结果

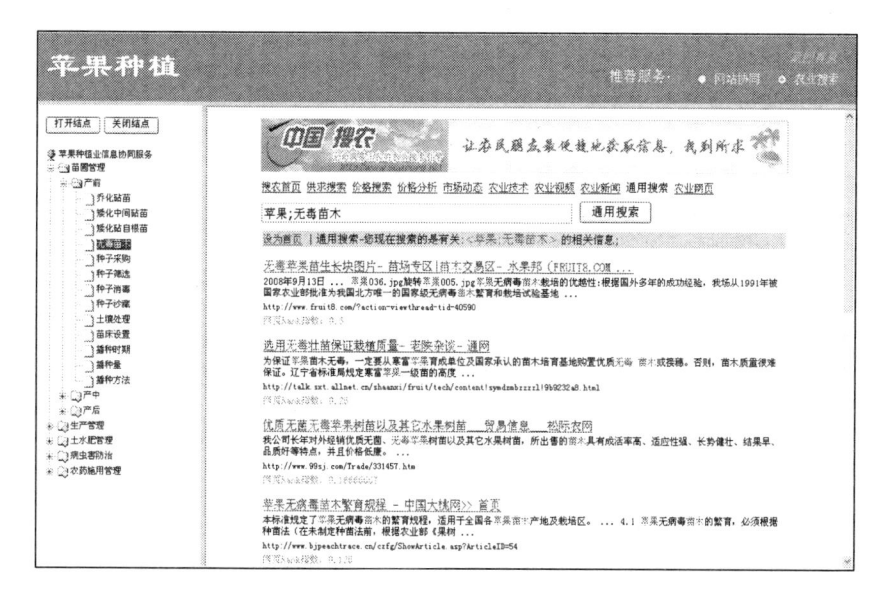

图 10—11　苹果种植业信息协同服务系统界面——搜索引擎服务结果

界面中左侧窗口中本体树结构的上面有两个按钮"打开结点"、"关闭结点"，分别用于展开树状目录的所有结点、关闭树状目录的所有结点。右上角的"返回首页"可以回到首页。

参 考 文 献

[1] Bechhofer, S. , I. Horrocks, C. Goble et al. 2001. OILEd：A Reasonable Ontology Editor for the Semantic Web. Proceedings of KI2001, Joint German/Austrian conference on Artificial Intelligence, September 19-21, Vienna. Springer-Verlag LNAI, Vol. 2174, pp. 396-408.

[2] Gruber, T. R. 1992. ONTOLINGUA：A Mechanism to Support Portable Ontologies. Stanford University, Tech Rep：KSL-91-66.

[3] Guarino, N. 1995. Formal Ontology：Conceptual Analysis and Knowledge Representation. International Journal of Human-Computer Studies, Vol. 43, No. 2/3, pp. 625-640.

[4] Qian, P. , Su, X. 2004. An Intelligent Retrieval System for Chinese Agricultural Scientific Literature. The 5th International Workshop on AOS, April 27-29, Bei-

jing, China.
[5] Qian, P. 2002. Web-based Agricultural ScienTech Information Services Fundamental Platform. Asian Agricultural Information Technology & Management, Proceedings of the Third Asian Conference for Information Technology in Agriculture, October 26-28, Beijing, China, pp. 322-326.
[6] 常春:"联合国粮食与农业组织 AOS 项目",《农业图书情报学刊》,2003 年第 2 期,第 14~15、24 页。
[7] 贺纯佩、李思经:"农业本体论农业知识组织系统的建立",《农业图书情报学刊》,2004 年第 10 期,第 41~44 页。
[8] 贺纯佩、李思经:"农业叙词表在中国的发展和农业本体论展望",《农业图书情报学刊》,2003 年第 4 期,第 16~19 页。
[9] 彭隽、朱德海:"农业信息系统在不同平台上性能的比较",《农业工程学报》,2006 年第 9 期,第 254~256 页。
[10] 钱平、郑业鲁:《农业本体论研究与应用》,北京:中国农业科学技术出版社,2006 年。
[11] 鲜国建、孟宪学、常春:"基于农业本体的智能检索原型系统设计与实现",《中国农学通报》,2008 年第 6 期,第 470~474 页。
[12] 徐建军、梁邦勇、李涓子等:"基于本体的智能 Web 服务",《计算机科学》,2002 年第 12 期,第 92~94 页。
[13] 薛振声、李养才、方西杰等:《陕西省延安地区地方标准——苹果贮藏保鲜技术》,1995 年。
[14] 薛振声、李养才、方西杰等:《陕西省延安市地方标准——苹果早实优质丰产栽培技术》,1995 年。
[15] 于瑞祥、杜澍、刘云峰等:《陕西省延安市地方标准——苹果小弓棚育苗技术》,1995 年。
[16] 于瑞祥、杜澍、刘云峰等:《陕西省优质苹果基地县标准》,1994 年。
[17] 赵文峰、冯世东、常庆华等:《陕西省延安市地方标准——苹果采收、分级、包装、运输技术》,1995 年。
[18] 赵文峰、冯世东、常庆华等:《陕西省延安市地方标准——苹果建园技术》,1995 年。
[19] 赵文峰、冯世东、常庆华等:《陕西省延安市地方标准——苹果成年园优质丰产栽培技术》,1995 年。

(本章执笔人:徐勇、牛方曲、刘艳华)

第十一章 玉米种植业信息协同服务系统

第一节 玉米种植业信息协同服务业务链模型

一、生产经营过程阶段划分

玉米在世界上和我国都是重要的大田作物,其种植面积和产量仅次于小麦和水稻,位居第三。玉米是碳四植物,呼吸作用消耗的干物质少,光合效率和单产量较高。玉米可以与豆类、麦类、薯类等作物间作、混作、套作,通过增加复种指数提高土地利用率。玉米种植技术要求相对较低,适生地域广阔,近年来已发展成为我国重要的粮食、饲料和经济作物。玉米用途广泛,不仅具有重要的食用和饲用价值,而且具有较高的工业和药用价值。参照其他大田作物,依据郭庆法等编著的《中国玉米栽培学》,玉米的生产经营过程具有明显的产前、产中和产后三阶段特征(图11—1)。

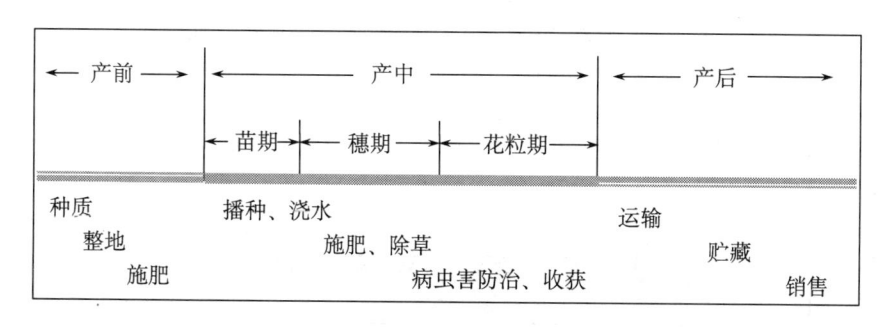

图11—1 玉米生产经营过程阶段划分

产前阶段：包括玉米品种选购、种子处理、翻挖整理土地、播前施肥等主要环节。

产中阶段：即为玉米的生育阶段，也称玉米生育周期。玉米在生育周期中，随着植株生长发育和植株形态、生理特征变化，根、茎、叶、穗、粒等器官陆续分化形成。玉米生育阶段一般被划分为苗期、穗期和花粒期三个亚阶段，主要包括播种、施肥、浇水、除草、防治病虫害和收获等关键环节。

产后阶段：主要包括玉米收获后的运输、贮藏、销售等环节。

二、生产经营过程信息需求单元划分

玉米在生产经营过程中需要获取的信息可分为两个大类：一类是与玉米物种以及维持正常生长发育有关的生物生理信息，多具有狭义本体特征，如胚、胚乳、胚珠、根、茎、叶、穗、粒以及水分、养分、空气需求等；另一类是与玉米生产经营有关的外在的环境条件信息，属于广义本体范畴，

生产经营阶段	信息需求单元
产前	种质、品种、原种、良种、种子处理、晒种、浸种、药剂拌种、种衣剂包衣、种子纯度、种子净度、千粒重、发芽力、发芽率；整地、耕翻、疏松通气、保墒、耕层有机质、速效养分、土壤盐碱度、基肥、施肥、灌溉
产中 苗期	播种期、出苗期、吸胀、萌动、发芽、出苗、异养、自养、地膜、覆膜、温度、水分、氧气、养分、间苗、定苗、补苗、中耕、除草、追肥、浇水、防治病虫害
产中 穗期	拔节期、抽雄期、温度、日照、水分、养分、中耕培土、除草、施肥、浇水、排灌、防治病虫害、防倒伏
产中 花粒期	开花期、吐丝期、成熟期、抽穗、灌浆、温度、水分、养分、中耕除草、施肥、浇水、防治病虫害、收获时间
产后	脱粒、籽粒晾晒、贮藏、运输、销售、加工

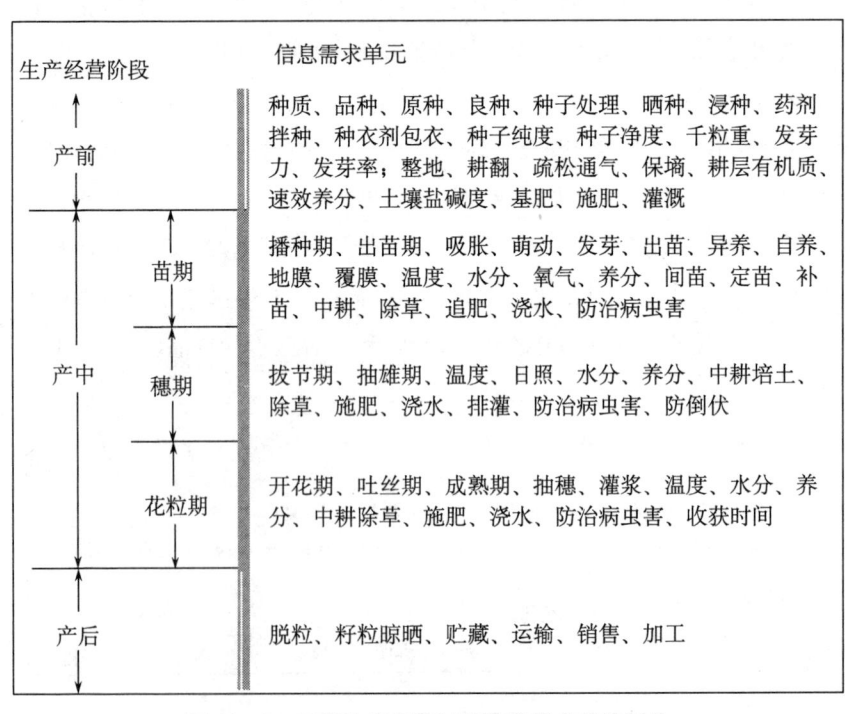

图 11—2　玉米生产经营过程信息需求单元划分

如光照、温度、水分、土壤、肥料等。从玉米生产经营过程看,不同种类的信息有着不同的过程需求特点,如光、温、水、肥等信息需求贯穿整个过程;种质、锄草、农药等信息需求仅存在于特定的阶段或时段。玉米生产经营过程及信息需求单元划分结果如图11—2所示。

三、信息协同服务业务链模型

构建玉米种植业信息协同服务业务链模型的理论依据是玉米生长发育过程中所体现出的固有属性。基于这种固有属性的业务链模型在内容表达方面将主要由表述生产经营阶段、信息需求单元、信息协同组以及信息协同链等具有内在逻辑关系的玉米种植业过程本体构成;在架构设计方面将主要以玉米生命周期内存在的阶段性特征即生产经营阶段和信息需求单元为基础,进而筛选组建信息协同组和信息协同链。根据上述思路设计的基于过程本体的玉米种植业信息协同服务业务链模型架构如图11—3所示。

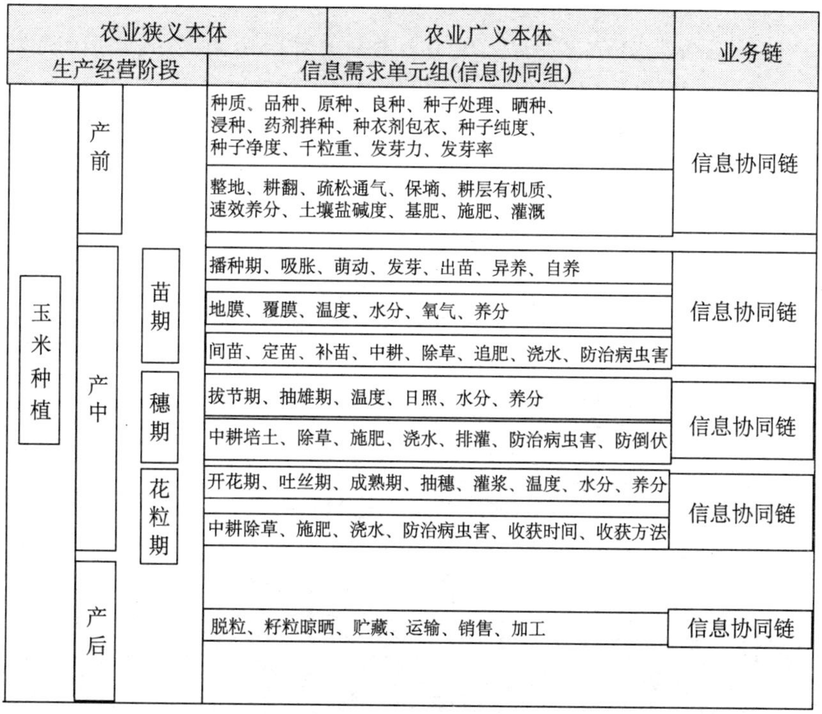

农业狭义本体		农业广义本体	业务链
生产经营阶段		信息需求单元组(信息协同组)	
玉米种植	产前	种质、品种、原种、良种、种子处理、晒种、浸种、药剂拌种、种衣剂包衣、种子纯度、种子净度、千粒重、发芽力、发芽率	信息协同链
		整地、耕翻、疏松通气、保墒、耕层有机质、速效养分、土壤盐碱度、基肥、施肥、灌溉	
	产中 苗期	播种期、吸胀、萌动、发芽、出苗、异养、自养	信息协同链
		地膜、覆膜、温度、水分、氧气、养分	
		间苗、定苗、补苗、中耕、除草、追肥、浇水、防治病虫害	
	穗期	拔节期、抽雄期、温度、日照、水分、养分	信息协同链
		中耕培土、除草、施肥、浇水、排灌、防治病虫害、防倒伏	
	花粒期	开花期、吐丝期、成熟期、抽穗、灌浆、温度、水分、养分	信息协同链
		中耕除草、施肥、浇水、防治病虫害、收获时间、收获方法	
	产后	脱粒、籽粒晾晒、贮藏、运输、销售、加工	信息协同链

图11—3 基于过程本体的玉米种植业信息协同服务业务链模型架构

第二节 玉米种植业过程本体知识库构建

一、玉米种植业过程本体

建立在生产经营过程阶段和信息需求单元划分基础上的玉米种植业过程本体架构至少可划分出三个层级的类（表 11—1）。不失一般性，遵从大田种植业的习惯划分方法，玉米过程本体可按产前、产中和产后三个一级类进行组织。产前类具有生产经营准备特点，至少应包括选种、育种和整地等三个以上的二级类。产中类集中反映了玉米从播种到收获生长发育的生物学全过程，至少应包括生育周期、播种、苗期、穗期、花粒期和收获等六个二级类。产后类重点在于表述玉米的用途和收益特征，至少应包括脱粒、籽粒晾晒、贮藏、运输、销售和加工六个二级类。关于玉米过程本体的三级类划分需要有坚实的玉米专业知识作支撑，表 11—1 给出的三级类和本体实例尚不完整，仍需进一步深入研究。

表 11—1 玉米种植业过程本体的类和等级体系架构

一级类	二级类	三级类	本体实例
产前	玉米选种	地方品种	硬粒型、马齿型、糯质型、爆裂型、甜质型、粉质型、有稃型、高油玉米、优质蛋白玉米、高淀粉玉米、糯玉米、甜玉米、爆裂玉米、笋玉米、青饲青贮玉米、早熟型、中熟型、晚熟型等
		引进品种	……
		改良品种	……
		抗性品种	……
	玉米育种	种子处理	种子干燥、清选加工、种子分级、种子物理处理、种子化学处理、种子包衣、种衣剂包衣、晒种、浸种、药剂拌种等
		其他	种子净度、种子发芽力、种子纯度等
	玉米整地		起垄种植、北方覆膜玉米的整地、南方覆膜玉米的整地等

续表

一级类	二级类	三级类	本体实例
产中	生育周期		播种期、出苗期、拔节期、抽雄期、开花期、吐丝期、成熟期等
	玉米播种	春玉米播种	撑墒深种、抢墒播种、提墒播种、等雨播种等
		夏玉米播种	……
		地膜覆盖玉米播种	人工盖膜、机械铺膜等
	玉米苗期	夏玉米苗期	间苗/定苗、中耕、除草、追肥、浇水、防治病虫害、秸秆覆盖等
		春玉米苗期	查苗补栽、间苗/定苗、施肥、蹲苗等
		覆膜玉米苗期	放苗出膜、补栽补种、定苗/除蘖、杂草防除等
	玉米穗期	夏玉米穗期	中耕、培土、施穗肥、浇水、排灌、防倒伏等
		春玉米穗期	施穗肥、浇水、中耕除草、培土、防治病虫害等
		覆膜玉米穗期	施穗肥、浇水、化控防倒伏、防治虫害等
		其他	温度、日照、水分、养分等
	玉米花粒期	夏玉米花粒期	施粒肥、浇水、排涝、去雄、辅助授粉、中耕除草、防治虫害等
		春玉米花粒期	补肥、浇水、防治虫害等
		覆膜玉米花粒期	人工去雄、人工授粉等
		其他	温度、水分、养分等
	收获		收获时间、收获方法等
产后	脱粒		……
	籽粒晾晒		……
	贮藏		……
	运输		……
	销售		……
	加工		……

二、玉米种植业过程本体知识库结构模式

根据农业过程本体的定义,玉米种植业过程本体由狭义本体和广义本体构成,与狭义本体对应的是玉米生长发育属性知识库,而与广义本体对应的知识库则由与玉米生长发育有密切关系的种植管理、水肥管理、病虫害防治等知识库构成。

依据玉米种植业生产经营过程中的信息需求单元划分和过程本体分类,针对玉米种植业信息协同服务系统所建立的知识库由玉米生长发育、种植管理、水肥管理和病虫害防治等知识库构成。各类信息依据产前、产中、产后进行归类。显然,无论是狭义本体还是广义本体,它们与玉米的不同的生长发育阶段有着不同的对应关系,有些是一对一的关系,有些是多对一的关系,理清本体与生长发育阶段的对应关系是构建玉米种植业过程本体知识库的关键之一。

玉米种植业过程本体知识库结构如图11—4,图中所示的是玉米生长发育过程的产前本体属性,两表分别为种质和整地的知识库结构。

列名	数据类型
id	int
种质	text
品种	text
原种	text
良种	text
种子纯度	text
种子净度	text
千粒重	text
发芽力	text
发芽率	text
活力	text
备注	text

种质

列名	数据类型
id	int
耕翻	text
疏松	text
保墒	text
灌溉	text
有机质	text
养分	text
盐碱度	text
基肥	text
备注	text

整地

图11—4 玉米生长发育属性知识库结构模式——产前

玉米种植业的种植管理、水肥管理、病虫害防治本体知识库结构的建立同样依据产前、产中和产后进行信息的组织,其知识库结构模式与上述玉米生长发育知识库结构模式类似,这里不再重复。

三、玉米种植业过程本体实例举例

(一)产前阶段

(1)玉米选种

种质:玉米种质类型繁多,主要包括地方品种、引进品种、改良品种和抗性品种等。

地方品种:地方品种的搜集和归类是玉米种质资源整理的重要工作。地方品种的分类有多种方法,按穗部性状可分为硬粒型、马齿型、半马齿型、糯质型、爆裂型、甜质型、粉质型、甜粉型和有稃型等;按籽粒成分和用途可分为高油玉米、优质蛋白玉米、高淀粉玉米、糯玉米、甜玉米、爆裂玉米、笋玉米和青饲青贮玉米等;按生育期长短可分为早熟型、中熟型和晚熟型等。

硬粒型:亦称硬粒种或燧石种,学名 $Zea\ mays\ L.\ indurata\ Sturt.$ 。该类果穗多为圆锥形。该类型玉米食用品质好;一般表现为早熟、耐旱、耐瘠薄,结实性好,适应范围较广泛,适于旱薄地种植。

马齿型:亦称马牙种。学名为 $Zea\ mays\ L.\ indentata\ Sturt.$ 。该类型果穗多为圆柱形。籽粒较大,呈马齿状,长方形或方形。马齿型玉米植株高大,要求相对较高的肥水条件,有较大的增产潜力。

糯质型:亦称蜡质种或蜡质型,学名 $Zea\ mays\ L.\ ceratina\ Kulesh.$ 。该类型是起源于我国的一个玉米突变种,果穗锥形或长锥形。籽粒圆形或方圆形,不透明,表面平滑但无光泽,外观蜡状。

高油玉米:指籽粒粗脂肪含量≥6.0%的玉米类型。

优质蛋白玉米:亦称高赖氨酸玉米。一般指籽粒赖氨酸含量≥0.40%的玉米类型,高的超过 0.5%;粗蛋白含量≥9%,高的≥11%;胚乳硬质或半硬质。

高淀粉玉米：指玉米籽粒中粗淀粉含量≥72%的玉米类型。

糯玉米：又称蜡质玉米，指籽粒总淀粉中的支链淀粉含量≥95%的玉米类型。

甜玉米：指乳熟期籽粒含可溶性糖≥10%的玉米类型。

青饲青贮玉米：指专门用鲜嫩的玉米全株茎叶做饲料的玉米。该类玉米的特点是生长迅速，在短时间内可以获得较多的茎叶产量。

引进品种：玉米育种的基础是杂种优势的利用，双亲间优势的强弱很大程度上与双亲的地理起源有关。地理起源越远，一般产生强优势的可能性就越大。搞好玉米种质资源的引进，对提高玉米育种水平有重要意义。可引进的玉米品种有温带、亚热带、热带等地理区域的种质资源。

改良品种：通过不同品种杂交、物理化学诱变、生物技术改良等途径提高玉米品种的质量。

抗性品种：主要包括抗病品种、抗虫品种、耐旱品种、耐涝品种、耐寒品种、耐盐碱品种、抗倒伏品种等。

(2) 玉米育种

种子净度：是指种子清洁干净的程度，具体是指样品中除去杂质和其他植物种子后，留下的净种子重量占样品总重量的百分比。

种子发芽力：是指种子在适宜的条件下发芽并长成正常幼苗的能力。常用发芽势和发芽率表示。发芽势和发芽率是指种子在发芽试验终期，发芽的种子占总试种种子数的百分率。

种子纯度：是指一批种子中个体与个体之间在特征特性方面典型一致的程度，即本品种的种子数(或株、穗数)占供检本作物样品数量的百分率。

种子处理：是指从收获到播种期间为了提高种子质量和抗性，破除休眠，促进萌发和幼苗生长对种子所采取的各种措施。种子处理有广义和狭义之分，广义的种子处理包括干燥、清选、分级、浸种催芽、杀菌消毒、春化处理及各种物理、化学处理；狭义的种子处理不包括干燥、清选、分级等技术。

种子分级：将种子按性状或比重进行大小分级。

种子物理处理：通常采用电场处理、磁场处理、射线处理和温度处理等方法。

晒种：在播种前选择晴天，摊在干燥向阳的土场上，连续曝晒2~3天，并注意翻动，使种子晒均匀，可提高出苗率。

（3）玉米整地

春玉米整地：春玉米在前作收获后灭茬，施用基肥，冬前深耕。

覆膜玉米整地：地膜玉米整地总的要求是：适时耕翻，精细平整，疏松土壤，上虚下实，清除杂草根茬，去除石砾，砸碎坷垃，施足底肥，达到深、松、细、平、净、肥、软、润的标准，为高质量盖膜创造条件。

起垄种植：起垄种植覆膜玉米，便于盖膜、田间管理及排灌，还有助于扩大耕地受光面积，增加太阳对土壤的辐射量。

（二）产中阶段

（1）生育周期

播种期：指播种的日期。

出苗期：第一片真叶展开的日期，这时苗高一般2~3厘米。

拔节期：茎基部节间开始伸长的日期，为严格和统一记载标准，现均以雄穗生长锥进入伸长期的日期为拔节期。

抽雄期：雄穗主轴从顶叶露出3~5厘米的日期。

开花期：雄穗主轴小穗开始开花的日期。

吐丝期：雌穗花丝从苞叶伸出2~3厘米的日期。

成熟期：果穗中下部籽粒乳线消失，胚位下方尖冠处出现黑色层的日期。

苗期：指从播种期至拔节期经历的天数，包括种子发芽、出苗及幼苗生长等过程。

穗期：从拔节期至雄穗开花期一段时间为穗期阶段。

花粒期：雄穗开花期至籽粒成熟期经历的时间为花粒期。

(2) 玉米播种

旱地春玉米播种：旱地玉米栽培的核心是蓄墒、借墒和保墒，在播种时应采取撵墒深种、抢墒播种、提墒播种、等雨播种等措施。

撵墒深种：深种是高原山区常用的一种抗旱、抗倒、防早衰的一条增产经验。

抢墒播种：早春土壤解冻后表层水分多或雨后湿度大，应尽量抢墒早播。

提墒播种：玉米播种前，表层干土已达6厘米左右，而下层土壤墒情尚好时，可在播种前后及时镇压地表，使土壤紧实，增加种子和土壤的接触面，促进下层土壤水分上升。

等雨播种：长期干旱，难以用其他抗旱措施保证玉米出苗时，就要选用早熟玉米品种，待下透雨后及时播种。

水浇地春玉米播种：水浇地春玉米有灌溉条件，基本不受自然降雨的限制，可根据需要进行灌溉，应适时播种，提高播种质量，实现高产稳产。

地膜覆盖玉米播种：按盖膜和播种的先后顺序，可分为先盖膜后播种和先播种后盖膜两种。

先播种后盖膜：春雨早的地区，采用先播种后盖膜，引苗出膜的办法。

先盖膜后打孔播种：常有春旱发生的地区，整地施肥后先盖膜，可提前10天左右盖膜，待播种适期一到，在膜面上按要求株行距，用简易打孔器打孔播种。

(3) 玉米苗期

玉米苗期管理：玉米播种到拔节阶段为苗期。玉米苗期是营养生长阶段，即长根、增叶和茎节分化阶段，是决定叶片和茎节数目的时期。

温度：温度是影响幼苗生长的重要因素，在一定温度范围内，温度越高，生长越快。当地温在 20℃～24℃时，根系生长健壮；4℃～5℃时，根系生长完全停止。

水分：玉米苗期由于植株较小，叶面积不大，蒸腾量低，需水量较小。玉米苗期有耐旱怕涝的特点，适当干旱有利于促根壮苗。土壤绝对含水量12%～16%比较适宜。

养分：玉米幼苗在3片叶以前，所需养分由种子自身供给，从第四片叶开始，植株才从土壤中吸收养分。玉米苗期需要有适量的养分供应，才能保证植株正常生长发育的需要。

夏玉米苗期管理：加强苗期田间管理，促根壮苗，通过合理的栽培措施实现苗足、苗齐、苗壮和早发的目的。

间苗/定苗：及时间苗、定苗是减少弱株率，提高群体整齐度，保证合理密度的重要环节。

中耕：定苗前后中耕应浅，一般5厘米左右，拔节期前后中耕应深些，行间可达10厘米左右。苗期一般中耕两次。

除草：杂草耗肥、耗水、争光，也是玉米苗期某些病害、虫害的中间寄主，对玉米苗期的正常生长发育影响较大，严重时会形成弱苗。防治方法除中耕外，是采用化学除草，即在播种后出苗前地表喷洒除草剂，也可于苗期进行。

追肥：苗期追肥有促根、壮苗和促叶、壮秆作用，一般在定苗后至拔节期进行。

浇水：玉米在苗期耐旱能力较强，一般不需灌溉。但在苗弱、墒情不足时，尤其是套种玉米壤板结、缺水时，麦收后应立即灌溉。

（4）玉米穗期

玉米穗期管理：玉米拔节到抽雄阶段称为穗期，是玉米非常重要的发育阶段。穗期是玉米生长最迅速、器官建成最旺盛的阶段，需要的养分、水分也比较多，必须加强水肥管理，特别是要重视大喇叭口期的水肥管理。

温度：当日平均温度达到18℃时，拔节速度加快，在15℃～27℃范围内，温度越高，拔节速度越快。当日照、养分、水分适宜时，日平均温度在22℃～24℃之间，既有利于植株生长，又有利于幼穗分化。拔节到抽雄持续时间随温度升高而相应缩短，雄穗和雌穗分化速度加快。

日照：玉米是短日照作物，在短日照条件下，雄穗可提前抽出，晚熟品种对此更为敏感。

水分：玉米是需水较多的作物，到拔节期由于气温较高，加之叶面积增大，蒸腾作用强盛，对水分的要求十分迫切，此期玉米需水量占总需水量的23%～32%。

养分：从拔节期开始，玉米对营养元素的需求量逐渐增加。

中耕：穗期一般中耕1～2次。

培土：适时培土既可促进气生根生长，提高根系活力，又可方便排水和灌溉，减轻草害。

浇水：夏玉米穗期气温较高，植株生长旺盛，蒸腾、蒸发量大，需水多，尤其该阶段的后半期需水量更大。

排灌：玉米穗期虽需水量较多，但土壤水分过多，湿度过大时，也会影响根系活力，从而导致大幅度减产。

防病虫：夏玉米穗期主要病虫害有大斑病、小斑病、茎腐病及玉米螟等。

防倒伏：玉米穗期喷施植物生长调节剂具有明显的防倒增产效果。可根据各种植物生长调节剂的作用和特点，选择适宜的种类并严格掌握浓度和喷施时间。

(5) 玉米花粒期

玉米花粒期管理：玉米抽雄到完熟阶段称为花粒期，夏玉米早熟品种30多天，中熟品种40多天，晚熟品种50天左右。春玉米中熟品种60天左右，晚熟品种65～70天。玉米抽雄期营养生长基本结束，向单纯生殖生长阶段转化，主要是开花授粉受精和籽粒建成，是形成产量的关键时期。

温度：玉米在抽穗开花期要求适宜的日平均温度为25℃～26℃，生物学下限温度为18℃。粒期玉米要求适宜的日平均温度为20℃～24℃，如果温度低于16℃或高于25℃，将影响籽粒中淀粉酶的活性，养分的运输和积累不能正常进行。

水分：开花期玉米对水分的反应敏感，对水分要求达到了最高峰，平均日耗水量达 60 立方米/公顷左右。此期土壤含水量以田间最大相对持水量的 80%～85%为宜。

养分：抽雄开花期玉米对养分的吸收量也达到了盛期。在仅占生育总日数 7%～8%的短暂时间里，对氮、磷的吸收量接近所需总量的 20%，对钾的吸收量更大，占所需总量的 28%左右。籽粒灌浆期间同样需要吸收较多的养分，此期需吸收的氮占所需总量的 45%左右。

浇水：花粒期土壤水分状况是影响根系活力、叶片功能和决定粒数、粒重的重要因素之一。加强花粒期水分管理，是保根、保叶、促粒重的主要措施。

排涝：籽粒灌浆过程中，如果田间积水，应及时排涝，以防涝害减产。

中耕除草：后期浅中耕，有破除土壤板结层、松土通气、除草保墒的作用，有利于微生物活动和养分分解，既可促进根系吸收，防止早衰，提高粒重，又为小麦播种创造有利条件。有条件的，可在灌浆后期顺行浅锄 1 次。

防治虫害：夏玉米花粒期常有玉米螟、黏虫、棉铃虫、蚜虫等危害，应加强防治。

（6）收获

收获时间：玉米收获适期因品种、播期及生产目的而异。以籽粒为收获目标的玉米的收获适期，应按成熟标志确定。

收获方法：玉米的收获方法，分人工收获和机械收获两种。

（三）产后阶段

脱粒：农村脱粒机械仍以小型脱粒机为主，手工脱粒的也不少。大型农场或规模经营单位多以大型脱粒机为主。

籽粒晾晒：主要利用太阳能晾晒籽粒。

经济系数：籽粒重量占总干物质重量的比重。

包装材料：包装材料应符合卫生要求，必须牢固、清洁、干燥和无不良气味，不得破损和泄漏。

贮藏：应贮存在清洁、干燥、通风良好，无鼠害、毒害和虫害的成品库房中，不得与有毒、有异味和有腐蚀性的其他物质混合存放。

运输：在运输过程中，运输工具必须保持清洁、干燥、无毒无害，并有防雨设施，不得与有毒、有害、有腐蚀性、易发霉、发潮的货物混装运输。

销售：根据市场行情，适时将玉米销售给价格最高的购买者。

第三节 玉米种植业信息协同服务系统简介

一、玉米种植业信息协同服务中间件及系统运行流程

（一）中间件

玉米种植业信息协同服务中间件用于共享远程各农业网站的玉米种植业信息资源，基于 Web Service 技术建立接口，实现各网站玉米种植业相关信息的语义转换和共享。首先，基于玉米种植业本体分类体系为各网站的信息资源建立数据视图，使各信息资源以玉米种植业本体语义呈现。其次，在数据视图基础上建立 Web Service 共享接口，实现数据的远程访问。这样不但实现了玉米种植业的数据共享，同时也实现了农业语义的转换。另外，需要将共享接口的元数据注册到协同服务元数据库中，包括接口的调用地址，所能提供的信息分类、各种参数等。

（二）元数据库

远程信息服务（中间件）的元数据库用于存储各远程服务的元数据，称作农业信息服务元数据库。元数据库存储的信息包括：服务名称、服务的 URL、信息类别、服务权重、注册日期、所属单位、联系方式等。其中 URL 标识了远程 Web Service 的地址；而服务权重标识该服务的重要性，当多个信息服务对应同一个信息类别（如多个远程中间件均可以提供玉米种植业的某类信息服务）时，需依据权重排序；信息类别采用 ID 进行标识，ID 标识各服务（Web Service）能提供哪类信息服务，对应着另外一个表格的主键，该字段在这里是外键（参见第十章对应部分）。

（三）系统运行流程

当用户进行信息请求时，系统根据用户的信息请求确定需要提供的信息组合，然后分别访问不同的远程服务器，通过中间件进行信息检索，并进行归类组合显示。系统需要按顺序调用各个中间件的 Web Service 接口进行数据查询与读取。实际开发中，Web Service 的部署是利用 Tomcat5.0＋Axis2.0 实现。系统的运行流程图参见第八章相关内容。

二、系统架构设计与原型系统开发

建立在信息协同服务业务链模型基础上的玉米种植业信息协同服务系统（图 11—5）由知识库、能扩展信息来源的搜索引擎和能进行虚拟访问的网站协同构成。按照图 11—5 系统架构的设计思路，玉米种植业信息协同服务系统的网站协同服务功能是基于玉米生长发育、玉米种植生产管理、土水肥管理、农药施用管理四个专业信息库实现的；农业搜索服务功能是通过嵌入专业搜索引擎"搜农"来达成；网站协同服务功能的实现是先分别为隶属于中国农业科学院、中国科学院地理科学与资源研究所、中国农业大学等六个独立涉农网站加载虚拟访问中间件（DB2WS——用于将原网站数据库格式转换为 Web Service 格式），之后通过对六个网站的相关参数进行设置、定义和储存，进而即可在信息协同服务系统下对不同网站的数据库信息进行无障碍共享。

按照图 11—5 系统架构的设计思路，利用 Java 语言示范性地开发了具有网站协同和农业搜索服务功能特点的玉米种植业信息协同服务原型系统。原型系统按知识库的分类结构建立树状目录结构图，作为前台用户进行信息检索的操作接口。树状目录结构图体现了过程本体的概念层次结构（图 11—6）。同时依据知识库将信息分为四大类：生长发育、种植管理、水肥管理、病虫害防治。系统的开发环境是 Windows Server 2003＋Tomcat5.0，开发工具使用 Eclipse_WTP，知识库构建使用的是 SQL Server 2000。系统的关键代码与第九章类似，详细内容请参考第九章对应部分。

332 农业信息协同服务——理论、方法与系统

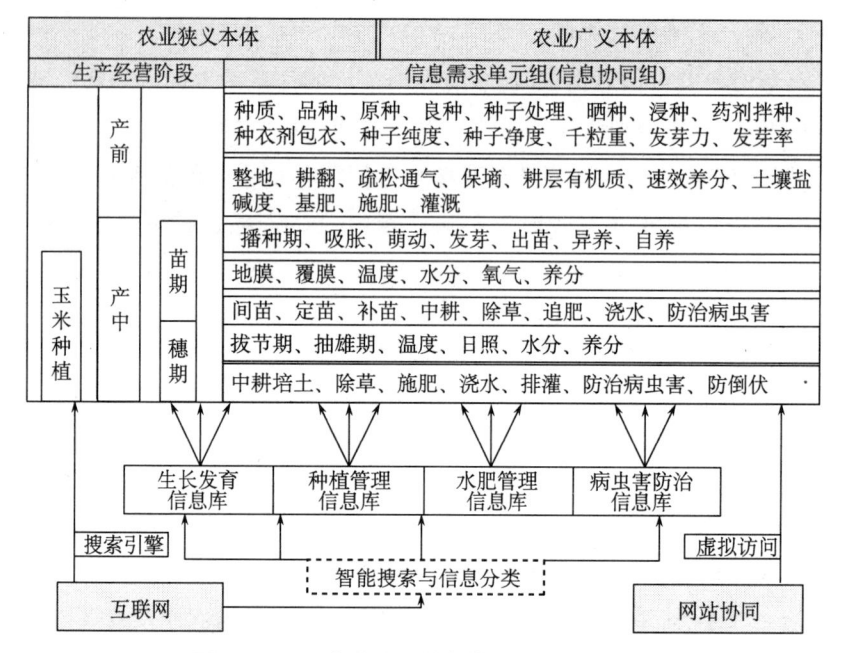

农业狭义本体		农业广义本体
生产经营阶段		信息需求单元组(信息协同组)
玉米种植	产前	种质、品种、原种、良种、种子处理、晒种、浸种、药剂拌种、种衣剂包衣、种子纯度、种子净度、千粒重、发芽力、发芽率
	产中	整地、耕翻、疏松通气、保墒、耕层有机质、速效养分、土壤盐碱度、基肥、施肥、灌溉
	苗期	播种期、吸胀、萌动、发芽、出苗、异养、自养
		地膜、覆膜、温度、水分、氧气、养分
		间苗、定苗、补苗、中耕、除草、追肥、浇水、防治病虫害
	穗期	拔节期、抽雄期、温度、日照、水分、养分
		中耕培土、除草、施肥、浇水、排灌、防治病虫害、防倒伏

下接：生长发育信息库、种植管理信息库、水肥管理信息库、病虫害防治信息库

搜索引擎 → 互联网 → 智能搜索与信息分类 ← 虚拟访问 ← 网站协同

图 11—5 玉米种植业信息协同服务系统架构

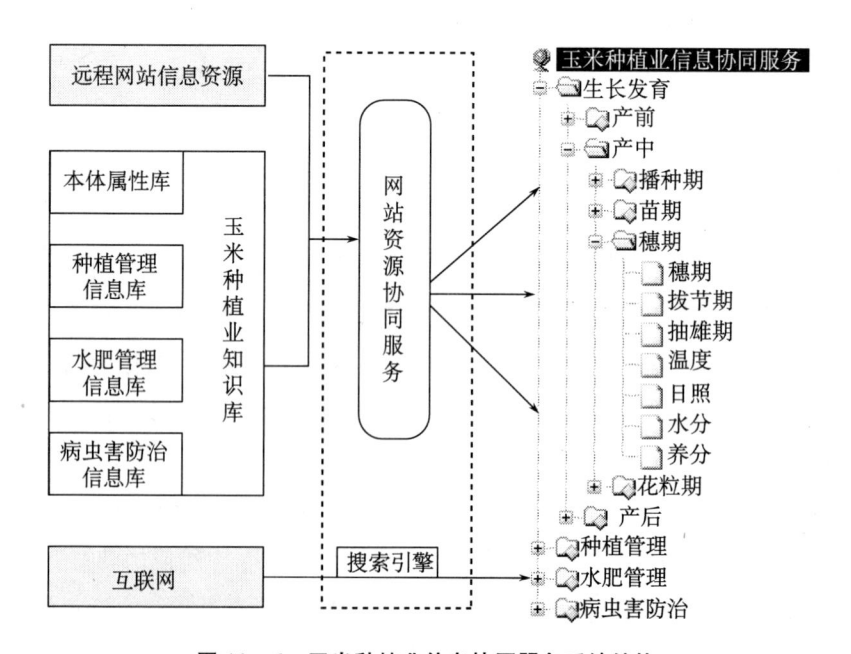

远程网站信息资源、本体属性库、种植管理信息库、水肥管理信息库、病虫害防治信息库 → 玉米种植业知识库 → 网站资源协同服务 → 玉米种植业信息协同服务

- 生长发育
  - 产前
  - 产中
    - 播种期
    - 苗期
    - 穗期
      - 穗期
      - 拔节期
      - 抽雄期
      - 温度
      - 日照
      - 水分
      - 养分
    - 花粒期
  - 产后
- 种植管理
- 水肥管理
- 病虫害防治

互联网 → 搜索引擎

图 11—6 玉米种植业信息协同服务系统结构

三、系统操作简介

玉米种植业信息协同服务系统以玉米种植业过程本体为索引实现与其相关的信息服务。该部分信息服务来源有两部分：网站协同、农业搜索。其中网站协同是调用了多个网站的信息资源（包括本地网站的后台信息资源）；农业搜索是通过搜索引擎（搜农）实现网络 Web 资源的获取。

系统界面分为三大模块，顶部可以选择不同的服务：网站协同、农业搜索；左侧是以树状目录的形式显示的玉米种植业过程本体，用户可以点击不同的结点进行信息请求；右侧窗口是信息结果反馈窗口。如图 11—7 所示，用户请求的是"水肥管理—产前—水分"的相关信息，而顶部选择的是"网站协同"服务，右侧信息窗口中显示的是来自各网站资源的反馈结果。当用户选择了"农业搜索"服务时，系统调用农业专业搜索引擎搜索结果如图 11—8 所示。

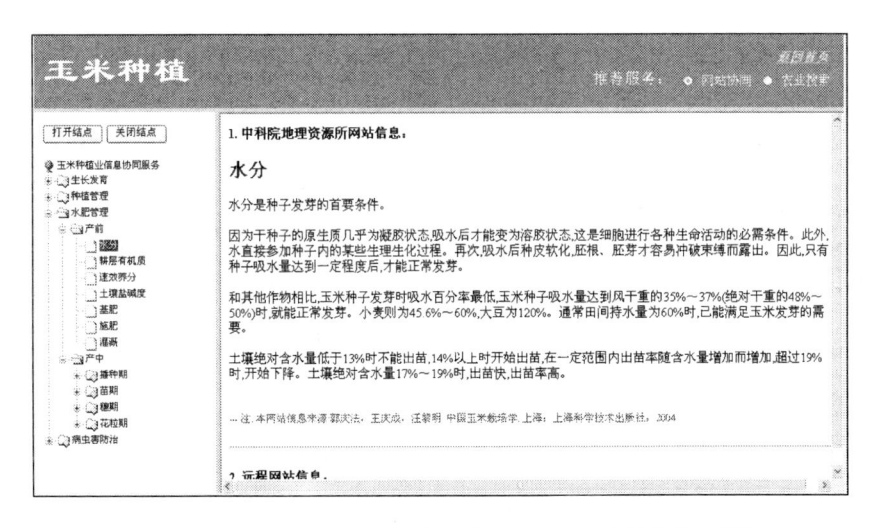

图 11—7　玉米种植业信息协同服务系统界面——网站信息协同服务结果

界面中左侧窗口中本体树结构的上面有两个按钮"打开结点"、"关闭结点"，分别用于展开树状目录的所有结点、关闭树状目录的所有结点。

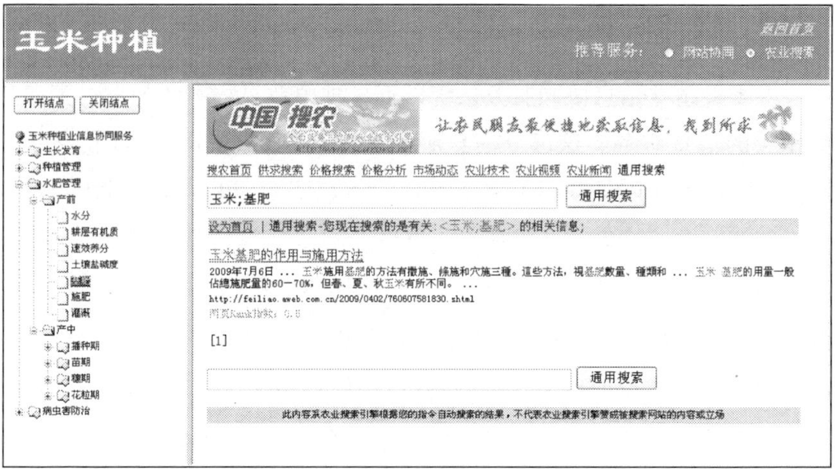

图 11—8　玉米种植业信息协同服务系统界面——搜索引擎服务结果

右上角的"返回首页"可以回到主页面。

参 考 文 献

[1] Doyle,A.，C. Reed,J. 2001. Harrison et al. Introduction to OGC Web Services. http：//ip. opengis. org/ows/010526_OWSWhite paper. doc.

[2] Krafzig,D.，K. Banke,D. Slama 2004. *Enterprise SOA：Service-Oriented Architecture Best Practices SOA.* Prentice Hall PTR.

[3] Qian,P. 2002. Web-based Agricultural ScienTech Information Services Fundamental Platform. Asian Agricultural Information Technology & Management, Proceedings of the Third Asian Conference for Information Technology in Agriculture,October 26-28,Beijing,China,pp. 322-326.

[4] "典型的 Web Service 结构",http：//www. ccidnet. com/tech/guide/。

[5] 冯志勇、李文杰、李晓红：《本体论工程及其应用》,北京：清华大学出版社,2007 年。

[6] 贺纯佩、李思经："农业本体论——农业知识组织系统的建立",《农业图书情报学刊》,2004 年第 10 期,第 41~44 页。

[7] 林绍福："面向数字城市的空间信息 Web 服务互操作与共享平台"(博士论文),北京大学,2002 年。

[8] 刘艳华、徐勇："不同搜索引擎在农业领域的应用效果对比",《农业网络信息》,

2009 年第 8 期,第 25~29 页。
[9] 牛方曲、甘国辉、徐勇等:"基于 Web Service 构建农业信息协同服务系统",《农业网络信息》,2009 年第 9 期,第 28~32、41 页。
[10] 钱平:"我国农业信息网站建设的现状与分析",《中国农业科学》,2001 年增刊,第 78~81 页。
[11] 宋玮、张铭:《语义网简明教程》,北京:高等教育出版社,2004 年。
[12] 苏晓路、钱平、赵庆龄等:"农业科技信息导航知识库及其智能检索系统的构建",《情报学报》,2004 年第 6 期,第 677~682 页。
[13] 王健、甘国辉:"'十五'国家科技攻关计划项目课题'农业信息网络平台的研究与开发'项目分析报告",2002 年。
[14] 王志强:"基于 SOA 的农业信息系统研究与应用"(博士后研究工作报告),中科院地理资源所,2007 年。
[15] 徐建军、梁邦勇、李涓子等:"基于本体的智能 Web 服务",《计算机科学》,2002 年第 12 期,第 92~94 页。
[16] 徐勇、甘国辉、牛方曲:"农业信息协同服务总体架构解析",《农业网络信息》,2009 年第 9 期,第 10~12 页。
[17] 徐勇、高雅、刘艳华:"农业过程本体及其构建方法——以玉米为例",《农业网络信息》,2009 年第 11 期,第 8~11 页。

(本章执笔人:牛方曲、徐勇、高雅)

第十二章 奶牛养殖企业信息协同服务系统设计

第一节 系统结构设计

在目前的农业领域内,信息服务或信息系统对生产经营活动的实质性贡献程度尚难令人满意,其中信息技术本身及其应用中存在的各种不足或局限是技术方面的重要原因。采用协同服务技术构建的信息系统或信息服务可以综合运用多种异构信息资源满足用户多变且复杂的信息需求,同时可借助信息需求的自动求解机制实现更高程度的开放性、灵活性和兼容性,是网络与知识时代农业信息技术的发展方向之一。现代奶牛养殖场中分布着越来越多的用以获取牛只个体生理、生产、环境等信息的各类传感器或类似设备,与此同时,管理者也被要求具备更高的信息综合分析和快速准确决策的能力。然而整体上,以数据管理和统计分析为主体的传统农业信息技术并没有在这方面提供实质性的帮助,一些必要但传统上被认为是"复杂"的信息服务——例如基于牛只个体生长发育规律或外部环境条件变化而对诸如饲喂计划等提出调整建议、提醒或预警的功能——还没有得到有效的实现。综合运用多种信息和知识并提供类似的"复杂"信息服务是目前奶牛养殖和其他现代农业活动的迫切要求,也是诸如协同服务等新的信息技术发展的重要原因。

奶牛养殖企业信息协同服务应用系统至少应包括信息需求空间管理、应用服务空间、信息服务代理、协同服务基础设施和全局语义参考系统五个部分(图12—1)。信息需求空间管理当前应用所能满足的各类信息需求并提供信息需求的查询功能;应用服务空间登记各类业务服务并提供基于语义的服务查询功能;信息服务代理(作为协同服务基础设施的一个部分)求解并满足用户信息需求;协同服务基础设施支持上述功能的实现;全局语义参考系统提供统一的语义基础和推理功能。

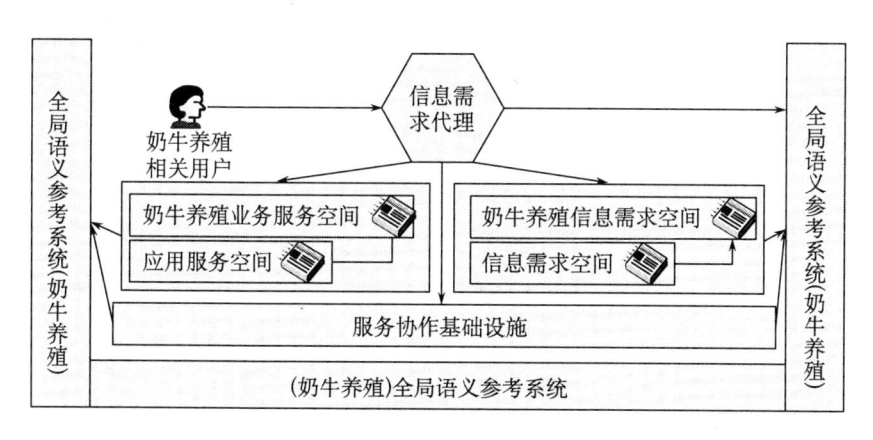

图 12—1　奶牛养殖企业信息协同服务系统结构

一、奶牛养殖管理信息需求空间

用户的信息需求是协同服务的核心所在,也是异构资源协同的目标,因此在协同服务技术中被单独组织为一类独立的系统对象。这一点在根本上有别于传统的信息服务系统——后者一般将信息需求及其实现分散、隐式地编写在各类代码中。显然,信息需求显示和独立地组织虽然增加了系统实现和运行的复杂性,但极大地提高了信息服务系统的可理解和易用性、进化能力和开放程度。

信息需求的结构化表达是其独立组织的前提。信息需求可表示为一个六元组结构 InfoDemand(IK,TS,F,CK,SF,R),其中 IK 是对期望信息蕴涵知识的描述,例如对某个事物或其特性的描述;TS 是对期望信息相关时空要素的描述,包括信息有效性或信息价值存续所依赖的时空范围、定位、分辨率等内容;F 是对信息表达形式的描述,用于说明用户希望的信息表现形式(例如图表或文本);CK 是对期望信息相关知识(包括背景知识和其他用以理解和使用该信息的知识)的描述;SF 是对信息提供形式的描述,例如用于说明用户期望该信息以拉动或推送形式提供和相应的周期、频率等;R 是信息需求产生的角色,例如用户的工作岗位、职业特征或兴趣领域等。从更广泛的意义上,信息需求者的性格甚至情绪都应该作为信息需求的影响因素,但由于目前的研究尚难以定量甚至定性地衡量因素的具体影响,因此暂时没有出现在上述结构中。

信息需求空间是各类信息需求的结构化组织,包括信息需求及其描述和索引。信息需求分为原子信息需求和复杂信息需求,前者是不可再分的信息需求,后者是前者的有机组合。除组合和包含关系外,信息需求之间还存在一般—具体关系或概化关系,更高抽象的信息需求可以被具体化为多个更具体的信息需求,例如奶牛生理状态信息可以具体分解为奶牛健康状态、奶牛生殖状态等。包含关系和概化关系共同构成了信息需求组织的层次结构,并且是信息需求问题求解的推理依据。

二、全局语义参考系统

协同服务的关键是参与协同的各种异构服务在运行时对彼此消息达成一致理解,为此一个经济可靠的方法是提供一个共同遵守的语义约定或语义基础。并行分布计算领域特别是面向服务计算领域的相关研究认为,本体是构建这一全局语义参考系统的有效手段。同时,基于本体的虚拟企业研究也表明本体可以有效地实现这一功能。协同服务采用本体作为全局语义参考系统的核心并设计了领域本体知识库和本体服务两个功能单元,前者作为知识库提供知识和推理基础,后者以网络服务的形式对外提供本体查询与推理服务。

(一)领域本体知识库

领域本体知识库是全局语义参考系统的核心和主体,一般实现为一个可容纳通用本体、领域本体、应用本体和部分任务本体等多种类型本体的框架。领域本体是该框架的主体,一般根据领域概念化模型组织为多个彼此正交的维度本体,例如奶牛养殖管理领域本体包括奶牛生长发育过程本体、奶牛繁殖本体、奶牛饲喂本体、奶牛泌乳本体、奶牛健康本体、奶牛饲养环境与设备本体以及奶牛场综合管理本体等。从知识角度,上述本体是奶牛养殖管理概念化的局部实现,它们以拼图的形式构成了奶牛养殖管理的整体概念化和相应本体。领域本体知识库及其建设的三个关键内容是领域概念化、本体模式与建设以及本体推理。

(1) 领域概念化

奶牛养殖管理领域的边界设定为典型奶牛场的生产经营管理范围。在这一语境下,奶牛养殖可定义为奶牛养殖人员借助饲料等资源对牛只个体与群体生长发育进行的控制和调整等活动和过程的总和,其目的是实现牛只个体或群体的最佳综合收益。奶牛牛只个体生长规律(过程)、生理状态、生理指标、管理状态、管理行为、管理决策、资源、管理对象等是奶牛养殖概念化模型的重要元素。牛只个体生长规律是决定性的内因,并具体表现为牛只个体生理状态的连续性变化,后者可通过饲养、繁殖、健康等方面或维度的一组生理指标或特征予以刻画或表达。生理指标或生理特征是可观测或可度量的牛只个体生理现象。管理状态是从管理视角对奶牛生理发育过程的划分,可通过牛只所在牛舍、分群情况、牛只生产状态等管理变量予以表示。管理者通过管理行为调整资源在管理对象(奶牛个体与群体、奶牛养殖环境等)中的配置以实现综合效益最优等管理目标。管理行为取决于管理决策,后者是管理者针对外界事实或其他信息刺激的一种反应思维、判断或决策,在本质上是一种具备明确目标的问题求解。资源是管理者可施加于管理对象以改变其管理状态的各种事物,包括饲料、药物、外部环境控制设备等。

根据上述概念化模型,奶牛养殖领域本体中的知识主要包括:各个生理特征(或指标)与生理状态变换的规则以及二者之间相互影响的规则(或公理);管理行为对管理状态的影响与控制规则(或公理);生理状态与管理状态之间相互影响的规则(或公理)等。需要说明的是上述三个内容并不是全部在本体中实现,部分不适合本体表达的内容将以产生式规则或其他知识表示形式在领域知识库中实现。

(2) 本体模式与本体实现

本体模式是本体框架中多个本体的组织结构。为实现知识组织的灵活性并降低复杂性，奶牛养殖本体参考虚拟企业本体的思路组织本体框架中的多个本体，即以奶牛个体生长发育过程本体作为主干，连接奶牛繁殖本体、奶牛饲喂本体、奶牛泌乳本体、奶牛健康本体、奶牛饲养环境与设备本体以及奶牛场管理本体六个正交的维度本体共同组成了本体框架。

奶牛个体生长发育过程本体描述奶牛生长发育相关的各种基本术语、术语之间的关系以及表达生长发育规律的各种公理和规则，其目的是完整描述奶牛生长发育过程，并为各个维度本体提供主干和推理入口。本体的主要内容是牛只个体生长发育模型以及构成或标识奶牛生理状态的各种指标或变量，具体包括奶牛生长发育术语 148 个、生长发育状态 38 项以及生长发育规则 45 条。牛只个体生长发育模型反映牛只个体生长发育规律，是按照牛只品种记录其发育过程中各项生理指标或特征变化的一般规律，以及不同生理指标/特征之间的相互关系，同一时间不同生理特征的组合形成了奶牛生长发育的不同阶段或状态。牛只个体生长发育模型采用面向对象的知识表达形式，牛只个体及其生理指标或特征以及生理发育状态作为对象，指标自身发展规律、指标之间的关系以及不同生理状态之间的转换关系通过关系约束或产生式规则的形式予以表达。同时，各个专业知识结构中的概念均通过生长发育指标直接或间接映射到牛只个体生长发育模型中，以此实现个体生长发育模型的概括性和基础性作用。

奶牛繁殖本体记录奶牛系谱和生殖情况，包括奶牛品种、后裔等系谱术语和情期、妊娠等生殖术语，其目的是提供奶牛个体繁育和群体繁殖的语义定义和诸如亲缘判定等推理服务。奶牛繁殖本体中包括 27 个术语、繁育状态 9 项、繁育相关规则 12 条。

奶牛饲喂本体记录奶牛饲喂以及饲料知识，包括营养需求、营养平衡、能量单位、动物模型、日粮配方等术语，以及精料物质同产乳量关系等函数或规则,目前该本体包括 43 条术语和 23 个函数与规则。

奶牛泌乳本体记录奶牛产乳以及乳品相关知识,包括泌乳状态、原奶类型、乳脂率、蛋白率等指标,目前包括术语 32 条、泌乳状态 5 个、泌乳相关规则 7 项。

奶牛健康本体记录奶牛疾病及其治疗、健康指标及其诊断、防疫检疫等内容,是目前系统中最大的本体,包括术语(类)236 条、规则 46 项。

奶牛饲养环境与设备本体记录室内外温度、湿度等环境指标以及牛舍、奶厅、挤奶机等设备设施类型,包括术语(类)32 条、规则 9 项。

奶牛场管理本体描述并解释场内范围的各种管理决策以及具体的行为、管理状态,例如奶牛移舍、离场、退役等。奶牛管理决策行为导致管理行动,管理行动导致当前管理状态的变化或延续。该本体包括术语(类)27 条、规则 10 项。

(二)领域本体服务

领域本体服务包括两个主要功能:一是作为知识库和数据库设计的依据,二是通过对不同术语、概念之间的推理实现一致性的语义映射。奶牛养殖综合信息服务采用服务的形式提供全局语义参考,并采用 Jena 作为核心机制提供概念查询、术语对比等语义服务以及术语关系判定等简单的推理服务。

三、奶牛养殖业务服务空间

协同服务的基本思想是通过不同业务服务的组合实现业务功能,因此将整体的业务逻辑进行适当粒度的划分并分别映射成为可组合的软件构件单元是系统设计和开发的重要内容。在协同服务的思想中,可组合的软件构件一般实现为业务服务,并通过业务服务空间进行统一的管理与组织。良好的业务服务设计可以支持更高效率的服务组合和更高程度的灵活性与开放性,为此需要遵循业务逻辑导向原则、完整性原则、最小冗余原则、效率均衡原则和可理解原则五项原则。

1）业务逻辑导向原则：是业务服务设计的首要原则，意指业务逻辑而非信息技术是确定一个业务服务根本，一个业务逻辑总是对应一个唯一的业务目标。

2）完整性原则：业务服务及其组合可以有效覆盖业务活动所需要的各种信息处理功能。完整性原则是业务服务设计的首要原则，是系统功能可用性的重要保证。

3）最小冗余原则：不同业务服务之间尽量避免业务逻辑的重叠，更要避免两个不同的服务完成同一个业务目标的情况。最小冗余和完整性原则决定了特定业务服务集合是否是最简集合。

4）效率均衡原则：理论上业务逻辑可以分解为足够小的粒度以此实现业务完整性，然而过细、过多的业务服务将显著降低业务服务组合的效率。效率均衡原则强调对业务服务粒度的适当控制，以此实现服务管理和效率的均衡。

5）可理解原则：业务服务集合对应的业务逻辑集合，并且这种对应应该是业务人员可以准确理解的，即业务服务应该存在一个清晰的组织框架，每个业务服务均以明确的业务语言描述。

业务服务空间的结构主要取决于业务逻辑（更根本的是领域本体）的结构，一般为树形的层次化结构。由于和领域本体的内在关联，业务服务一般采用领域本体进行描述，例如在 Virtual enterprise 的虚拟企业项目。在奶牛养殖管理信息服务中也采用业务本体的描述不同的业务逻辑和业务服务。本体中的概念映射至业务模型中，进而映射成为各种业务服务的形式化描述。考虑到奶牛养殖管理服务的开放性和标准型，采用了 OWL-S[5]规范作为业务服务描述的标准。

四、协同服务基础设施

协同服务基础设施是具体执行协同服务的各种计算资源和功能单元的总称，主要包括信息服务代理、协同服务代理、业务服务 UDDI 等功能单元，其中信息服务代理与协同服务代理是两个关键内容。

(一) 信息服务代理

信息服务代理执行信息需求的求解功能,即"理解"用户信息需求并将其映射到服务空间以构建满足该项信息需求的服务协同体。信息服务代理的核心功能是信息求解功能,具体分为信息求解方案库管理、信息需求求解器、求解方案执行数据库管理三个主要部分,在信息服务调度运行的过程中还将用到领域本体服务和协同代理两个外部服务。信息求解方案库管理的对象是信息求解方案的元数据,其主要内容是约定满足特定信息需求的协同服务体以及相关业务服务。一个信息需求可能存在多个求解方案,每个方案均根据其历史执行情况计算或人为赋予一个优先系数,以此确定方案的执行顺序。信息需求求解器根据信息需求、已有求解方案以及当前可用业务服务等因素确定给定信息需求的求解方案,并综合评价方案的优先执行顺序。求解方案执行数据库管理功能记录求解方案的具体执行情况,包括求解执行的成功与否、求解效率以及求解过程中的异常情况等数据。

信息服务代理具体实现为 Web Service,采用 OWL-S 描述并暴露其服务接口。代理服务接受信息需求请求并返回其求解方案、方案的执行结果和执行数据,其中业务协同服务体的运行委托给协同服务基础设施中的协同服务代理。信息需求请求采用 OWL-QL 标准表达。在执行顺序上,信息服务代理首先检查方案库以确定当前信息需求是否存在解决方案,在存在备选方案的情况下评价备选方案的优先次序并检查当前可用业务服务以判断备选方案的可执行性,在不存在备选方案的情况下启动需求求解获取方案并判定其可执行性,然后可执行的求解方案被发送到协同服务代理,最后协同服务代理执行该方案并将执行结果(包括结果信息或失败信息、执行审计信息)反馈给信息服务代理并同时记录协同体执行的审计信息。在求解过程中,求解器将在必要的情况下访问领域本体服务以获取支持。

(二) 协同服务代理

协同服务代理接受信息服务代理或其他途径发送的协同服务请求,

寻找并匹配相关服务实例，组装、监测和调整协同体运行，以及向请求方反馈协同体执行结果与执行情况。协同服务请求的主体是协同服务方案，其内容包括协同服务（及其端口）的描述、不同服务间协同关系的描述、协同失败处理等。在执行程序上，协同服务代理首先依据语义描述（采用OWL-S规范）搜索协同服务实例（搜索空间以业务服务空间为主，必要时扩展到Web空间）。搜索得到的服务实例将根据协同方案彼此匹配并组装成为协同体，匹配的重点是不同服务在语法、语义层次上的输入一输出。协同体构建完成后即开始运行，协同服务代理全程监测并特别关注协同体中服务质量低于阈值的节点，必要时寻找更高效率的同类服务实例替代低效服务实例以提高整体运行效率。运行产生的有效结果或失败信息将传递给协同服务的请求者。

（三）服务注册中心

所有可用的服务（包括各类领域业务服务和其他服务）均采用OWL-S规范进行描述并在服务注册中心进行注册。注册中心定期监测已注册服务的服务质量并定期扫描相关的UDDI中心和其他网络服务注册中心，以获取最新的可用服务。

第二节　系统运行机制

协同服务系统的运行主要分为用户信息需求求解和求解方案的自动执行两个阶段。

（1）用户信息需求求解

用户信息需求求解是获取信息求解方案的阶段，包括用户信息需求的提交、用户信息需求求解和信息需求解决方案形成等步骤。大部分用户信息需求可以在信息需求空间中以案例匹配的方式获取，不存在可用解决方案的信息需求则需要通过基于案例推理或基于规则推理等方式求取。用户信息需求求解阶段的产出是特定信息需求的形式化的求解方案,其主体是对满足信息需求的协同服务体的详细描述和说明。

(2) 求解方案的自动执行

求解方案是对一个协同体及其运行的规范化说明,由协同服务代理具体执行。求解方案执行的具体步骤包括相关服务实例的搜索定位、服务匹配、协同体自适应运行、协同结果报告等。

1) 服务实例的自动搜索:根据协同服务方案中协同服务的有关描述,协同服务代理搜索业务服务空间(或其他服务注册中心)以获取相应的服务实例。搜索以广度优先原则为宜,同一个服务描述一般可以获取多个服务实例。由于相关服务均采用 OWL-S 进行描述,同时均遵守共同的领域本体约定,故可以采用业务语义匹配作为搜索依据。

2) 服务匹配:两个参与协同的服务必须在消息传递上达成匹配,即一方的输出可以作为另一方的输入。大多数服务之间仅需要语法层面的转换即可完成匹配,个别服务之间可能需要进行语义层次的转换。目前语义层次的转换还需要手工编写转换器实现,未来可通过语义的自动解读实现基于本体的消息转换。

3) 协同服务体的自适应运行:匹配完成后的服务实例被装配成为协同体并在协同服务代理的控制下开始运行。协同体运行中需要解决的主要问题是网络计算环境不稳定对计算造成的影响。协同服务代理通过监测协同体中的单独节点和整体性能侦测影响运行效率的低效率节点,并通过替换为更高效率的同类服务实例来保持或提高协同体整体运行效率。

4) 协同体运行数据报告:协同体的结束节点将协同体的最终运行结果传递给协同服务代理,后者将其发送到服务请求方和协同体运行数据管理模块。运行结果可能是计算的结果,也可能是运行失败的原因描述。

第三节 协同服务技术应用工程方法

由于涉及领域本体、问题求解等知识科学和人工智能技术以及针对网络计算不确定性而增加的技术改进,传统软件工程方法并不适应协同服务应用的开发。因此,协同服务技术在传统软件工程方法中融入了大量的知识工程和柔性建模内容,并综合了传统软件工程、面向服务架构、领域本体开发、知识工程等相关方法,形成了以领域专家和终端用户为主体,包括用户信息需求空间构建、全局语义参考系统构建、服务空间构建和应用系统测试、服务基础设施配置、应用系统质量保证、测试与部署五个阶段的软件工程方法。

(1) 用户信息需求空间构建

信息需求空间构建综合运用了需求工程和知识工程方法,强调以知识观点分析用户的信息需求,以业务需要识别和组织信息需求及其相互关系,以形式化和可追溯的形式构建信息需求空间。该项活动的参与者包括潜在用户、需求工程师、知识工程师和领域专家,主要的工作方法为访谈和调研,主要的过程包括用户分析、用户需求分析、需求空间验证、信息需求知识描述四个步骤。

用户及其业务背景知识识别。这一工作的依据是认为用户的业务背景及其所从事的业务工作是其产生信息需求的直接因素,并具体表现为用户的知识结构及其需要完成的业务活动知识。用户及其业务背景知识识别的产出是用户分类表和用户背景知识说明,其被分解为不可再分的原子信息需求,并在此基础上构建信息需求空间。信息需求空间要求具备完备性,即原子信息需求及其组合可以涵盖几乎全部的用户信息需求。

信息需求空间完备性和性能的验证。随机访谈不同角色的用户,检查其每个信息需求是否可以映射到信息需求空间。如果出现映射不成功的情况,则补充或调整现有信息需求空间。

信息需求的知识描述,包括该信息需求所蕴涵的业务知识以及满足该需求的信息所蕴涵的业务知识。在具备领域本主要目的是按照用户所从事的工作以及该工作所必需的业务知识辨识角色并以此对用户进行分类。在奶牛养殖管理场景中,角色大致对应工作岗位,具体包括牛舍管理人员、兽医、奶牛场管理人员、仓储管理人员、挤奶工、饲料工、普工等。每个角色的业务背景知识则采用其业务中涉及的概念(术语)表示。

用户信息需求及其相关知识的识别。每个角色将产生多个信息需求,所有角色的信息需求通过去重、合并、精化形成信息需求集合。信息需求集合中的每个信息需求体的情况下,要采用本体描述这些知识。

信息需求空间构建的主要产出是具备全局语义参考的用户和角色描述以及信息需求空间的描述。除此之外,信息需求空间还将形成初步的领域概念和术语。

(2) 全局语义参考服务构建

全局语义参考服务构建阶段的主要任务域困难所在是领域本体建设,一般分为领域知识的体系化和本体构建两个步骤,主要参与者为知识工程师和领域专家,所运用的主要工具包括 Protégé 等本体编辑和验证工具。

领域知识的体系化和系统化整理。知识工程师在领域专家的协助下设计领域概念化模型并填补空白概念与空白关系,进而构建非形式化的领域本体。

非形式化本体的验证与完善。本体验证是保证其质量和有效性的关键环节,非形式化本体验证包括两个方面:其一是基于信息需求空间的本体有效性验证,即知识工程师和领域专家基于非形式化本体检查信息需求空间的知识描述以验证该本体对信息需求描述的正确性和有效性;其二是基于用户知识结构的完整性验证,即借助对随机挑选用户的调研方法验证本体是否可以完整反映用户的业务知识。经过验证的本体可进入形式化构建阶段。

形式化本体和本体服务构建。前者以领域专家和知识工程师为主,采用 Protégé 等工具构建形式化本体,并检查形式化本体的一致性和完整性。后者以软件技术人员为主,主要内容是采用 Jena 开发本体服务。

(3) 业务服务空间构建

业务服务空间构建包括业务建模、业务逻辑识别以及业务服务识别和空间构建三个步骤。业务模型构建可采用传统领域建模方法,并分别实现为数据模型和业务逻辑模型两个有机关联的部分。前者可与领域本体共同作为全局数据标准和数据格式，后者可进一步提炼出各种原子业务逻辑并按照业务导向、完整性、最小冗余、效率均衡以及业务可理解等原则映射为业务服务，二者共同构建层次化的业务服务空间。所有业务逻辑与业务服务均需要采用领域本体进行规范化的描述。已完成的业务服务集合还需要由业务人员根据信息需求空间验证其完整性、整体效率和可理解性等特性。

(4) 协同服务基础设施构建与配置

面向服务技术以及众多现代网络计算技术的重要特征之一是对于基础设施的重视和依赖。协同服务更加关注基础设施，并将其作为服务即时协同的基础支撑，赋予其服务发现、服务自动匹配与绑定、协同服务体的自适应运行、计算结果的反馈等众多共性职能。

协同服务基础设施的构建是领域应用的共性活动，一般并不作为具体应用的实施内容。具体到某一应用需要开展的主要工作是根据应用的具体情况补充或配置已有的协同服务基础设施，以实现应用系统和基础设施的匹配和对接。匹配与对接的主要内容是将信息需求空间、全局语义参考系统、业务服务空间等具体应用内容接入基础设施，以使后者可据此实现基于语义的信息服务搜索、匹配和协同服务体的运行。

(5) 应用系统质量保证、测试与部署

配置完成后还需要进行应用系统的功能、性能等分项测试、整体测试和试运行等阶段，其重点在于发现系统运行中（特别是知识和推理能力）的不足，以及由此导致的信息服务质量不稳定的情况。测试的最终目的是实现更好的用户需求满意度。

参 考 文 献

[1] Clement,L., A. Hately,C. von Riegen et al. 2004. UDDI Version 3.0.2.
[2] Fox,M. S., M. Gruninger 1998. Enterprise Modeling. *AI Magazine*,Vol. 19, No. 3, pp. 109-121.

第十二章 奶牛养殖企业信息协同服务系统设计 349

［3］ Gruninger, M., Atefi, K., Fox, M. S. 2000. Ontologies to Support Process Integration in Enterprise Engineering. *Computational and Mathematical Organization Theory*, Vol. 6, No. 4, pp. 381-394.

［4］ Krafzig, D., K. Banke, D. Slama 2004. *Enterprise SOA: Service-Oriented Architecture Best Practices SOA*. Prentice Hall PTR.

［5］ Martin, D., D. Martin, J. Hobbs et al. 2003. OWL-S: Semantic Markup for Web Services.

［6］ Poole, J., D. Chang, D. Tolbert et al. 2003. *Common Warehouse Metamodel Developer's Guide*. John Wiley & Sons.

［7］ Singh, M. P., M. N. Huhns 2005. *Service-Oriented Computing: Semantics, Processes, Agents*. Wiley Inc.

（本章执笔人：甘国辉、王健）